Kai Aulio

EKOTURISMI
JA ELÄINTEN HYVINVOINTI

Matkailua luonnonsuojelusta eläinrääkkäykseen

© 2018 Kai Aulio

Kannen valokuva: Kai Aulio (Sigiriya, Sri Lanka)

Kustantaja: BoD™ – Books on Demand, Helsinki, Suomi
Valmistaja: BoD – Books on Demand GmbH, Norderstedt, Saksa

ISBN: 978-952-80-0703-6

SISÄLLYSLUETTELO

Esipuhe ... 13

1 JOHDANTO ... 15
Yli tuhat miljoonaa matkaa vuodessa ... 15
Luontomatkailu vahvassa nousussa ... 18

2 KESTÄVÄ MATKAILU ... 21
Kestävän matkailun monet kasvot ... 21
Onko kestävää matkailua olemassakaan? ... 22
2017 kestävän matkailun ja kehityksen vuosi ... 24
Ihmisen ja luonnon yhteys kunniaan ... 25
Kestävyys kolmessa ulottuvuudessa... 29
"Turismi ei lähelläkään kestävyyttä!" ... 30
Hello Kitty kestävän matkailun maskotiksi ... 33
Ekoturismissa luonto on osa kulttuuritarjontaa ... 33
Matkakohteiden on turvattava eläinoikeudet ... 35
Ekoturismi lisää väestön luontotietoisuutta ... 37
Kestävään luontomatkailuun oppimalla virheistä ... 38
Markkinoiden kasvuun varauduttava ... 39

3 ELÄINTEN OIKEUDET VS. ELÄINRÄÄKKÄYS ... 42
Turisti tahtoo nähdä villieläimiä – Tahtovatko eläimet nähdä ihmisiä? ...42
Matkanjärjestäjät vaativat eläimille oikeuksia ... 44
Matkoja ei myydä, jos eläimiä ei kohdella asianmukaisesti ... 44
Turismielinkeinolle yhteiset eettiset normit ... 45
Matkailuelinkeino ja eläinsuojelu yhteisiin toimiin ... 48
Petran raunioilla kantajaeläimistäkin raunioita ... 49
Tieto eläinten oikeuksista saatava ruohonjuuritasolle ... 51
Balin paratiisisaarella eläimiä kohdellaan julmasti ... 53
Turistien palvelu voi olla eläinrääkkäystä ... 55
Selfie-kuvat eläinten kanssa usein eläinrääkkäystä ... 56

Kääpiökenguru ja kenguruselfie matkailun perustana ... 59
Käsittämätöntä julmuutta kesyn eläimen rääkkäyksessä ... 60
Epäeettistä trofeemetsästystä kansallispuiston rajoilla ... 61
Karhujen tanssiesitykset saatiin loppumaan Nepalissa ... 63
Karhu jalkapallo-ottelun avaajana Venäjällä ... 64
Sea World reputti: Matkojen välitys uhkaa loppua ... 66
Porsaanreikiä eläinsuojeluedellytyksissä ... 67
Periaatteelliset rajoitukset riittämättömiä ... 69
Jättiläispandojen olot luonnossa heikentyvät ... 71
Narsismista tullut jokapäiväisen käyttäytymisen normi ... 73
Delfiininpoikasten kuolemia selfiekuvien takia ... 74

4 LUONTOMATKAILUN MONET VETONAULAT ... 76

Vetonauloja voi olla jopa liian paljon ... 76
Odotukset eläinten näkemisestä tärkeitä ekoturistille ... 77
Mielikuvilla suuri vaikutus päätöksiin ... 78
Suuret nisäkkäät eivät aina tärkeintä Afrikan safareilla ... 79
Maisemat ja erämaatunnelma tärkeämpiä kuin eläimet ... 80
Glamping – Glamour-Camping = ylellisyyttä ja luontoa ... 81
Sarvikuonot palaavat Ruandaan ... 82
Salametsästettyjen tilalle eläimiä Etelä-Afrikasta... 82
Luodeista kiikareihin: Hotelleilta tarjous metsästäjille ... 84
Luontomatkailu voisi parantaa Venäjän maakuvaa ... 85
Karhu luontomatkan kohokohtana ... 86
Palaun saarivaltioon vain passiin leimatulla, luonnon kunnioitukseen sitouttavalla leimalla ... 87
Elokuvista ja seikkailupuistoista vaarallisia odotuksia ... 89
Elokuvaturismi voi pilata maisemat ... 90
Suosikkirantojen sulkemisella luonnolle toipumisaikaa ... 93

5 EKOTURISMIN RISTIRIIDAT ... 97

Luontomatkailuun eläinten, ei turistien ehdoilla ... 97
Ekoturismi etsii uusia, kestäviä kohteita ... 98
Ekoturismin ja luonnonsuojelun vaihtelevat tulokset ... 99
Ekoturismi lisää paikallisen väestön luontotietoisuutta ... 101
Ekoturisteilla erilaisia motiiveja ja tarpeita ... 102

Ihmisen luontovaikutukset odottamattoman laajoja ... 104
Kielteiset vaikutukset yliedustettuina tutkimuksessa ... 105
Turismin kasvu ylittää Gálapagossaarten kestokyvyn ... 106
Luonnonpuistoilla kansainvälistä yhteistyötä ... 111
Kestävä ekoturismi luonnonsuojelualueilla ... 112
Skotlanti panostaa metsien ennallistamiseen ... 114
Luontomatkailusta tuloja satoja miljoonia vuodessa ... 114
Tuulivoimaloiden maisemavaikutukset puhuttavat ... 115
"Viimeinen mahdollisuus" -turismi ... 116
Uuden-Kaledonian koralliriutat valmistautuvat turismiin ... 119
Kalastus- ja turismirajoituksia ennen matkailijaryntäystä ... 120
Ekoturistien retket tieteellisen tutkimuksen apuna ... 121
Tutkimusjulkaisut aarrekartta rikollisille ... 123
Luontoretkeilijä on ihan muuta kuin "rinkkasatiainen" ... 125
Intia kehittää ekoturismia kaupungistuvalle väestölle ... 127
Ekoturismin vaikea löytää paikkaa hallinnossa ... 128
Intian leijonat levittäytyvät – ja villi turismi rehottaa ... 128

6 HÄIRINTÄ OLETETTUA YLEISEMPÄÄ ... 131
Linnut ovat herkkiä häiriöille ... 131
Lintujentarkkailu kehittyy paikallisen väestön tuella ... 132
Hiljaiset vaeltajatkin saattavat häiritä eläimiä ... 134
Ihminen ei ehkä häiritse, mutta toiminnot karkottavat ... 135
Ekoturistin toive: Mitä lähemmäs, sitä parempi ... 137
Turisti maksaa läheisyydestä, mutta kunnioittaa eläintä ... 139
Ihmisiin tottunut eläin usein pedon saaliiksi... 140
Kalojen houkuttelu ruokkimalla valitettavan yleistä ... 142
Hiljaisuus uhattuna syrjäisimmilläkin suojelualueilla ... 143
Valosaaste häiritsee lintujen pesintää ... 146

7 DELFIINI- JA HAITURISMI ... 149
Delfiinimatkat usein vahingollisia eläimille ... 149
Ruokkiminen lisää kohtalokkaiden törmäysten riskiä ... 150
Tarkkailuretket häiritsevät delfiinien lepoaikoja ... 151
Veneet uhkaavat Panaman eristäytyneitä delfiinejä ... 153
Jopa sata turistivenettä päivässä ... 153

Eläintä kunnioittavia delfiinikohtaamisia ... 155
Delfinaarioiden eläimille todellinen suojelualue merelle ... 156
Hait arvokkaampia elävinä kuin kuolleina ... 157
Vertailuilla ei ole yhteistä pohjaa ... 158
Yhteisiä sääntöjä tarvittaisiin ... 159
Suuretkin hait karttavat sukeltajaa ... 161
Sukeltajien kohtaaminen rasittaa haita ... 161
Tiikerihait tekevät pitkiä vaelluksia ... 163
Turistien neuvonta lisää eläinten kunnioitusta ... 164
Oslob, Filippiinit: Valashait kuin pullasorsia ... 165

8 VALASTURISMIN RISTIRIIDAT ... 169
Häirintä muuttaa valaiden pakokäyttäytymistä ... 169
Valassafarille myös suurkaupungin sydämessä ... 170
Valasturismi, kalankasvatus ja tuulivoimalat ... 171
Tarkkailuretket valvomattomia ja liian kansoitettuja ... 173

9 SUKELLUSTURISMIN ONGELMAT ... 175
Sukeltajan pidettävä riittävä etäisyys merieläimeen ... 175
Sukeltajat häiritsevät paitsi eläimiä myös toisiaan ... 176
Lyhytkin video-opastus vähentää vahinkoja ... 178
Matkalla tarjottu tieto opettaa eläinten biologiasta ... 178
Pehmeillä pohjilla piiloutuvien eläinten
valokuvaus ongelmallista ... 179

10 NORSUJEN HYVÄKSIKÄYTTÖ ... 181
Norsuratsastuksille vaaditaan täyskieltoa ... 181
Aasiassa norsujen kohtelu julmaa ... 182
Kolme neljästä ratsastusnorsusta kärsii ... 182
Uusi aikakausi alkamassa Thaimaan norsuille ... 185
Turisti haluaa nähdä norsun norsuna ... 185
Intiassa norsujen tuberkuloosi yleistä ... 186
Nepalissa vaaditaan ohjeita norsuratsastuksille ... 188

11 ARKTIS JA ANTARKTIS TURISTIKOHTEINA ... 190
Arktiset jäät lähtevät – turistit tulevat ... 190
Laivaliikenne suurempi riski valaille kuin jääkarhulle ... 192
Järjestöiltä ohjeet arktisen turismin toimijoille ... 195
Jääkarhu raateli risteilyopasta Huippuvuorilla
ja joutui ammutuksi ... 196
Lisääntyvä turismi uhkaa Etelämantereen luontoa ... 198
Etelämantereen luonnon monimuotoisuus kärsinyt ... 199
Eläimillä ei vastustuskykyä muualla yleisiin tauteihin ... 201
Käänteiset zoonoosit riskinä myös apinoille ... 202
Kiinalaisille määräys: Älä leiki pingviinien kanssa ... 204

12 LUONNON TUNTEMUS VÄLTTÄMÄTÖNTÄ ... 206
Luonnon rajat on tunnettava ... 206
Erämaatkaan eivät ole täysin koskemattomia ... 209
Luontomatkailun nimissä monenlaista toimintaa ... 210
Eläimet Lapin matkailun selkäranka ... 212
Luonnontieteellistä asiantuntemusta tarvitaan lisää ... 214
Kokonaisvaltaista tutkimusta kaivataan ... 216
Turistit vaativat tietoa ja ekologisempaa tarjontaa ... 217
Luonnon tuntemusta ja kunnioitusta lisättävä ... 218
Turisti ei osaa arvioida eläinten hyvinvointia ... 220
Tieto tärkeää vastuullisessa luontomatkailussa ... 224
Kunnioituksen ja tiedon puute yleistä ekoturismissa... 226
Luontosuhteessa sukupolvien välisiä eroja ... 230

13 TURISTEJA ON NEUVOTTAVA ... 232
Luontoa kunnioittava pääsee mukaan kokemuksiin ... 232
Neuvonta lisää kunnioitusta eläimiä kohtaan ... 234
Barbadoksella koulutusta siipisimpun pyyntiin ...235
Eläinten ohella myös turisteja syytä seurata ja valvoa ... 237
Opasteet tarpeen, vaikka "luonto puhuu puolestaan" ... 239
Luonnon tuntemus on kaiken a ja o ... 240
Luontomatkailun kehittäminen vaatii lisää tietoa ... 241

14 LUONNON TALOUS HYÖDYTTÄÄ MYÖS IHMISEN TALOUTTA... 245
Kansallispuistot tärkeitä luonnonsuojelulle ja taloudelle ... 245
Virkistyskäyttö edistää myös luonnonsuojelua ... 245
Turismitulot mahdollistavat suojelustatuksen ... 247
Ekoturismi menestyy myös talousmetsissä ... 248
Matkailuelinkeinon yhdistettävä voimansa... 249
Valtiollinen ohjelma toimii vain, jos sitä noudatetaan ... 250
Suomen kansallispuistoissa yli 3.1 miljoonaa kävijää vuonna 2017 ... 251
Aktiivinen hoito luonnon säilymisen edellytys ... 253
Suuren valliriutan kohtalolla globaali ulottuvuus... 254
Ekoturisminkin varauduttava ilmastonmuutokseen ... 256

15 PAIKALLISVÄESTÖN ETU TURVAA ELÄIMIÄ ... 259
Paikallista väestöä on tuettava suojelualueilla ... 259
Paikallisväestöllä paras asiantuntemus ja kokemus ... 260
Suosittu turistikohde voi olla paikallisille vahingollinen ... 261
Valtioiden panostus eläinten suojeluun vaihtelevaa ... 262
Parhaat toimijat Afrikassa ... 263
Tansaniassa sekä luonnonsuojelu että kylät hyötyvät ... 265
Päätösvalta keskushallinnolta kyläyhteisöille... 266
Uusi elinkeino voi aiheuttaa kateutta väestössä ... 267
Ekoturismi riistää paikallisväestöä Tansaniassa ... 268
Maasai-heimojen oikeudet ulkomaisille yrityksille ... 268

16 EKOTURISMIN RAHALLISET ARVOT ... 271
Paikallisille maksu turistien näkemistä villieläimistä ... 271
Suojelualueet taloudellisestikin hyvin tuottoisia ... 273
Luonnon ihailu tuottavaa myös USA:ssa ... 275
Kala on arvokkain sukelluskohteena ... 276
Ekoturismin taloushyödyt valuvat ulkopuolisille ... 277
Ilves 1000 kertaa arvokkaampi vapaana kuin tapettuna ... 278
Seychellit vaurastuu merta suojelemalla ... 279
Talousmetsäkin sopii luontomatkailuun ... 281
Järjestäytynyt luontomatkailu valtion metsissä vaatii lupia ... 281

Ruotsin matkailualalta vetoomus metsien suojeluun ... 283
Suomen metsille ja luontomatkailulle reilu lisärahoitus .. 284
Maisemia ja monimuotoisuutta arvostetaan eniten ... 285
Turistit valmiita maksamaan lisähintaa luonnon puolesta ...285

17 TURVALLISUUSRISKIT .. 287
Kuolonuhreja molemmilla puolilla ... 287
Kolmården tappaa puiston kaikki neljä sutta ... 288
Pedot surmasivat hoitajan vuonna 2012 ... 288
Leijona karkasi antilooppijahtiin – tappoi vierailijan ... 289
Kokenutkin hoitaja on vaarassa leijona-aitauksessa ... 291
"Voiko leijonaa syyttää siitä, että se on leijona?" ... 292
Järjestöiltä avoin kirje matkailuministerille ... 292
Virtahepo – Maailman vaarallisin maanisäkäs ... 294
Yhtenäiset ohjeet ihmisten ja eläinten suojaksi ... 295
Leijonat jahtasivat turistien autoa Englannissa ... 296
Gorillaretket Kongossa erittäin vaarallisia ... 297
Kansallispuisto aseistettujen rosvojoukkojen piilopaikka ... 297
Huono kohtelu muutti miekkavalaan tappajaksi ... 299
Poikasten kuolemia itsekkäiden selfiekuvia takia ... 301
Vastuuttomat turistit tappaneet Bahaman uivia possuja ... 302
Eläinten ihailu voi olla hengenvaarallista ... 304
Rauhallistakaan eläintä ei kannata koskettaa ... 305

18 RIKOLLISUUS VAKAVA UHKA ... 307
Eläinten salakuljetus rikos luonnolle ja ihmisille... 307
Rikolliset uhkaavat Maailmanperintöä ... 308
Salametsästyksestä korvaamattomia tappioita... 310

Näky, jollaista tiedostavan ekoturistin ei pitäisi kohdata. Vangittu ja alistettu karhu tanssii turisteille. Nessebar, Bulgaria. Kuva: Kai Aulio.

Esipuhe

Matkailu on suosionsa sekä yhteiskunnallisen että taloudellisen merkityksensä ansiosta noussut yhdeksi maailman tärkeimmistä elinkeinoista. Maailmassa tehdään vuosittain yli 1.3 miljardia – eli runsaat 1 300 000 000 – matkaa, joista enemmän kuin joka toinen on vapaaajan matkailua. Turismin nopeimmin kasvaneita muotoja on luontomatkailu, jonka käsitteen alla harjoitetaan toimintoja reppumatkailijan erävaelluksista moottoroituihin savannisafareihin sekä sukellusretkiin tai eläintarhakäynteihin.

Aidointa – ja monen mielestä ainoaa oikeaa – luontokokemusta edustaa *ekoturismi*, jonka tärkeänä perustana pidetään osallistujien kokemuksien lisäksi toiminnan taloudellisen panoksen mahdollistavaa luonnon suojelua. Oikein toteutettu ekoturismi kunnioittaa luonnon hyvinvointia, josta konkreettisena osoituksena on eläinten hyvinvointi. Ihannetapauksissa ekoturismi hyödyntää sekä matkailijoiden toiveita ja tarpeita, luonnonsuojelua että paikallisen väestön toimeentulon mahdollisuuksia.

Markkinoinnissa ihannetilanne saadaan kuulostamaan *win-win* -tilanteelta, jossa kaikki osapuolet voittavat. Mutta valitettavasti matkailun volyymien huima kasvu on aiheuttanut myös ongelmia kuten luonnon kulumista ja roskaantumista sekä luonnonvarojen riistoa. Riistoon kuuluu ikävä kyllä myös eläinten hyvinvoinnin laiminlyönti, hälyttävän usein jopa suoranainen eläinrääkkäys.

Kestävän, kaikkia osapuolia hyödyttävän ja mahdollisimman vähän haittoja aiheuttavan matkailun merkitystä ja toteutusmahdollisuuksia korostettiin maailmanlaajuisesti, kun *YK:n yleiskokous julisti vuoden 2017 Kestävän matkailun ja kehityksen teemavuodeksi.*

Käsillä oleva kirja esittelee teemavuoden ja sitä edeltäneen ja seuranneen ajan kuluessa julkaistuja havaintoja, seurantatietoja ja tutkimuksia kestävän matkailun, ekoturismin sekä matkailuun liittyvien eläinkohtaamisten eri näkökohdista. Aineistossa on viranomaisraportteja, matkailualan kirjallisuudessa julkaisuja artikkeleita, luonnontieteiden ja luonnonsuojelun erikoislehdissä julkaistuja tutkimuksia sekä matkailuun keskittyvien internetsivustojen ja tiedotusvälineiden ajankohtaisaineistoa.

Kirjan kappaleet ovat joko yhden tutkimusartikkelin tai uutisen esittelyjä tai samaa aihetta käsittelevien tietojen kokoelmia. Kirjaan koottujen tietojen lähdeviitteissä on esitetty lähteiden doi-tunnus (*Digital Object Indentifier*), jonka avulla aineisto on vapaasti saatavilla. Monen lähteen, etenkin tieteellisissä julkaisusarjoissa ilmestyneiden tutkimuksien kohdalla doi-tunnuksella pääsee lukemaan vähintään julkaisun tiivistelmän, usein koko artikkelin.

Kirjassa esitellyt tapaukset ovat aiheidensa uusinta ajankohtaistietoa, eivät välttämättä aihepiirin tärkeintä sisältöä. Matkailun, luonnonsuojelun ja eläinten hyvinvoinnin asemaa kokonaisuuksina on käsitelty kattavasti monissa teoksissa.

Matkailun taloudellista merkitystä käsittelevissä artikkeleissa ja uutisissa rahalliset arvot esitetään enimmäkseen Yhdysvaltain dollareissa. Kirjan kirjoitusvaiheessa dollarin ja euron kurssit olivat lähes samanarvoiset, joten valuuttoja ei ole kaikissa esimerkeissä muunnettu kotoisiksi euroiksemme.

1

JOHDANTO

Yli tuhat miljoonaa matkaa vuodessa

Matkailu on yksi harvoista elämän aloista, jotka ovat kukoistaneet myös maailmanlaajuisten talouden ja poliittisten matalasuhdanteiden ja lamakausien – ja näiden seurauksena myös "henkisen laman" – aikana. Turismin suosion ja elinkeinon taloudellisen merkityksen jatkuva kasvu osoittavat toiveikkuutta ja luottamusta parempaan tulevaisuuteen. Hyvin myönteisiä ajatuksia on esitetty vapaa-ajan matkailun viime vuosien kehityksestä, ja ainakin tilastoluvut osoittavat suuntauksen jatkuvan vast'edeskin.

Kansainvälisen matkailuelinkeinon arvovaltaisin organisaatio, YK:n Maailman matkailujärjestö (*The United Nations World Tourism Organization*; UNWTO) toteaa kansainvälisen turismin kasvaneen vakaasti ja nopeammin kuin globaali talous keskimäärin jo kahdeksan viime vuoden aikana.

UNWTO:n tilaston mukaan vuoden 2017 aikana tehtiin yli 1.3 miljardia (1 326 000 000) matkaa, mikä on noin 86 miljoonaa matkaa enemmän kuin vuotta aikaisemmin. Matkailijoiden määrän kasvu vuoteen 2016 verrattuna oli seitsemän prosenttia. Kasvu oli nopeampaa kuin kertaakaan vuoden 2009 jälkeen. Ja järjestö ennustaa kansainvälisen matkailun kasvavan jatkossakin noin neljän prosentin vuosi-vauhdilla. Matkustamiseen ja turismiin liittyvän elinkeinotoiminnan taloudellinen arvo nousi vuonna 2017 kaikkiaan 8.3 triljoonaan dollariin, mikä vastaa 10.4 prosenttia maailman yhteisestä bruttokansantuotteesta.

Alalla työskenteli 313 miljoonaa ihmistä, eli joka kymmenes työpaikka liittyy matkustamiseen ja turismiin. Vuoden 2017 aikana matkailuun liittyviin toimintoihin syntyi 7 miljoonaa uutta työpaikkaa, mikä on noin 20 prosenttia kaikista maailmalla luoduista työpaikoista. Kansainvälisen turismin rahavirroista hyötyvät sekä kehittyneet että kehittyvät maat. Suurimmat rahavirrat päätyvät Eurooppaan, mutta turismin osuus on ratkaisevaa monen köyhän, kehittyvän maan taloudelle.

Kaiken matkustamisen ja siten myös turismin kasvun uskotaan jatkuvan, vaikka talouden kasvu hidastuisi ja poliittisin perustein asetetut rajoitukset – kuten Yhdysvaltain asettamat maahantulokiellot tai eri maiden kiristyvät viisumikäytännöt – tai öljyn hinnan nousu kehitystä ehkä hidastavatkin. *World Travel & Tourism Council* (WTTC) -järjestön ja *Oxford Economics* -yrityksen julkaiseman yhteenvedon mukaan vuonna 2017 matkailusektorin taloudellinen kasvu nousi 4.6 prosenttia verrattuna edellisvuoteen.

WTTC-katsaus ennustaa, että vuonna 2018 matkustamisen ja matkailun kasvu nousee 4.0 prosenttiin. Turismin osuus matkustamisen maailmanlaajuisessa taloudessa on hallitseva. WTTC-raportin mukaan turismin osuus matkustamisen taloudellisesta merkityksestä oli 77 prosenttia ja liikematkustamisen osuus vastaavasti 23 prosenttia.

Suomen matkailussa vuosi 2017 oli poikkeuksellisen menestyksekäs, sillä matkailijamäärien kasvu edellisvuoteen verrattuna oli 14 prosenttia.

Kansainvälisen matkustamisen kulmakivenä on vapaa-ajan matkailu. UNWTO:n vuositilaston mukaan loma-, virkistys- ja muuhun vapaa-ajan matkailuun osallistuneiden henkilöiden osuus on yli puolet kaikista kansainvälisistä matkoista.

Yli miljardiin matkaan noussut kansainvälinen turismi on volyymeiltään painottunut järjestettyyn massaturismiin, joka on keskittynyt tiettyihin suosikkikohteisiin. Chartermatkailun myötä turismi on vallannut monia seutuja niin totaalisesti, että alueiden ominaispiirteet ovat täysin kadonneet, ja lisäksi massaturismia myös vastustetaan.

Viime vuosikymmenien trendeistä vahvimmin on noussut kestävä matkailu, jonka ylevät tavoitteet tunnustetaan jokseenkin yksimielisesti. Kestävyyden käsite on vakiintunut matkailuelinkeinossa etenkin majoituspalveluissa, ja hotellien energia-, vesi- ja jätehuoltoratkaisujen ympäristöystävällisyydestä on tullut hinnan ja mukavuuden ohella myyntivaltti. Massaturismin kasvun aiheuttamat ympäristömuutokset ovat nostaneet esiin myös turismin luontovaikutukset, ensin maisemien radikaalin muutoksen ja yhä enemmän myös yksittäisten eliölajien hyvinvoinnin ja pahimmassa tapauksessa lajien häviämisen ihmistoiminnan seurauksena.

- BreakingTravelNews, 27.3.2018. WTTC: Last year best on record for tourism sector; http://www.breakingtravelnews.com/news/article/wttc-last-year-best-on-record-for-tourism-sector/
- Bridge M. 2017. Eco-tourism to top 2018 travel trends. The Times, 27.12. 2017; https://www.thetimes.co.uk/article/eco-tourism-to-top-2018-travel-trends-tprbp6k8b
- Restanis A. 2017. A roadmap towards 2030: the legacy of the International Year of Sustainable Tourism for Development 2017. TravelDaily News International, 21.12.2017; https://www.traveldailynews.com/post/a-roadmap-towards-2030-the-legacy-of-the-international-year-of-sustainable-tourism-for-development-2017
- UNWTO, World Tourism Organization. 2018. *2017 Annual Report.* 106 sivua; https://www.e-unwto.org/doi/pdf/10.18111/9789284419807

- UNWTO, World Tourism Organization. 2018. *UNWTO Tourism Highlights, 2018 Edition.* 20 pages. UNWTO, Madrid; https://doi.org/10.18111/9789284419876
- World Travel & Tourism Council. 2018. *Travel & Tourism. Economic Impact 2018. World.* 16 pages; https://www.wttc.org/-/media/files/reports/economic-impact-research/regions-2018/world2018.pdf

Luontomatkailu vahvassa nousussa

Matkailuelinkeinon tietoisuus aiheuttamistaan luontovaurioista on vaikuttanut matkakohteiden valintaan ja erilaisten palvelujen tarjontaan viime vuosikymmeninä. Tätä nykyä hotelli- ja kuljetuspalveluissa otetaan ekologisuuden ohella korostetusti huomioon myös alkuperäisen luonnon ja paikallisen väestön hyvinvointi ja tarpeet. Kestävästä matkailusta on tullut elinkeinoa ohjaava trendi vasta viime vuosina, mutta ongelmista ja niiden asianmukaisesta hoidosta – muun muassa turismin kehittämisen ja luonnonsuojelun ja villieläinten hyvinvoinnin säilyttämisestä – julkaistiin ohjeita jo 1970-luvulla.

Kestävän turismin ja kohdealueiden luonnonvaraisen eläimistön ja kasviston hyvinvoinnin turvaamisen keinot tunnetaan, ja kattavia ohjeita matkailuelinkeinon "vihertämiseen" on saatavilla. Arvovaltaisin ja kattavin "työkalupakki" elävän luonnon hyvinvoinnin turvaamisesta ja matkailuelinkeinon mahdollisuuksista monipuolisten palvelujen tarjoamiseen on julkaistu YK:n Biologisen monimuotoisuuden sopimuksessa (*Convention on Biologial Diversity*; CBD, 2007).

Matkailun asemaa sekä taloudellisia ja poliittisia mahdollisuuksia kansainvälisen kestävän kehityksen edistäjänä korostetaan toukokuussa 2018 allekirjoitetulla Maailmanpankin ja Yhdistyneiden Kansakuntien sopimuksella, jolla edistetään keinoja saavuttaa yhteisesti hyväksytyt kestävän kehityksen tavoitteet (*Sustainable Development Goals*) erityisesti kehittyvissä maissa. Sopimuksen allekirjoittivat YK:n pääsihteeri António Guterres ja Maailmanpankin pääjohtaja Jim Yong Kim.

Luontomatkailu nousi julkiseen keskusteluun varsinaisesti vuonna 2002, joka julistettiin kansainväliseksi ekoturismin vuodeksi (*International Year of Ecotourism*). Teemavuoden aikana luontomatkailun tavoitteita, menetelmiä sekä niin taloudellisia, yhteiskunnallisia kuin luontovaikutuksia käsiteltiin laajasti sekä matkailuelinkeinon piirissä että kansainvälisissä poliittisissa kokouksissa ja keskusteluissa. Kestävän matkailun teemavuosi oli ainakin järjestäjien mielestä onnistunut, ja matkailuelinkeino luottaa toimialan mahdollisuuksiin rakentaa parempaa tulevaisuutta ihmisille ja koko planeetalle. Teemavuoden virallisessa päätöstilaisuudessa Maailman matkailujärjestön (WTO) tuolloinen pääjohtaja, jordanialainen taloustieteilijä tohtori Taleb Rifai korosti kestävän kehityksen olevan koko matkailutoiminnan kivijalka.

"Jatkamme turismin suunnittelun ja käytäntöjen kehittämistä, määrittelemme alan vastuun ilmastonmuutoksen hillinnässä, työskentelemme villieläinten laittoman kaupan kitkemiseksi ja luomme matkailun avulla uusia työpaikkoja vuoteen 2030 tähtäävällä turismin kehittämisen toimintaohjelmalla. Yhdessä koko matkailuala – ihmiset, joilla on yhteiset tulevaisuuden visiot ja sitoumukset – voimme päästä pitkälle", pääjohtaja hehkutti YK:n Geneven toimistossa, Kansojen palatsissa pidetyssä tilaisuudessa.

Teemavuoden tavoitteet ja lupaukset olivat suuria, kunnanhimoisia ja vaativia, ja kestävän matkailun saama julkisuus on varmasti auttanut niin elinkeinoa, luontoa kuin yhteiskunnallista kehitystä ja taloutta monilla alueilla. Paljon työtä on kuitenkin vielä tekemättä...

Usko kestävään matkailuun on luja turismielinkeinon piirissä. Esimerkiksi Britannian matkanjärjestäjien yhdistyksen (*The Association of*

British Travel Agents; ABTA) painotuksissa ekoturismi on yksi vahvimmista alan trendeistä vuonna 2018 ja tästä eteenpäin.

Ekoturismi-käsitteen alla käsiteltävien aiheiden monipuolisuus sekä alan tutkimusperinteen nuoruus näkyvät julkaistussa kirjallisuudessa ja matkailun markkinoinnissa hajanaisuutena. Tarkkojen määritelmien ja kriteerien puuttuessa ekoturismin nimissä markkinoidaan mitä moninaisinta – ja joskus varsin heiveröisesti todellista luonnon kunnioitusta korostavaa – matkailun tarjontaa.

- CBD (Convention on Biological Diversity). 2007. Managing Tourism & Biodiversity. User's Manual on the CBD Guidelines on Biodiversity and Tourism Development. 122 pp;
- Paavilainen P. 2016. Ekomatkailun kehittäminen Suomen arktisella alueella. AGON, Pohjoinen tiede- ja kulttuurilehti 4/2016; http://agon.fi/article/ekomatkailun-kehittaminen-suomen-arktisella-alueella
- Restanis A. 2017. A roadmap towards 2030: the legacy of the International Year of Sustainable Tourism for Development 2017. TravelDaily News International, 21.12.2017; https://www.traveldailynews.com/post/a-roadmap-towards-2030-the-legacy-of-the-international-year-of-sustainable-tourism-for-development-2017
- UNWTO, 12.6.2018. UNWTO signs up for joint projects with World Bank; http://media.unwto.org/press-release/2018-06-12/unwto-signs-joint-projects-world-bank

2

KESTÄVÄ MATKAILU

Kestävän matkailun monet kasvot

Vuosittain vapaa-ajan matkailuun osallistuvista sadoista miljoonista ihmisistä yhä useammat valitsevat kohteensa jonkin teeman perusteella. Niin omatoimi- kuin ryhmämatkailussa kulttuuri, konsertit ja festivaalit, urheilutapahtumat ja ehkä nopeimmin kasvavana trendinä luontomatkat kilpailevat ja monin paikoin ohittavat suosiossa tavanomaiset massaturismin vaihtoehdot kuten rantalomakohteet. Luontomatkailun suosion kasvun myötä *ekoturismi*-käsite on yleistynyt esitteissä ja markkinoinnissa.

Ekoturismin käsitteen alle mahdutetaan monenlaisia aktiviteetteja kuten vaellusretket, maastopyöräily, kanoottiretket, kalastus ja metsästys sekä villieläinten ja luonnon valokuvausmatkat. Yhteistä kaikelle luontomatkailulle – ja tämän käsitteen alla tiukimmin luonnon arvoja kunnioittavalle ekoturismille – on välttämätöntä taata matkailun perustuvan kestävän kehityksen periaatteille.

Luontomatkailun suosion kasvu on ymmärrettävää ihmiskunnan nopean kaupungistumisen seurauksena. Suurten ihmisjoukkojen halu "paeta luontoon" aiheuttaa kuitenkin valitettavasti suuria paineita luonnon kestokyvylle (ekologiselle kantokyvylle). Luonnon ihailu ja kunnioitus ovat yhteisenä nimittäjänä kaikelle luontomatkailulle, ja toiminnan tulee perustua kestävän kehityksen arvoille. Kestävyyttä on helppo markkinoida, mutta itse kestävyys-termin sisällön määrittely on vaikeaa aihepiirin laajuuden takia.

Kestävä matkailu (*Sustainable Tourism*) on alan markkinoinnin avainsanoja, ja käsitteen alle mahdutetaan monia ympäristönsuojelun kannalta tärkeitä teemoja kuten energian- ja vedenkulutuksen hillitseminen, fossiilisten polttoaineiden aiheuttaman saastumisen estäminen ja ilmastonmuutoksen hillitseminen sekä luonnon roskaantumisen estäminen. Yhä useammin – ekoturismin suosion myötä – kestävän matkailun eettiseen kriteeristöön sisällytetään alkuperäisen luonnon itseisarvojen kunnioittaminen ja vaaliminen.

Yleisenä, kaikkea matkailutoimintaa ohjaavana normina voidaan pitää Maailman matkailujärjestön vuonna 1999 julkaisemia periaatteita, joista ohjeiston kolmas artikla käsittelee turismin ekologista, yhteiskunnallista ja taloudellista kestävyyttä (*Article 3: Tourism; a factor of sustainable development*).

Onko kestävää matkailua olemassakaan?

Turismielinkeinon kehittämisessä ja markkinoinnissa ei tätä nykyä voi välttyä kestävän matkailun käsitteeltä. Kestävyydellä pyritään vakuuttamaan kaikki osapuolet, niin turistit, poliittiset ja taloudelliset päättäjät kuin elinkeinon harjoittajatkin sitä, että matkailu voi toimia – ja sen tulee toimia – kaikkia osapuolia hyödyttävällä tavalla. Turismin volyymien jatkuvasti kasvaessa kestävyyden ylläpito käy yhä vaikeammaksi, monissa tapauksissa mahdottomaksi.

Jopa tiukimmin luontoarvoja kunnioittavan ekoturismin suosion kasvu ja erämaihin suuntaavien matkailijoiden määrän kasvu johtavat väistämättä kielteisiin ympäristövaikutuksiin. Lisääntyvän liikenteen ja valistuksesta huolimatta useimmissa kohteissa myös luonnon kulumisen ja roskaantumisen haitat vievät pohjaa matkailun kestävyydeltä.

Matkailun eri muotojen määrittelyt ovat kulttuuri- aika- ja paikkasidonnaisia, joten kestävän matkailun käsitteen alla harjoitetaan hyvin vaihtelevia toimintoja. Jako massaturismiin ja yksilölliseen, henkilö- ja kohdekohtaiseen matkailuun on keinotekoista, sillä suosituimmat ja julkisuudessa paljon esitellyt ja markkinoidut erämaakohteetkin alkavat olla suurten vierailijajoukkojen kansoittamia.

Ahtaasti ekologista, sosiokulttuurista ja taloudellista kestävyyttä tavoittelevan matkailun monet muodot käsittävät niin monia kestävyyden määritelmää vastaan sotivia muotoja, että kestävyyden käsitteen käyttöä arvostellaan, ja koko kestävän matkailun käsitteestä pitäisi joidenkin tutkijoiden mielestä jopa luopua.

Kattavan ja monipuolisen katsauksen kestävän matkailun akateemisen tutkimuksen ja tiedon käytännön soveltamisen monista ulottuvuuksista esittää Oulun yliopiston matkailumaantieteen tutkijatohtori Kaarina Tervo-Kankare *Matkailututkimuksen avainkäsitteet* -kirjan artikkelissaan.

• Tervo-Kankare K. 2017. Kestävä matkailu. Teoksessa: Edelman J & Ilola H (toim.). *Matkailututkimuksen avainkäsitteet*, s. 235–240. Lapland University Press. Rovaniemi.

2017 kestävän matkailun ja kehityksen vuosi

Matkailu on noussut yhdeksi suurimmista ja taloudellisesti merkittävimmistä elinkeinoista, jonka osuus koko maailman vuotuisesta bruttokansantuotteesta on 10 prosenttia, osuus kansainvälisestä kaupasta on 11 prosenttia, ja turismi työllistää noin 9 prosenttia kaikista työllisistä. Turismielinkeinon taloudellinen merkitys on korostunut alan markkinoinnissa ja kehityssuunnitelmissa, mutta viime vuosina ala on alkanut selvästi "vihertyä" sekä kuluttajien ympäristötietoisuuden että massaturismin myötä valitettavan monessa turistikohteessa havaittujen infrastruktuurin häiriöiden takia.

Kestävän kehityksen mukainen matkailu, ekoturismi ja muut ympäristöä, paikallisia kulttuureita sekä alkuperäisväestöjä kunnioittavat turismin muodot ovat nousseet yhä suositummiksi, ja tämä suuntaus on tietysti huomattu myös matkailuelinkeinon tuottajapiireissä.

Suosion myötä matkailu on tätä nykyä lähes päivittäinen aihe uutisissa, kohde-esittelyissä ja mainoksissa eri tiedotusvälineissä. Valtaosa julkaistusta tiedosta on ymmärrettävästi positiivista, alaa edistämään pyrkivää, mutta matkailulla on myös monia varjopuolia. Julkisuudessa esitellään aika ajoin muun muassa lomarantojen roskaantumista ja suosituimpien kaupunkien ja nähtävyyskohteiden ruuhkautumista.

Matkailun – tai pikemminkin matkailijoiden – aiheuttamat haitat eri alueiden alkuperäiselle luonnolle, niin maisemille kuin eliölajeille, jäävät sen sijaan vähälle huomiolle, vaikka turismin haitat voivat olla peruuttamattomia. Turismin, myös luonto-arvojen takia harjoitettavan ja luonnon kunnioittamisella markkinoidun ekoturismin, hyödyt luonnonsuojelun edistäjänä ovat kestävän matkailun ihanteiden ja tavoitteiden mukaisia. Mutta valitettavasti ihmisen läsnäolo luonnossa aiheuttaa ongelmia.

Luonnon kunnioituksen ja mahdollisimman vähän häiriötä eliöstölle ja alkuperäisväestölle aiheuttavan kestävän turismin periaatteet hyväksytään varmasti kaikkialla, mutta tavoitteiden saavuttaminen on eri toimijoiden erilaisista vaatimuksista johtuen monesti vaikeaa ja ratkaisut ovat ristiriitaisia.

Pelisääntöjä kestävän matkailun harjoittamiseen ja kehittämiseen etsitään nyt korkeimmalla mahdollisella tasolla, sillä YK:n yleiskokouksen päätöksellä vuosi 2017 julistettiin *Kansainväliseksi kestävän matkailun ja kehityksen vuodeksi* (*International Year of Sustain-able Tourism for Development*).

YK-vetoisen teemavuoden tavoitteena oli liittää matkailuelinkeino elimelliseksi osaksi yleismaailmallista, vuoteen 2030 tähtäävää kestävän kehityksen ohjelmaa *Agenda for Sustainable Development*), jonka konkreettiset tavoitteet on kirjattu 17-kohtaiseen *Sustainable Development Goals* -ohjelmaan.

Ihmisen ja luonnon yhteys kunniaan

Kestävän matkailun ja kehityksen vuoden teemat ulottuvat paikallisista maailmanlaajuisiin sekä taloudesta eettisiin valintoihin. Kestävän matkailun arvoihin liittyviä – ja matkailuelinkeinon painopisteiksi osoitettuja – teemoja ovat muun muassa turismin, talouden ja sosiaalisten suhteiden yhteensulauttaminen, luonnonvarojen kestävän käytön edistäminen, paikallisten kulttuurien huomioiminen ja paikallisen työllisyyden edistäminen matkailukohteissa, paikallisen ympäristön, alkuperäisluonnon ja koko maapallon ilmaston suojelu, kulttuuriarvojen ja kulttuuriperintöjen vaaliminen sekä väestöryhmien välisen yhteisymmärryksen ja rauhan edistäminen.

Kestävän turismin kehittäminen ja ylläpitäminen edellyttävät tottumuksien ja tapojen muutoksia sekä matkailijoilta että koko matkailuteollisuudelta. Hyvää tarkoittavista tavoitteista ja ohjelmista huolimatta nykyaikaisessa matkailussa unohdetaan aivan liian usein kohdealueiden luonnon sekä paikallisen alkuperäisväestön hyvinvointi ja tarpeet.

Eri osapuolten ja toimijoiden tavoitteiden vastakkainasettelu on tarpeetonta, ja lyhytnäköinen omien etujen tavoittelu johtaa pitkällä aikavälillä niin taloudellisten kuin aineettomien arvojen heikkenemiseen kaikilla sektoreilla. Alkuperäisen luonnon arvojen sekä paikallisen väestön kulttuurien kunnioittaminen matkailua kehitettäessä on avain kestävään turismiin, jossa kaikki osapuolet hyötyvät nyt ja tulevaisuudessa.

YK:n Kestävän matkailun ja kehityksen vuoden tavoitteet voi tiivistää viiteen teemaan: 1) Kaikkia osapuolia hyödyttävä ja kestävä talouskasvu, 2) Sosiaalinen osallistaminen, työllisyyden kehittäminen ja köyhyyden poistaminen, 3) Luonnonvarojen käytön optimointi, ympäristönsuojelu ja ilmastonmuutoksen hillitseminen, 4) Kulttuuriarvojen ja kulttuuriperinnön monimuotoisuuden vaaliminen, 5) Keskinäisen ymmärtämisen, rauhan ja turvallisuuden turvaaminen.

Teemavuoden tärkeyttä korostettiin valitsemalla vuoden 2017 YK:n ohjelmaan kuuluvan vuosittaisen Maailman ympäristöpäivän – kesäkuun viides päivä – teemaksi *Ihmisen ja luonnon yhteys* (*Connecting People to Nature*). Omakohtaisella osallistumisella kansalaisia kannustetaan löytämään miellyttäviä ja haastavia tapoja kokea ja iloita luonnon ja ihmisen läheisestä ja välttämättömästä yhteenkuuluvuudesta.

Tämän päivän matkailussa yksittäisen turistin ja turistijoukkojen päätökset perustuvat useimmiten matkatoimistojen ja matkakohteiden tarjoamaan ja välittämään mainontaan ja tiedotusmateriaaliin. Julkisuudessa esitettävien taustatietojen ja houkutusten määrä ja laatu ovatkin keskeinen tekijä matkailuelinkeinon kestävyyden saavuttamisessa ja ylläpitämisessä. Jos matkatoimistot ja matkanjärjestäjät poistavat markkinoinnistaan kohteet, joissa turismi uhkaa tai vahingoittaa joko alkuperäistä luontoa tai paikallisen väestön hyvinvointia, kohteisiin ei pidä järjestää matkoja. Yksittäiset, matka-toimistoista riippumattomat reppumatkailijat aiheuttavat harvoin ongelmia, vaikka herkimmillä kohdealueilla vierailisivatkin.

Luontomatkailun suurta taloudellista merkitystä erityisesti kehittyville maille korostaa Maailmanpankin helmikuussa 2018 julkaisema strategia- ja suositusohjelma. Raportissa esitellään konkreettisia esimerkkejä kestävän matkailun avulla saavutettavista paikallisen väestön elinolojen ja talouden hyödyistä yhdistettynä tehokkaaseen alkuperäisen luonnon suojeluun.

Luontomatkailulla on raportin mukaan suuria mahdollisuuksia edistää vuoteen 2030 tähtäävän YK:n kestävän kehityksen tavoiteohjelman (*Sustainable Development Goals*) kohtia 12 (*Varmistaa kulutus- ja tuotantotapojen kestävyys*) ja 15 (*Suojella maaekosysteemejä, palauttaa niitä ennalleen ja edistää niiden kestävää käyttöä; edistää metsien kestävää käyttöä; taistella aavikoitumista vastaan; pysäyttää maaperän köyhtyminen sekä luonnon monimuotoisuuden häviäminen*) toteutumista.

Kestävän turismin arvoon ja suosion kasvuun uskoi myös arvovaltainen talouslehti *Forbes* julkaistessaan vuodelle 2017 viisi matkailun muodikkainta trendiä. "Ekoturistit ovat herkempiä kuin koskaan huolehtimaan hiilijalanjäljestään, erityisesti matkatessaan kaukaisiin kohteisiin. Matkailijat noudattavat vain vähän ympäristöön vaikuttavia ja kestäviä ratkaisuja saavuttaakseen sekä itselleen että isännilleen myönteisiä kokemuksia".

Ekoturismin ohella nousevina trendeinä Forbes esittää lomien ja työn yhdistävän "Bleisure"-matkailun (*Business and Leisure; Työ ja vapaa-aika*), paikallisen ja lähikohteiden suosimisen, matkojen järjestämisen ilman matkatoimistoja sekä yksin matkustamisen.

- Aulio K. 2017. *Problems in Ecotourism. More Knowledge is Needed to Understand and Respect Wildlife*. 24 pp. Grin Publishing. ISBN: 9783668492141 (Ebook); http://www.grin.com/en/e-book/370448/problems-in-ecotourism-more-knowledge-is-needed-to-understand-and-respect
- CBD (Convention on Biological Diversity). 2007. Managing Tourism & Biodiversity. User's Manual on the CBD Guidelines on Biodiversity and Tourism Development. 122 pp; http://biodiv.unwto.org/sites/all/files/docpdf/cbd2007users manu al.pdf
- Connell J and Page SJ. 2008. General introduction. The evolution and development of sustainable tourism: Progress and prospects. *In*: Page S and Connell J (Editors), *Sustainable Tourism, Critical Concepts in the Social Sciences. Volume I. Evolution.*
- ENS, Environment News Service, 23.5.2017. Fate of world's wildlife hangs on sustainable tourism; http://ens-news-wire.com/2017/05/24/fate-of-worlds-wildlife-hangson-sustainable-tourism/
- Lane L. A Top-10 List Of 2017 Travel Trends And Destinations; Forbes 15.1.2017; https://www.forbes.com/sites/lealane/2017/01/15/a-top-10-list-of-2017-travel-trends-and-destinations/#ba36911351bb
- Moorhouse T, D'Cruze NC and Macdonald DW. 2017. Unethical use of wildlife in tourism: what's the problem, who is responsible, and what can be done? Journal of Sustainable Tourism 25(4): 505–516; http://www.tandfonline.com/doi/full/10.1080/09669582.2016.1223087

- Restanis A. 2016. 2017 is the International Year of Sustainable Tourism for Development; TravelDailyNews International, 30.12.2016; https://www.traveldailynews.com/post/2017- is-the-international-year-of-sustainable-tourism-for-development
- Twining-Ward LD, Li W, Wright EM & Bhammar HM. 2018. *Supporting Sustainable Livelihoods through Wildlife Tourism. Tourism for Development.* 64 ss. World Bank, Washington, DC; http://documents.worldbank.org/curated/en/494211519848647950/Supporting-sustainable-livelihoods-through-wildlife-tourism
- United Nations, 2017. *World Environment Day 5 June*; http://www.un.org/en/events/environmentday/
- UNWTO, 2013. *Sustainable Tourism for Development Handbook.* First Edition. 226 pp; http://cf.cdn.unwto.org/sites/all/files/docpdf/devcoengfinal.pdf
- UNWTO, 7.12.2015. United Nations declares 2017 as the International Year of Sustainable Tourism for Development. World Tourism Organization; http://media.unwto.org/press-release/2015-12-07/united-nations-declares-2017-international-year-sustainable-tourism-develop
- UNWTO, 2016. *UNWTO Tourism Highlights, 2016 Edition.* 16 sivua; http://mkt.unwto.org/publication/unwto-tourism-highlights-2016-edition

Kestävyys kolmessa ulottuvuudessa

Kestävyys tulee eri elämän aloilla määritellä kolmella tasolla: Ekologinen kestävyys, Taloudellinen kestävyys ja Yhteiskunnallinen kestävyys. Näistä kaksi viimeksi mainittua huomioidaan yleisesti oppikirjoissa ja myös projektien suunnittelussa ja toteutuksessa. Turismin tutkimuksessa taloudelliset näkökohdat painottuvat esimerkiksi liikkumisen, majoituksen sekä ravitsemuspalvelujen tarpeiden laskelmissa, ja näitä teemoja tutkitaan paljon paitsi kustannustehokkuuden myös ympäristövaikutusten osalta – eli toiminnan kestävyys on näiltä osin arvioitavana.

Myös yhteiskunnalliset näkökohdat ovat nousemassa tärkeiksi turismitutkimuksessa. Massaturismin aiheuttamat sosiaaliset ongelmat esimerkiksi rantalomakohteissa, ja myös liikaturismin vaikutukset kaupungeissa, ovat tätä nykyä matkailututkimuksen ja alan toiminnan arkipäivää. Luonto- ja ekoturismissa alkuperäisväestöjen ja pienten taajamien (kylien) suhteet vieraisiin ja vieraiden aiheuttamat muutokset väestön arkipäivään ovat tärkeitä sosiaalisia kysymyksiä, joiden ongelmiin on löydettävä vastaukset yhteistyössä paikallisten asukkaiden kanssa.

Mitä kauemmas syrjäseuduille matkailu laajenee, sitä tärkeämmäksi paikallisväestön kulttuurin, perinteiden ja tapojen tunteminen ja kunnioittaminen tulevat. Matkailuelinkeinon ja yksittäisten turistien tulisi suosia paikallisia palveluja monikansallisten matkatoimistojen sijasta, jotta sekä taloudelliset että sosiaaliset muutokset ja kehitys hyödyttäisivät kohdealueita ja ansaitsisivat paikallisten yhteisöjen hyväksynnän.

"Turismi ei lähelläkään kestävyyttä!"

Ehkä tärkein – ja varmasti vaikein – kolmesta kestävyyden kriteeristä ekoturismissa on ekologinen ulottuvuus. Alkuperäisen luonnon arvojen tunteminen, tunnustaminen ja huomioon ottaminen ovat avainasemassa kestävässä ekoturismissa. Luonnon olosuhteiden sekä eri eliölajien vaatimusten tunteminen on ehdoton edellytys sekä luonnon tarkkailuun ja ihailuun perustuvassa että luonnonvaroja konkreettisesti hyödyntävässä matkailussa. Ekoturismi on vain pieni osa kestävää matkailua, mutta tälläkin sektorilla on enemmän kuin tarpeeksi erilaisia ja usein vaikeasti ymmärrettäviä määritelmiä ja käytäntöjä.

Yksiselitteisen määritelmän puuttuessa ekoturismin käsitteen alla markkinoidaan ja harjoitetaan mitä monimuotoisinta matkailua, eikä läheskään kaikissa projekteissa ole mukana juuri nimeksikään luonnon kunnioitusta. Epämääräiset ilmaisut ja luonnehdinnat voivat tukea ja edistää ei-toivottuja käytäntöjä, joiden todellista luonnetta luottavaiset, herkkäuskoiset luontomatkailun harrastajat eivät voi etukäteen aavistaa.

Matkailun kestävyyden kriteereistä ja hyvistä kokemuksista on saatavilla paljon selvityksiä ja esittelyjä, mutta valitettavasti valtaosa tärkeästä tiedosta on suunnattu vain alan sisäpiirille ja julkaistu ammattikirjallisuudessa. Tutkittua tietoa on kattavasti matkailuelinkeinon eri osa-alueilta, myös ekoturismin käytännöistä ja vaikutuksista. Australialaisen Griffith-yliopiston Turismitutkimuksen keskuksen johtajan Ralf Buckelyn katsaus vuodelta 2012 kokoaa yhteen julkaisuaikansa kattavan, noin 5 000 julkaistun selvityksen yhteenvedon sekä tulkinnan kansainvälisen valtavirran turismin yhteiskunnallisista ja ekologisista vaikutuksista.

Taloudelliset ja yhteiskunnalliset näkökohdat ovat eri puolilta hyvin valotettuja, mutta turismin ekologinen kestävyys oli – ja on edelleen – vakavasti aliarvioitu. Laajan katsauksen esittelemät kansainvälisen turismin tutkimukset keskittyvät viiteen teemaan: väestö, rauha, hyvinvointi, saastuminen ja suojelu. Yhteenvedon laatijan Buckleyn sanoin: *"Turismiteollisuus ei ole vielä lähelläkään kestävyyttä"*.

Kestävyyden määritelmän laaja-alaisuuden ja moniselitteisyyden takia on usein mahdotonta arvioida matkan tai matkanjärjestäjien todellista vaikutusta kohteessa. Etukäteen ei voi arvioida myöskään yksittäisen turistin tai turistiryhmän kokemuksia ja käyttäytymistä matkakohteessa, vaikka vieraiden käyttäytymisellä voi olla ratkaiseva merkitys turismin paikallisiin vaikutuksiin.

Matkailijat eivät useinkaan tiedä, miten vierailukohteessa tulisi käyttäytyä – sen enempää paikallista väestöä kuin alkuperäistä luontoa kohtaan. Joissakin selvityksissä vain murto-osa – esimerkiksi slovenialais-australialaisessa (Emil Juvan & Sara Dolnicar 2016) tutkimuksessa 0–44 prosenttia – matkailijoista saattoi vakuuttaa oman käyttäytymisensä olevan luontoa kunnioittavaa.

Selvitettäessä matkakohteiden tai matkanjärjestäjien onnistumista kestävän turismin vaatimuksissa esitettyjen kysymysten ja tarkastelukohteiden valinta ja sanamuodot ovat ensiarvoisen tärkeitä. Väärin tai epämääräisesti esitetyt kysymykset voivat johtaa vääriin, jopa toiveisiin nähden vastakkaisiin johtopäätöksiin kohteen tai matkan ekologisesta tai yhteiskunnallisesta kestävyydestä.

Jotta matkan ja turistien todellinen vaikutus kohteen kestävyyteen voidaan selvittää, tutkijan on oltava mukana matkalla ja tehtävä suoria, ajantasaisia havaintoja vierailijoista ja heidän käyttäytymisestään.

Kyselytutkimuksissa haastateltavat antavat yleensä liian hyvän kuvan – jollaista kysyjän oletetaan toivovan – omasta tai ryhmänsä käyttäytymisestä.

• Buckley R. 2012. Sustainable tourism: Research and reality. Annals of Tourism Research 39(2): 528–546; http://www.sciencedirect.com/science/article/pii/S0160738312000230

- Jurvan E and Dolnicar S. 2016. Measuring environmentally sustainable tourist behaviour. Annals of Tourism Research 59: 30–44; http://www.sciencedirect.com/science/article/pii/S016073831630041X
- UNWTO, 1999. *Global Code of Ethics for Tourism*; http://ethics.unwto.org/en/content/global-code-ethics-tourism

Hello Kitty kestävän matkailun maskotiksi

Sympaattinen jättiläispanda on jo vuosikymmeniä yhdistetty luonnonsuojelun symboliksi ja vertauskuvaksi, ja vastaavaa symbolia on haluttu myös kestävälle matkailulle. YK:n julistaman 2017-teemavuoden kunniaksi maailmanjärjestössä päätettiin hankkia kestävälle turismille yhtä suosittu ja tunnettu keulakuva.

Monelle yllätyksenä tuli valinta, joka ei löydy suoraan luonnosta tai luonnontieteen kuvastosta. Sympaattinen eläin tuli kuitenkin valituksi. Televisiosarjoista, elokuvista ja mitä moninaisimmista leluista tuttu *Hello Kitty* valittiin kestävän matkailun symbolihahmoksi.

Teemavuoden tunnusta "*Matkusta – Nauti – Kunnioita*" Hello Kitty levittää kampanjavideoilla sanoen muun muassa: "Matkailu on lahja, Matkustaminen avaa mielemme ja sydämemme ja auttaa havaitsemaan, että olemme kaikki yhdenvertaisia. Kun matkustat, muista kunnioittaa luontoa, kulttuuria ja isäntäväkeäsi".

- Bryant A. 2017. The unlikely new mascot for travel sustainability. Travel Weekly 7.12.2017; http://www.travelweekly.com.au/article/the-unlikely-new-mascot-for-travel-sustainability/

Ekoturismissa luonto on osa kulttuuritarjontaa

Luonto- ja maatilamatkailua pidetään usein loogisena ja helposti toteutettavana vaihtoehtona haja-asutusalueiden elinkeinojen valikoimassa, etenkin maatilatalouden rakennemuutosten ja muuttoliikkeiden aikoina. Pelkkä luonnon läheisyys ei kuitenkaan takaa onnistumista turismisuunnitelmille tai haaveille.

Onnistuakseen houkuttelemaan luontomatkailijoita kohteen on oltava osa suurempaa kokonaisuutta, jossa muutkin kuin koskemattoman tai muuten vetoavan luonnon vetovoimatekijät on huomioitava. Alueelliset erot ja toimintaympäristön mittakaavaerot ovat merkittäviä ekoturismin onnistumisessa, osoittaa ruotsalaisia kohteita analysoinut tutkimus.

Keski-Ruotsin yliopiston tutkijat selvittivät luonnon tarjoamien houkutusten/vetovoimatekijöiden esiintymistä ja yhteyttä muuhun, ihmisen kädenjälkeen perustuvaan kulttuuritarjontaan kolmella tasolla – valtakunnallisesti, alueellisesti ja paikallisesti. Varsinkin paikallisella tasolla pienimuotoisten luontokohteiden ohella potentiaaliselle ekoturistille on pystyttävä tarjoamaan myös muita kuin puhtaasti luonnon itseisarvoihin perustuvia houkutuksia.

Valtakunnallisella tasolla luontokohteiden tarjoamat mahdollisuudet eroavat odotetusti – kaupungistumisasteen ja asukasmäärien erojen takia – suuresti maan etelä- ja pohjoisosien välillä. Pohjoisessa yhtenäisten ja laajojen erämaiden ansiosta luontoarvoja on paljon, ja erilaisia vetovoimatekijöitä löytyy lähellä toisiaan, yhdelle turistimatkalle yhteen sovitettavaksi. Tällaisessa tarjontatilanteessa luonnon itseisarvot riittävät perustaksi onnistuneelle ja kestävälle pohjalle rakentuvalle, pysyvälle ekoturismille.

Paikallisella tasolla luontokohteet ja turismille tarjottavat elämykset ovat mittakaavaltaan pieniä, ja näissä oloissa luontokokemukseen halutaan tai vaaditaan usein myös muita, rakennetun ja tai muuten ihmisen hallinnoimaan kulttuurin käyntikohteita.

Varsinkin paikallistasolla matkailuelinkeinon tulisi huomioida, ettei raja luonto- tai ekoturismin ja muiden matkailusektorien välillä ole niin jyrkkä kuin markkinoinnissa ja suunnittelussa usein korostetaan.

- Margaryan L & Fredman P. 2017. Natural amenities and the regional distribution of nature-based tourism supply in Sweden. Scandinavian Journal of Hospitality and Tourism 17(2): 145–159; https://doi.org/10.1080/15022250.2016.1153430

Matkakohteiden on turvattava eläinoikeudet

Luonto ja ennen kaikkea mahdollisuus nähdä villieläimiä oikeassa elinympäristössään on yksi matkailun tärkeimmistä kannustimista. Kansainvälisten tilastojen ja matkailijoille suunnattujen kyselyjen perusteella 40–60 prosenttia turisteista mainitsee luonnon ja eläimet syiksi matkalle lähtöön. Keskeisillä ekoturismin kohdealueilla kuten Ecuadorin *Gálapagossaarilla* tuo osuus on varmasti 100 %. Luontomatkailun lisääntyvän suosion ja ekoturismin huippukohteiden ruuhkautumisen myötä on herännyt kysymys, *Tahtooko eläin tavata matkailijan, joka tahtoo tavata eläimen?*

Turhan monissa kohteissa turisteja kuljetetaan eläinten luontaisille asuinaluille tavalla, josta on haittaa luontokappaleille. Eläinten oikeuksia poljetaan myös monissa kohteissa, joissa luonnonvaraisesta kesytetyn eläimen palveluksia tarjotaan vieraille. Esimerkiksi norsu- tai kameliratsastuksissa, mahdollisuudessa kuvauttaa itsensä tiikerien seurassa tai delfiinien kanssa uimisesta voi olla haittaa eläinosapuolelle.

Eläinten oikeuksien kunnioitus on kuitenkin nousemassa matkanjärjestäjien vaatimuksissa. Ainakin alan suurimpiin ja tunnetuimpiin matkanjärjestäjiin lukeutuvat TripAdvisor sekä Thomas

Cook ovat julkistaneet uudet periaatteet ja vaatimukset, jotka paikallisten tapahtuma- ja kohdejärjestäjien on huomioitava eläinten oikeuksien kunnioittamisessa. Jos eläimiä ei kohdella asianmukaisesti, matkanjärjestäjät lopettavat tällaisten kohteiden markkinoinnin ja matkojen välittämisen.

Vastaaviin eläinten hyvinvointiin liittyviin lupauksiin on sitoutunut kymmeniä matkanjärjestäjiä eri puolilla maailmaa. Matkailuelinkeinon harjoittajien vastuu eläinten hyvinvoinnista on näin nousemassa yrittäjien taloudellisten tavoitteiden ja turistien joskus kohtuuttomankin itsekkäiden vaatimusten ja toiveiden edelle. Tärkeänä periaatteellisena sitoumuksena voidaan pitää myös sitä, että matkanjärjestäjät tunnustavat vastuunsa asianmukaisen tiedon välittämisestä turisteille eläinten hyvinvoinnista, oikeuksista ja kohtelusta matkojen aikana.

Thomas Cook ilmoitti joulukuun 2016 puolivälissä uudesta, eläinsuojelun asiantuntijoiden lausuntoihin perustuvasta käytännöstään. Matkanjärjestäjä oli tilannut kohdearviointeja arvostetulta *Global Spirit* -organisaatiolta, jonka lausunnot eläinten puutteellisesta hyvinvoinnista olivat monissa turismin kohteissa odottamattoman negatiivisia. Tarkastuksissa käytettiin pohjana kansainvälisen turismielinkeinon noudattamia *Abta Global Welfare Guidance for Animals in Tourism* -ohjeiston periaatteita.

Vuoden 2017 alusta lähtien Global Spiritin asiantuntijat tekivät tarkastus- ja arviointikäynnit kaikissa Thomas Cookin ohjelmassa olevissa kohteissa. Tarkastuskäynneistä ei ilmoiteta etukäteen, ja mikäli puutteita eläinten hyvinvoinnissa havaitaan, organisaatio ilmoittaa toimijoille näistä havainnoista ja antaa kohteelle kolme kuukautta aikaa korjata olosuhteet ja toiminnot eläinten oikeuksia kunnioittaviksi. Mikäli parannuksia ei tehdä, Thomas Cook lopettaa tällaisten kohteiden markkinoinnin ja matkojen välittämisen.

Ekoturismi lisää väestön luontotietoisuutta

Yksi luontopainotteisen matkailun kulmakivistä on ollut luonnonsuojelun tehostaminen – osaksi matkailijoiden tuoman taloudellisen panoksen, osaksi turismin myötä lisääntyvän paikallisen luontotietoisuuden ansiosta. Tavoitteet ja saavutukset eivät välttämättä kulje käsi kädessä, vaikka väestö saataisiinkin luontomatkailulle suopeaksi. Ristiriitaa ekoturismin, luonnon arvostuksen ja luonnonsuojelun välillä selvitettiin ekoturismista kuuluisalla ja toiminnasta taloudellisesti riippuvaisella Trinidadin saarella.

Tutkijat selvittivät suorin haastatteluin ja tilastotietojen perusteella *Grande Rivieren* -nimisen kylän asukkaiden asenteita turistien vierailuista ja luonnonsuojelun tärkeydestä. Alueen matkailun vetonauloina ovat muun muassa äärimmäisen uhanalaisiksi luokitellut merinahkakilpikonna (*Dermochelys coriacea*) sekä kanalintuihin lukeutuva trinidadinsaku (*Pipile pipile*).

Monet kyläläiset ovat hyötyneet taloudellisesti turistien vierailuista, ja siksi luontomatkailu koetaan myönteiseksi toiminnaksi. Ja koska ekoturistit tulevat hakemaan erityisiä kokemuksia, luonnon monimuotoisuuden ja harvinaisten eliölajien säilyttämisen tärkeys ymmärretään.

Luontoasenteiden muuttuminen entistä myönteisemmiksi ei kuitenkaan ole juurikaan muuttanut käsityksiä paikallisen väestön oikeuksista ja mahdollisuuksista hyödyntää luontoa. Monet kyläläiset tahtovat jatkaa vanhastaan tuttua ja yleistä metsästystä myös ekoturismin kohdealueilla – vaikka metsästys kiistatta heikentää luontoarvoja ja siten myös kohteen vetovoimaisuutta turistien silmissä. Ekoturismin ylläpito ja kehittäminen vaatiikin paikallisen väestön vahvaa sitouttamista luonnon suojeluun ja luontoa vahingoittamattomaan hyväksikäyttöön.

- Waylen KA, McGowan PJK, Pawi Study Group & Milner-Gulland EJ. 2009. Ecotourism positively affects awareness and attitudes but not conservation behaviours: a case study at Grande Riviere, Trinidad. Oryx 43(3): 343-351; https://doi.org/10.1017/S0030605309000064

Kestävään luontomatkailuun oppimalla virheistä

Voimakkaasti kasvaneen luontomatkailun vaikutuksista luonnonvaraisten eläinten hyvinvointiin on raportoitu useita vakavia – osin järkyttäviäkin – tapauksia, joissa ekoturismin nimissä on vahingoitettu ja jopa aiheutettu kohde-eläinten kuolemantapauksia. Toki luontomatkailun hyvistäkin puolista kuten taloudellisen hyödyn kautta tehostuneesta luonnon ja eläinten suojelusta on paljon positiivisia esimerkkejä. Mutta kuten monen muunkin nopeasti yleistyvän elinkeinotoiminnan kohdalla, myös luontomatkailu on vetänyt piiriinsä yrittäjiä, joilla ei ole tarvittavaa tietoa eläimistä tai kunnioitusta luontokappaleita kohtaan.

Luontomatkailun kasvu on joka tapauksessa tosiasia, joka on hyväksyttävä, joten aikaisemmin tehdyistä virheistä pitää pystyä oppimaan ja omaksumaan parempia käytäntöjä. Esimerkkejä hyvien käytäntöjen omaksumisesta on paljon, osoittaa kansainvälisten asiantuntijoiden katsaus.

Merieläinten tarkkailun ja eläinten kanssa harrastettavien aktiviteettien kuten delfiiniuintien suosion kasvu on johtanut vakaviin väärinkäytöksiin pääosin toiminnan harjoittajien virheiden ja joskus myös tahallisten laiminlyöntien ja ahneuden takia. Valtaosa virheistä voitaisiin kuitenkin välttää.

Useimpiin eläimiin kohdistuviin matkailun muotoihin pätevät yhtenäiset ohjeet eläinten hyvinvoinnista. Yleiset periaatteet eivät kuitenkaan riitä, sillä kunkin eläinlajin fysiologiset, ekologiset ja käyttäytymiseen liittyvät ominaisuudet vaihtelevat lajikohtaisesti.

Matkanjärjestäjien ja aktiviteettien valvojien on tunnettava tieteellisesti tutkitut ja varmistetut tosiasiat eläinten elinoloista ja -vaatimuksista, ennen kuin eläimiä voi hyvällä omallatunnolla käyttää matkailun vetonauloina. Keskeistä on tiedon hankkiminen ja koulutus, jonka on ulotuttava matkanjärjestäjistä jokaiseen osallistuvaan turistiin.

Julkaistujen esimerkkitapausten – sekä myönteisten että kielteisten – perusteella tutkijaryhmä eritteli luontoturismin ekologisia (eläimiin keskittyviä) ja taloudellisia (ihmisen tavoitteita) ulottuvuuksia. Onnistunut ja kestävälle pe-rustalle rakennettu ekoturismi edellyttää tietoa eläinten ekologisista vaatimuksista, lajityypillisestä käyttäytymisestä ja terveydentilan seurannasta. Tavoitteen saavuttaminen edellyttää laajaa tutkimustietoa ja tiedon hyväksikäyttöä matkailun suunnittelussa ja toteutuksessa.

Tiedon perusteella on laadittava ja vahvistettava alalle pysyvät normit, joiden noudattamista riippumattomat asiantuntijat valvovat. Ja kolmantena edellytyksenä luontoturismin – jonka painopisteet ovat tätä nykyä kehittyvissä maissa – toiminnot on liitettävä paikallisen kulttuurin osaksi, ja tärkeää on myös paikallisen väestön mukanaolo käytännön toiminnoissa.

- Trave C, Brunnschweiler J, Sheaves M, Diedrich A & Barnett A. 2017. Are we killing them with kindness? Evaluation of sustainable marine wildlife tourism. Biological Conservation 209: 211–222; https://doi.org/10.1016/j.biocon.2017.02.020

Markkinoiden kasvuun varauduttava

Ekoturismin vahva myötätuuli jatkuu varmasti jatkossakin, joten sekä luonnon että ihmisen talouksien on sopeuduttava uudenlaisiin olosuhteisiin. Matkailijavirtojen myötä luonnon kuluminen ja herkimpien eliölajien elinolosuhteiden kärsimykset ovat väistämättömiä, mutta kunnollisella varautumisella ja suunnittelulla haittoja voidaan vähentää. Luontomatkailun painopiste on ollut ja on varmasti jatkossakin kehitysmaissa ja rikkaiden maiden haja-asutusalueilla, joilla matkailutulot voivat luoda uusia ansaintamahdollisuuksia ja parhaimmillaan pitää muuten autioituvat seudut asuttuina.

Onnistuakseen ja pysyäkseen kestävällä tavalla elinkelpoisena ekoturismin on saatava paikallisen väestön hyväksyntä, mikä puolestaan onnistuu parhaiten sitouttamalla väestö matkailuhankkeisiin. Turismielinkeinon piirissä on korostettu paikallisen väestön osuutta muun muassa majoitus- ja ravintopalvelujen sekä eräopastuksen tuottajina. Suoran, välitöntä rahallista hyötyä tuottavan osallistumisen ohella tärkeää on sitouttaa paikallinen väestö myös luontoarvojen säilyttämiseen. Luonnon monimuotoisuus on ekoturismin kulmakivi, joten alkuperäisen luonnon rakenteen ja toiminnan säilyminen on edellytys myös matkailutalouden säilymiseen.

Onnistuneita väestön osallistamisia luontomatkailun toimintoihin on saatu eri puolilla maailmaa, mutta tällainen toiminta kaipaa ohjeistusta ja normeja. Yleispäteviä ohjeita ja ohjelmia luontomatkailun kehittämiseen on alettu valmistella esimerkiksi Indonesiassa, jossa Balin paratiisisaarten ja Sumatran sademetsien kansallispuistojen vetovoiman ohella odotetaan luontomatkailun ryntäystä lähitulevaisuudessa. Kaakkois-Aasian suuren saarivaltion tavoitteena on, että vuonna 2019 jo 20 miljoonaa kansainvälistä matkailijaa saapuu pääosin luontopainotteisille lomille.

3

ELÄINTEN OIKEUDET VS. ELÄINRÄÄKKÄYS

Turisti tahtoo nähdä villieläimiä – Tahtovatko eläimet nähdä ihmisiä?

Luontomatkailussa halu nähdä harvinaisia villieläimiä tai täysin luonnontilassa säilyneitä maisemia on tärkeä – ja monesti tärkein – kannustin lähteä turistimatkalle. Ekoturismin perinteisillä kohdealueilla Afrikassa ja Australiassa 40–60 prosentilla vieraista harvinaisuudet ovat matkan tärkein peruste, ja erityisalueilla kuten Galápagos-saarilla osuus on varmasti 100 %. Vieraiden halu kohdata villi luonto on aito, mutta matkanjärjestäjien kyky tarjota turistille lupaamansa kestävän turismin palvelu on usein puutteellinen. Tärkeä kysymys luontomatkailun järjestämisessä on, *haluavatko eläimet tavata ihmisiä, jotka haluavat nähdä eläimiä?*

Eläinten hyvinvointi on matkailussa tärkeämpi tae kuin useimmat matkanjärjestäjät tai turistit tiedostavat tai tahtovat tunnustaa. Matkailuelinkeino käyttää – ja suorastaan riistää – vuosittain miljoonia luonnosta vangittuja sekä luonnossa aidattuina ja epätyypillisissä oloissa eläviä villieläimiä. Luonnonvaraisten eläinten hyväksikäyttö on monimuotoista.

Eläinten oikeuksia ja hyvinvointia rikkovia riiston muotoja ovat villieläinten käyttö sirkuksissa ja muissa temppuesityksissä, villieläinratsastuksissa ja raskaiden taakkojen kuljettajina, metsästyksessä ja kalastuksessa sekä urheilulajeissa. Hyvin laaja valikoima ihmisen ja eläinten kohtaamisista matkailuelinkeinon eri muodoissa korostaa eläimiä koskevan tiedon ja kokemuksen tärkeyttä eläinten oikeuksien ja hyvinvoinnin turvaamiseksi. Mutta valitettavasti matkanjärjestäjillä, turistikohteiden omistajilla ja hoitajilla, erä- ja safarioppailla tai muulla henkilökunnalla on vain harvoin tarvittavaa osaamista eläinten oikeuksien turvaamiseen.

Vallitseva nykytila luontomatkailussa kuulostaa nurinkuriselta: Ihmiset ihailevat luontoa ja tahtovat saada omakohtaisia luontoelämyksiä, mutta kokemuksia hakiessaan ekoturisti saattaa häiritä tai jopa karkottaa ihailemiaan luontokappaleita. Matkanjärjestäjien vastauksena kuullaan usein toteamus, että kyllä villi-eläimet tottuvat ihmisen läsnäoloon.

Tottuminen (engl. *habituation*) on prosessi, jossa villieläin vähitellen sopeutuu ihmisten läsnäoloon, ja oletuksen mukaan tottumisen kautta ihminen ei enää häiritse eläintä. Tottumista tapahtuu luonnossa varsin yleisesti, mutta pääsääntöisesti villieläimet välttelevät, karttavat tai pakenevat ihmisiä kohdatessaan. Pahimmissa tapauksissa ihmisen tilapäinenkin läsnäolo voi estää eläimiltä niille ominaisen lajityypillisen käyttäytymisen tai elämäntavan toteutumista.

Maisemien rajut muutokset turismin vaatiman infrastruktuurin rakentamisessa tärvelevät paitsi luonnonvaraisten kasvien ja eläinten elinmahdollisuudet, varsin pian myös ekoturismin edellytykset ja oikeutukset. Eläinten hyvinvoinnin kunnioittaminen matkailukohteissa on tullut jo vuosikymmeniä sitten vastaan esimerkiksi eläintarhojen ja eläinsafarien kuten kameli-, norsu- tai aasiratsastusten yhteydessä – villieläinten sirkusesiintymisistä puhumattakaan.

Matkanjärjestäjillä ja yksityishenkilöillä olisi tätä nykyä hyvät mahdollisuudet valita kohteitaan luonnonoloja sekä alkuperäisväestöjen kulttuuria kunnioittaen, mutta parantamisen varaa on melkoisesti.

- Fennell DA. 2013. Tourism and animal welfare. Tourism Recreation Research 38(3): 325–340; https://doi.org/10.1080/02508281.2013.11081757
- Shelton EJ and Higham J. 2007. Ecotourism and wildlife habituation. *Teoksessa:* Higham E (toim.), *Critical Issues in Ecotourism. Understanding a Complex Tourism Phenomenon,* ss. 270–286. Elsevier.

Matkanjärjestäjät vaativat eläimille oikeuksia

Matkoja ei myydä, jos eläimiä ei kohdella asianmukaisesti

Kansainvälisesti toimiva TripAdvisor -yritys julkisti lokakuussa 2016 periaatteet eläinten oikeuksia kunnioittavasta matkailusta. Matkanjärjestäjä erittelee eläinten oikeuksia loukkaavia toimintoja, joita useimmat turistit eivät ehkä tule ajatelleeksi. Eläinten oikeuksia voidaan loukata esimerkiksi viemällä matkailijoita uimaan delfiinien kanssa tai valjastamalla aasit, kamelit tai norsut kuljettamaan vieraita kävelysafareilla. Itse ratsastustapahtumassa suurikokoinen ja vahva eläin ei varmasti kuormistaan kärsi, mutta eläinten kohtelu muina aikoina voi olla ongelmallista.

Uusien ohjeiden mukaan jokaisen matkanjärjestäjän ja paikallisen toimijan on kunnioitettava eläinten hyvinvointia, ja mikäli loukkauksia havaitaan, TripAdvisor lopettaa matkojen välittämisen tällaisiin kohteisiin. Uusia ohjeita on jo laajalti kiitelty kuluttaja- ja eläinsuojelujärjestöjen ja yksityisten matkailijoiden lausunnoissa. Eläinten hyvinvointia kunnioittavaa vastuullisuutta on meillä osoittanut ainakin Finnmatkat (marraskuusta 2016 lähtien TUI Finland), joka ilmoitti vuonna 2015 lopettavansa matkojen välittämisen norsuratsastukseen perustuviin kohteisiin. Päätös koskee kaikkia emoyhtiö TUI Groupin pohjoismaisia matkanjärjestäjiä. Norsusafarimatkoja on välitetty etenkin Thaimaan kohteisiin. Tavanomaisten norsusafarien tilalle matkanjärjestäjät etsivät eläimiä kunnioittavia, luonnonmukaisia tapoja kohdata norsuja ja muita villieläimiä niiden luontaisissa elinympäristöissä.

- Heino J. 2015. Finnmatkat lopettaa norsusafarit: Eettisyys matkailun nouseva trendi. Studio 55; http:www.studio55.fi/matkailu/article/finn-matkat-lopettaa-norsusafarit-eettisyys-matkalun.nouseva-trendi/5293808
- Kelly M. 2016. TripAdvisor backs animal rights, blacklists elephant riding, tiger petting, swim with dolphins & more... TravelTrends, 12 October, 2016; https://www.traveltrends.biz/ttn555-tripadvisor-backs-animal-rights-bans-hundreds-of-touching-attractions/
- TTG Magazine, 13.12.2016. Thomas Cook launches new animal welfare policy; https://www.ttgmedia.com/news/news/thomas-cook-launches-new-animal-welfare-policy–8278

Turismielinkeinolle yhteiset eettiset normit

Matkailuelinkeinon suuri ja nopeasti kasvava taloudellinen ja yhteiskunnallinen merkitys on vahvistanut turismin vaikutusta ja vaikutusvaltaa, ja samalla turismi on yhä useammin niin paikallisia kuin valtiollisia päätöksiä ohjaava tekijä. Tätä nykyä matkailuelinkeinon globaali taloudellinen panos on jo suurempi kuin esimerkiksi kansainvälisen öljyn tai autojen viennin arvo, joten turismin edut nousevat usein päätöksenteossa hallitseviksi.

Matkailun edut eivät kuitenkaan saa vaarantaa muita yhteiskunnallisia tai luonnontaloudellisia arvoja, joten ala tarvitsee yhtenäiset eettiset ohjeet ja sitovat normit huomioimaan kaikkien osapuolten edut ja oikeudet.

Historiallisiksi luonnehditut yhtenäiset matkailun eettiset normit vahvistettiin Maailman matkailujärjestön UNWTO:n 22. yleiskokouksessa Kiinassa, Sichuanin maakunnan pääkaupungissa Chengdussa syyskuussa 2017. YK:n kestävän matkailun ja kehityksen teemavuoden hengessä laadittu sopimus, *Global Code of Ethics for Tourism for Responsibe Tourism* käsittää 10 artiklaa, jotka kattavat matkailualan kaikki toimijat ja kaikki turismin taloudelliset, yhteiskunnalliset, kulttuuriset sekä ympäristön huomioivat näkökohdat.

Maailman turismijärjestön puitesopimus turismin etiikasta kattaa alan toiminnot niin matkanjärjestäjien kuin matkailijoiden puolelta. Sopimuksen tavoitteena on turvata eettiset ja kestävät käytännöt, joihin kuuluvat (a) ihmisten oikeus matkailuun, (b) turistien vapaa liikkumisoikeus sekä (c) työntekijöiden ja ammattilaisten oikeudet.

Eettisen koodiston johdanto-osissa turvataan kokonaisvaltaisesti ihmisten oikeudet, mutta matkakohteiden luonnon ja eliökunnan oikeudet jäävät taka-alalle. Kymmenen kohdan eettiseen normistoon luonnon hyvinvointi kyllä sisältyy, mikä on edistysaskel aikaisempiin, taloudellisia ja sosiaalisia näkökohtia korostaneisiin kestävän matkailun toimintaohjelmiin verrattuna.

Uuden, yhteisesti noudatettavan eettisen normiston henkeä kuvaa ilmaisu, jonka mukaan kaikkia turismin osapuolia – hallituksia, matkanjärjestäjiä, paikallisen väestön yhdyskuntia sekä turisteja – koskevat ohjeet *"pyrkivät maksimoimaan alan hyödyt samalla minimoiden matkailun mahdolliset kielteiset vaikutukset ympäristölle, kulttuuriperinnölle ja ihmisten yhteisölle kaikkialla maapallolla"*.

Luontomatkailua koskevat normit esitetään eettisen sopimuksen artiklassa numero 3.

(1) Lähtökohtana artiklassa on, että kaikkien matkailualan toimijoiden tulee turvata luonnonympäristön hyvinvointi alan jatkuvassa ja kestävässä kasvussa tavalla, joka tyydyttää yhdenvertaisesti sekä nykyisen että tulevien sukupolvien tarpeet ja toiveet.

(2) Matkailuelinkeinon kaikkien toimijoiden on kaikessa toiminnassaan turvattava harvinaisten ja arvokkaiden varantojen – etenkin veden ja energian – säilyminen, ja lisäksi on mahdollisuuksien mukaan estettävä jätteiden tuottamista.

(3) Matkailun volyymien huima kasvu sekä matkojen kestossa että alueellisessa ulottuvuudessa etenkin työpaikkojen ja koulujen loma-aikoina aiheuttaa painetta ympäristölle, joten matkojen eriyttämiseen ja hajauttamiseen tulisi pyrkiä.

(4) Matkailuelinkeinon tulisi pyrkiä tehostamaan alan myönteistä vaikutusta paitsi turismille myös paikallisille talouksille.

(5) Matkailun infrastruktuuria tulee suunnitella ja kehittää ja matkojen käytännön toteutuksessa huolehtia tavoilla, jotka huomioivat alkuperäisen luonnon ekosysteemien ja luonnon monimuotoisuuden (*biodiversiteetin*) perintöä sekä suojelevat uhanalaisia eliölajeja. Kaikkien matkailussa toimivien, etenkin alan ammattilaisten, tulee hyväksyä luonnonsuojelun ja -hoidon tavoitteiden edellyttämät rajoitukset ja kiellot erityisesti herkillä alueilla kuten aavikoilla, vuoristoissa, rannikoilla, trooppisissa metsissä ja kosteikoilla. Luontomatkailu ja ekoturismi tunnustetaan matkailun arvoa kohottaviksi edellyttäen, että turismi kunnioittaa luonnon perintöä sekä paikallista väestöä ja huolehtii matkakohteiden kesto- ja kantokyvyn säilymisestä.

- UNWTO. 2017. *Global Code of Ethics for Tourism for Responsibe Tourism.* 8 sivua; http://cf.cdn.unwto.org/sites/all/files/docpdf/gcetbrochureglobalcodeen.pdf

Matkailuelinkeino ja eläinsuojelu yhteisiin toimiin

Luontomatkailun suosion myötä turismin haittavaikutukset luontoon, etenkin eläinten hyvinvointiin puhuttavat yhä useammin. Myös matkailuelinkeinon harjoittajien – matkatoimistojen ja yksittäisten retkien tai tapahtumien järjestäjien – on sopeutettava toimintansa maksavan asiakkaan halujen sijasta matkojen kohteiden eli eläinten ehtoihin. Pysyvää muutosta jopa vakavimmin eläinten oikeuksia rikkoviin käytäntöihin on vaikea saada aikaan, jos turistit joitakin palveluja vaativat ja ovat niistä valmiita maksamaan. Turismielinkeinon ja eläintensuojelun yhteistyöllä toimintaa voidaan kuitenkin tervehdyttää.

Vuoden 2018 alussa kansainvälinen, yli 30 matkailuelinkeinon harjoittajan yhteistyöelin *The Travel Corporation* (TTC) ja kansainvälinen *World Animal Protection* -eläinsuojelujärjestö sopivat yhteisistä pelisäännöistä. Tavoitteena on karsia eläimille kärsimystä tai haittaa aiheuttavien matkakohteiden ja esitysten markkinointia ja toimintaa. Ensimmäisenä konkreettisena askeleena matkailuala ja eläinsuojelun etujärjestö pitivät Thaimaan pääkaupungissa Bangkokissa syyskuussa 2017 kokouksen, jossa käsiteltiin etenkin norsuihin kohdistuvan turismin muotoja.

Karsittavien ja vältettävien luontoturismin kohteiden joukossa olivat muun muassa vankeudessa pidettävien delfiinien ja valaiden esitykset, härkätaistelut sekä norsuratsastukset ja norsujen temppuesitykset. Norsujen ohella vastaavia, eläinten hyvinvointia rasittavia ratsastuksia tehdään muun muassa aaseilla ja kameleilla.

Thaimaa on yksi suosituimmista norsuratsastuksiin ja erilaisiin norsujen esityksiin perustuvan luontomatkailun kohdemaista. Monissa puolueettomissa selvityksissä on todettu, että viattomalta vaikuttavat ratsastusretket ja ennen kaikkea niihin valmistautuminen – eli eläinten hoito ja käsittely turistien silmien ulottumattomissa – aiheuttavat suurille nisäkkäille sekä fyysistä että psyykkistä stressiä, jolla voi olla elinikäinen vaikutus norsun hyvinvointiin. Keskusteluissa etsittiin ja myös löydettiin tapoja, joilla norsut voidaan pitää ja esitellä yleisölle tavalla, joka on mahdollisimman luonnonmukainen eläimille.

Norsuratsastuksien ja -esitysten huimasta suosiosta huolimatta yhä useammat turistit ovat alkaneet ymmärtää toiminnan epäeettisyyttä. Tuoreimpien kyselyjen mukaan vain 44 prosenttia turisteista piti norsuratsastuksia hyväksyttävinä, ja yli 80 prosenttia matkailijoista ilmoitti haluavansa nähdä norsuja eläinten luontaisessa ympäristössä. Matkailuelinkeino on jo valmis vastaamaan eläinten oikeuksiin ja myös matkailijoiden toiveisiin. Yli 180 matkanjärjestäjää on ilmoittanut lopettavansa markkinoinnin ja välityksen norsuratsastuksia ja -esityksiä tarjoaviin kohteisiin.

Petran rauniolla kantajaeläimistäkin raunioita

Eläinten hyväksikäyttö turistien kuljetuksissa on noussut keskusteluun etenkin Thaimaassa ja muualla Kaakkois-Aasiassa yleisten, norsuratsastuksissa havaittavien ongelmien kautta. Vastaavaa hyötyeläinten riistoa tapahtuu muuallakin, muun muassa Kreikan Santorinin saarella ja Jordanien vanhoista raunioista tunnetun Petran kaupungin matkailuyrityksissä. Paljon kansainvälistäkin porua aikaan saaneet Petran aasien, kamelien ja hevosten kärsimykset turistikuljetusten takia ovat herättäneet eläinsuojelijoiden – ja valistuneiden turistien – ohella myös paikalliset viranomaiset. Petran rauniokaupunki on ollut UNESCO:n Maailmanperintöluettelon kohteena vuodesta 1985.

Jordanian matkailuministeriö on luvannut puuttua Petran kantoeläinten ylläpitoon ja käyttöön ja estää julmaan kohteluun perustuvan toiminnan. Pelkkä lupaus ei ole muuttanut käytäntöjä. Eläinsuojelujärjestö *People for the Ethical Treatment of Animals* (PETA) Aasian osaston kuvaamat videot ja tarkastuskäynnit vahvistavat järkyttävän todellisuuden: Petran aaseja, hevosia ja kameleita hakataan ja kuristetaan eläinten vauhdittamiseksi turistien kuljetuksissa.

Aasit kantavat selässään turisteja Petran rauniolle 900 porrasaskelmaa ylös ja samat portaat takaisin monta kertaa joka päivä. Ja jotta maksavien asiakkaiden aika ei kuluisi turhaan odotteluun, kantojuhtien omistajat ja haltijat vauhdittavat kulkua hakkaamalla eläimiä ruoskilla, köysillä ja jopa metalliketjuilla.

Kantajaeläimissä on selvästi havaittavia haavoja ja arpia kaltoin kohtelun merkkinä. Eikä työjuhta usein saa lepoa edes kantourakoiden välillä. Tarkkailun mukaan eläimille ei anneta riittävästi ruokaa tai vettä, ja usein eläimet on sidottu niin tiukalle, etteivät ne saa edes käydä makuulle lepäämään. Toiminta tuntuu käsittämättömältä, ovathan eläimet arvokasta omaisuutta, ja turistien vierailut ja viihtyminen ovat elinehto niin paikallisille kuin valtionkin taloudelle. Perinteiden muuttaminen tuntuu vain olevan hyvin vaikeaa.

Petran turismi on taas vahvassa nousussa, vaikka vuoden 2010 arabikevään kansannousun levottomuuksien ja terrorisjärjestön valloituksen ja tuhotöiden takia vierailijamäärät romahtivat.

Rauhan palattua myös turistit ovat palanneet. Vuonna 2017 yli 600 000 turistia vieraili Petrassa.

Vieraita kuljettamassa on yli 1 300 eläintä – aaseja, muuleja, kameleita ja hevosia – joiden todellisesta elämästä ja hyvinvoinnista vieraat tuntuvat olevan tietämättömiä.

- Koumelis T. 2018. The Travel Corporation partners with World Animal Protection to help protect animals in tourism. TravelDailyNews International, 29.3. 2018; https://www.traveldailynews.com/post/the-travel-corporation-partners-with-world-animal-protection-to-help-protect-animals-in-tourism
- Ma'ayeh S. 2018. Animal handlers at Jordan's famous Petra at centre of abuse allegations. The National 21.3. 2018; https://www.thenational.ae/world/mena/animal-handlers-at-jordan-s-famous-petra-at-centre-of-abuse-allegations-1.714994
- Rokou T. 2018. Animals still beaten in Petra despite government promises. Travel Weekly 26.4.2018; https://www.traveldailynews.com/post/animals-still-beaten-in-petra-despite-government-promises

Tieto eläinten oikeuksista saatava ruohonjuuritasolle

Luontoelämykset ovat tulleet yhdeksi tärkeimmistä matkailun myyntivalteista ja syyksi lähteä matkalle. Turistien kokemukset jo toteutuneilla matkoilla ovat tärkeä peruste matkustuspäätöksiin. Julkisuudessa, ja ennen kaikkea sosiaalisessa mediassa, luontoon liittyviä matkakokemuksia jaetaan innokkaasti: kauniit maisemat, harvinaiset ja komeat eläimet ja kasvit, selfie-kuvat nähtävyyksien kanssa ovat esimerkiksi Instragramin valtasisältöä.

Varsinkin internetin kautta leviää hälyttävän paljon tietoja ja esimerkkejä eläinten kaltoin kohtelusta. Negatiiviset kuvat tai kuvaukset saattavat helposti kaiken turismin huonoon valoon, ja näin ekoturismin uskottavuus kärsii. Matkailuelinkeinon on saatava tietoisuus eläinten oikeuksista ja hyvinvoinnista kaikkien matkanjärjestäjien agendalle. Tähän pyrkii muun muassa brittiläisten matkatoimistojen ja matkanjärjestäjien etujärjestö ABTA (aikaisemmin *Association of British Travel Agents*), joka pyrkii kouluttamaan matkatoimistoja ja matkojen välittäjiä eläinten oikeuksiin liittyvissä asioissa.

ABTA on käynnistänyt järjestelmällisen koulutuksen matkanjärjestäjille lisätäkseen eläintietoutta turismielinkeinon piirissä. Matkatoimistojen ja matkaesitteiden laatijoiden tiedot eivät kuitenkaan riitä, vaan vaatimus eläinten kunnioittavasta ja asianmukaisesta kohtelusta on saatava ruohonjuuritasolle eli paikallisille eläinten omistajille, haltijoille ja eläinkokemuksia suoraan turisteille tarjoaville yksittäisille henkilöille. "Eläinten kannalta on yhdentekevää, ovatko esimerkiksi norsuratsastuksen osallistujat englantilaisia vai kiinalaisia. Merkitystä on vain sillä, miten eläinten omistaja norsujaan kohtelee".

Toimintaan päästään vaikuttamaan vain, jos matkanjärjestäjät ovat tietoisia kunkin toimijan menettelytavoista eläinten arjessa. Harva norsun omistaja pystyy itse hankkiman asiakkaita, joten matkojen ja tapahtumien järjestäjillä ja välittäjillä on suuri vastuu eläinoikeuksien toteutumisesta. Tätä vastuuta voidaan kantaa vain kattavalla seurannalla sekä vaatimalla eläinoikeuksille etusijaa kaikessa toiminnassa lyhytnäköisen taloudellisen voitontavoittelun sijaan.

Matkanjärjestäjien vastuu on ulotettava paikallistasolle, jossa eläimet ovat esillä ja/tai työjuhtina. Muutosta eläinoikeuksien loukkauksiin ei saada aikaan vain sillä, että matkatoimisto lopettaa jonkin kohteen markkinoinnin saatuaan tietää julmuuksista eläimiä kohtaan. Eläimistä kiinnostunut matkailija vain hakee toisen toimiston, joka mieluusti vie asiakkaansa kohteeseen – ja eläin kärsii aivan yhtä paljon kuin ennenkin yhden tai useamman matkanjärjestäjän hyvää tarkoittavasta, usein vain omaa kilpeään kirkastavasta tavoitteesta huolimatta. "Asiakas ei ole aina oikeassa, sillä asiakas harvoin tietää haluamansa kohteen todellisesta tilanteesta".

Eläinten oikeudet ja hyvinvointi ovat tietysti itseisarvo sellaisenaan, mutta aihe on elintärkeä myös kansainväliselle turismielinkeinolle. Vuonna 2017 tehdyn kyselyn mukaan 71 prosenttia vastaajista sanoi ostavansa lomamatkansa mieluiten sellaiselta tarjoajalta, joka voi vakuuttaa toiminnan olevan eläimiä kunnioittavaa. 49 prosenttia haastatelluista oli sitä mieltä, että onnistuneimmastakin lomasta jää ikävä jälkimaku, jos matkalla on kohdannut tai nähnyt eläinten riistoa tai kaltoin kohtelua.

- ABTA. 2017. Time to address the 'elephant in the room';
  https://abta.com/news-and-views/news/time-to-address-the-elephant-in-the-room
- Noakes G. 2018. Call for clarity on animal abuse issues. TTG Media 8.3.2018; https://www.ttgmedia.com/news/news/call-for-greater-clarity-on-animal-abuse-issues-13456
- TTG Media, 1.2. 2018; Animals climb the travel trade agenda; https://www.ttgmedia.com/news/news/animals-climb-the-travel-trade-agenda-13085

Balin paratiisisaarella eläimiä kohdellaan julmasti
Indonesialle kuuluva Bali tunnetaan puhtaiden hiekkarantojen, kirkkaiden vesien ja palmujen luonnehtimana lomaparatiisina, ja tällainen keskellä Intian valtamerta sijaitseva saari varmasti onkin – mutta vain turisteille. Balilla on turisteille tarjolla kymmeniä eläimiin keskittyviä vierailukohteita, joissa turistit pääsevät

suoraan kosketukseen villieläinten kanssa. Yhteistä kaikille (!) näille eläinturismin kohteille on se, että näissä eläimiä kohdellaan julmasti tai muuten sopimattomasti.

World Animal Protection -järjestö tarkasti marraskuussa 2017 kaikkiaan 26 eläimiin keskittyvää turistikohdetta Balilla sekä yhden kohteen Lombokin ja Gil Trawanganin saarilla, ja jokaisessa havaittiin vakavia puutteita eläinten kohtelussa. Yhteensä näissä kohteissa on turistien tavattavina noin 1500 eläintä, muun muassa norsuja, tiikereitä, orankeja sekä delfiinejä ja merikilpikonnia.

Tarkastuskierroksen tulos oli masentava, sillä kaikki kohdatut norsut, tiikerit, sivettikissat ja delfiinit elivät olosuhteissa, jotka eivät täytä edes lajien minimivaatimuksia. Lähes yhtä huonoja elinolosuhteet olivat luonnosta vangituilla ja turisteille esiintymään pakotetuilla kädellisillä (apinoilla), joista 80 prosenttia elää ala-arvoisiksi luonnehdituissa tiloissa. Eläinten hyvinvoinnin loukkauksina järjestö pitää myös norsuratsastuksia, delfiiniuinteja ja selfie-kuvien ottamista orankien kanssa, vaikka näissä toiminnoissa eläimiä ei ehkä vahingoiteta fyysisesti.

Vakavimpina tapauksina järjestön *Wildlife Abusement Parks* -raportissa ovat villieläimille täysin sopimattomat olosuhteet: Delfiinit joutuvat elämään hyvin ahtaissa altaissa – pahimmillaan 10 x 20 metrin kokoisessa, kolmen metrin syvyisessä altaassa elää neljä täysikasvuista pullonokkadelfiiniä (*Tursiops truncatus*). Yhdessä turistikohteessa delfiineiltä oli vedetty hampaat pois, jotta eläimet eivät voisi puremalla vahingoittaa vangittujen merinisäkkäiden kanssa uivia turisteja.

Norsuratsastusta tarjoavissa kohteissa työjuhdiksi valjastettuja eläimiä hakataan sekä eläinten koulutusvaiheessa että ratsastuksia ohjattaessa. Kovakouraisen kohtelun seurauksena norsut ovat stressaantuneita, mistä ovat osoituksena vangituille tarhaeläimille tyypilliset pakkoliikkeet ja myös ihon haavat ja arvet.

Pian raportin julkaisemisen jälkeen johtavat australialaiset matkanjärjestäjät alkoivat poistaa sivustoiltaan muun muassa norsuratsastusten esittelyjä, mutta suoria kehotuksia tai ohjeita eläinesitysten välttämisestä ei annettu.

Suoraan toimintaan lähdettiin puolestaan Intiassa, jossa jo toukokuussa 2018 julkaistiin kehotus, etteivät matkailijat vierailisi eläimiä julmasti kohtelevissa balilaiskohteissa. Intialaiset ovat Balin kolmanneksi suurin turistiryhmä, joten kehotuksella saattaa olla merkittävä vaikutus ihmisille paratiisina mutta eläimille elävänä helvettinä kuvatun saaren turismille.

- Coulton A. 2018. Shocking: Report finds animal abuse in nearly all of Bali's wildlife tourism venues. TravelWeekly, 22.5.2018; http://www.travelweekly.com.au/article/shocking-report-finds-animal-abuse-in-nearly-all-of-balis-wildlife-tourism-venues/
- World Animal Protection. 2018. *Wildlfe Abusement Parks. Wildlife tourism entertainment in Bali, Lombok and Gili Trawangan.* 36 s; https://www.worldanimalprotection.nl/sites/default/files/wild-life_abusement_parks_bali.pdf
- India Post, 28.5.2018. Indian told to avoid Bali's animal venues; http://www.indiapost.com/indians-told-to-avoid-balis-animal-venues/

Turistien palvelu voi olla eläinrääkkäystä

Ekoturistien halua nähdä villieläimiä – ja mieluusti mahdollisimman läheltä – houkuttaa matkanjärjestäjiä ja suojelualueiden hoitajia "parantelemaan totuutta". Valitettavan usein villieläinsafareilla matkailijoita viedään ohjeiden ja määräysten vastaisesti hyvin lähelle kohde-eläimiä, jotta vieraat voivat nähdä, kuvata, ja nykyisin vieläpä ottaa selfie-kuvia villieläinten kanssa.

Äärimmilleen vietynä turistien palvelu häiritsee eläimiä niiden luontaisissa elinpiireissä. Tällainen toiminta on eläinten hyvinvoinnin loukkaus, mutta pahempaakin on tarjolla.

Paitsi eläinten oikeuksien loukkausta, villieläinten siirtäminen voimakeinoin lähelle turistireittejä – usein näkymättömissä olevien aitausten sisälle – loukkaa myös aitoja luontoelämyksiä hakevien ekoturistien oikeuksia. Tällaiseen keinotekoiseen luonnon paranteluun luontomatkailijoiden palvelemiseksi syyllistytään esimerkiksi afrikkalaisessa Botswanassa järjestettävillä villieläinsafareilla. Täällä turistit pääsevät näkemään norsuja lähietäisyydeltä, mutta nämä kohtaamiset ovat usein järjestettyjä.

Luonnon muokkaaminen turistien toiveiden täyttämiseksi on Lontoon yliopiston tutkijan Rosaleen Dyffyn mukaan neo-liberalismia, luonnon valjastamista globaalin talouselämän palvelukseen luonnon – ja tutkitussa tapauksessa norsujen – itseisarvoa loukkaamalla.

- Duffy R. 2014. Interactive elephants: Nature, tourism and neo-liberalism. Annals of Tourism Research 44: 88–101; https://doi.org/10.1016/j.annals.2013.09.003

Selfie-kuvat eläinten kanssa usein eläinrääkkäystä

Turisteja ei varmaankaan voi kutsua muita itsekkäämmäksi ihmisryhmäksi, mutta melkoinen määrä narsismia näkyy kaikkialla missä matkailijoita liikkuu. Sekä vain henkilökohtaiseen käyttöön että varsinkin sosiaalisen median kautta koko maailmalle välitettävissä selfie-kuvissa on ikävänä suuntauksena eläinten kanssa otettujen kuvien yleistyminen. Jos eläin on kuvassa taustalla, selfiessä ei ole yleensä mitään huomauttamista tai arvosteltavaa. Mutta jos eläin otetaan väkisin syliin tai eläintä lähestytään pakottamalla tai houkuttelemalla, kyseessä on usein eläimen itseisarvoon kajoaminen, pahimmillaan eläinrääkkäys.

Some-maailmassa nopeasti varsinkin nuorison suosikiksi nousseessa Instagramissa on valtava määrä eläinten kanssa otettuja selfie-kuvia, joista suuri osa kuuluu ei-sopiviin, eläimen oikeuksia rikkoviin tilanteisiin.

Kansainvälinen *World Animal Protection* (WAP) -eläinsuojelujärjestö käynnisti YK:n julistaman Eläinten päivän (4. lokakuuta) nimissä vuonna 2017 kampanjan, jossa selfie-kuvien ottajille kerrotaan sopivaisuussäännöksistä ja eläinten oikeuksista kuvaustilanteissa. Tarvetta ohjeille todella on, osoittavat lukuisat julkaistut kuvat ja kertomukset ihmisten välinpitämättömyyden ja tietämättömyyden aiheuttamista eläinten kärsimyksistä.

Järjestön vetoomuksen allekirjoitti nopeassa tahdissa yli 250 000 luonnonystävää, ja kampanja toi myös myönteisiä tuloksia. Eläinkuvien eettisyyttä on alettu arvioida, ja Instagram julkaisi omat, eläinselfie-kuvia koskevat ohjeensa. Tätä nykyä Instagramissa eläinselfie-tunnuksilla kuvia hakevan kuvaruudulle ilmestyy varoitus vääränlaisten kuvien eläimille aiheuttamista haitoista. Varoitukselle on tarvetta, sillä Instragramin yli 30 miljardin kuvan joukossa on kymmeniä tuhansia eläinten kanssa otettuja selfie-kuvia, joista suuri osa todistaa ihmisten tietämättömyyttä tai välinpitämättömyyttä eläinten hyvinvoinnista.

Maailman laajimman ja lajirikkaimman sademetsäalueen Amazonian luonnossa on rajattomasti kohteita, joista matkailija varmasti haluaa kuvan – ja usein itsensä mukaan luonnon ihmeiden kanssa. WAP selvitti eläinten vääränlaista hyväksikäyttöä kahdessa kaupungissa, Brasilian Manauksessa ja Perun Puerto Alegriassa, joissa on julkisesti näkyvillä, kenen tahansa ostettavissa ja kuvauskohteiksi tarjolla lähes kaikkien eläinryhmien edustajia. Eläimet ovat pääosin luonnosta laittomasti pyydystettyjä, ja niiden kohtalona on valitettavan usein joutuminen kaltoin kohdelluksi lyhytaikaisten voiton tavoittelijoiden käsissä.

World Animal Protection -järjestön tutkijan Neil D'Cruzen johtamassa brittiasiantuntijoiden selvityksessä 77 prosenttia Manauksen alueen luontomatkojen ja -retkien oppaista johdatti turistit villieläimiä epäeettisesti käyttäviin paikallisiin palveluihin. Sademetsästä tai Amazonista vangittujen villieläinten lajikirjo on valtava, mutta noin kymmenen lajin suosio ylläpitää laitonta eläinturismia. Suosituimpia selfie-kuvien kumppaneita ovat laiskiaiset (etenkin hallavalaiskiainen, *Bradypus variegatus*), monet apinat sekä käärmeet. Joessa turisteille tarjotaan yleisesti uintimahdollisuutta eksoottisen, vaaleanpunaisen amazonindelfiinin (*Inia geoffrensis*) kanssa.

Räikeänä esimerkkinä "turismin hyväksi" tehdystä eläinten hyväksikäytöstä järjestö julkaisi videon Perusta, jossa laittomia metsähakkuita tehneet miehet kaatoivat noin 30-metrisen puun, jonka oksilla oli nuori laiskiainen. Puun kaaduttua hidasliikkeinen ja tavoiltaan rauhallinen eläin otettiin vangiksi, ja myöhemmin laiskiainen myytiin markkinoilla 13 dollarilla.

Ostajat tarjosivat sittemmin eläintä turisteille, jotka saattoivat kuvauttaa itsensä sademetsän asukkaan kanssa. Todellisesta viidakkotunnelmasta kertovia näistä kuvista ei kyllä saa parhaallakaan mielikuvituksella, sillä laiskiaisen päähän oli sidottu "kaunistukseksi" (?) vaaleanpunainen rusetti. Vangitun eläimen kohtalo oli täysin laittomuuksiin syyllistyneiden hyväksikäyttäjien käsissä, ja huonosti kohdeltu eläin kuoli varsin pian vangitsemisen ja Iquitoksen kaupungin kaduilla tehdyn työuransa jälkeen.

Amazonian kaupungeissa tehtyjen suorien havaintojen lisäksi tutkimuksessa selvitettiin eläinaiheisten selfie-kuvien kokonaismäärien kehitystä Instagramissa. Kesäkuun 2014 ja kesäkuun 2017 välillä kuvapalvelussa julkaisujen, villieläinten kanssa otettujen selfie-kuvien määrä nelinkertaistui. Yli 40 prosenttia näistä selfieistä luokiteltiin "huonoiksi eläinkuviksi", joissa eläintä käsiteltiin asiattomasti kuten vangitsemalla syliin tai roikottamalla. "Hyviä selfie-kuvia" eläinten kanssa ovat otokset, joissa eläin on vapaana itselleen luonteenomaisessa ympäristössä.

- World Animal Protection, 2017. The Wildlife Selfie Code; https://www.worldanimalprotection.org/wildlife-selfie-code
- World Animal Protection, 4.10.2017. Iconic Amazonian wild animals are suffering for selfies; https://www.worldanimalprotection.org/news/iconic-amazonian-wild-animals-are-suffering-selfies
- World Animal Protection, 20.10.2017. Shocking video of sloth snatched from the wild reveals true horror behind wildlife selfies; https://www.worldanimalprotection.org/news/shocking-video-sloth-snatched-wild-reveals-true-horror-behind-wildlife-selfies

Kääpiökenguru ja kenguruselfie matkailun perustana

Luontomatkailun vetovoimaan uskotaan maailman joka puolella, myös "Down Under" eli Australiassa. Saarimantereen Länsi-Australian osavaltion hallitus päätti 425 miljoonan dollarin viisivuotisesta turismin kehitysohjelmasta, jonka kivijalkana on luonto. Ohjelmaa esitellyt ja kehunut matkailuministeri nosti esiin osavaltion paikallisen erikoisuuden, lyhythäntäkengurun (*Setonix brachyurus*).

Lyhythäntäkenguru eli quokka tunnetaan myös nimellä kääpiövallabi, joka on kotikissan kokoinen, erittäin harvinainen pussieläin. Lajia tavataan maailmassa vain suppealla alueella Länsi-Australiassa. Lyhythäntäkenguru on luokiteltu uhanalaiseksi. Turistien houkuttimeksi ministeri nostaa eläimen kauneuden: "Quokkan kanssa voi ottaa selfien, jossa eläinkasvot ovat kauniimmat kuin millään muulla lajilla". Lyhythäntäkengurun suosio on nykyisellään niin suuri, että matkailuministeri vakuuttaa osavaltion voivan käyttää lajia turismin kehittämisen vipuvartena.

Luonteeltaan kesy kääpiökenguru on suosittu selfie-kuvien kumppani ja kohde. Lyhythäntäkenguru on peloton ja utelias laji, jonka saa helposti syliin selfien ottamista varten. Kuvausten haitat eläimille kyllä tunnetaan, ja osavaltio on säätänyt tiukkoja rajoituksia. Ihmisiä kielletään menemästä eläinten lähelle tai koskemasta quokkaan. Jos eläin on kuvassa taustalla, selfiet ovat sallittuja. Mutta kuka matkustaa valtavien etäisyyksien Australian rajamaille saadakseen kuvan, jossa kääpiökokoinen eläin on kaukana maisemassa?

Käsittämätöntä julmuutta kesyn eläimen rääkkäyksessä
Helposti lähestyttävät lyhythäntäkengurut ovat suosittuja selfiekumppaneita, mutta internetin käytetyimmissä kuvien jakelupalveluissa kuten Instagramissa on ohjeet asianmukaisesti eläinten kohtelusta.

Säännöt ovat sääntöjä, ja ilman valvontaa hyvääkin tarkoittavat ohjeet ja määräykset valitettavan usein unohtuvat. Järkyttävimmissä todennetuissa tapauksissa lyhythäntäkenguruja on potkittu kuin jalkapalloa, ja julmimmissa tapauksissa kesy eläin on sytytetty tuleen.

- BBC Newsround, 24.7.2018. How to take photos of wild animals without harming them; https://www.bbc.co.uk/newsround/44885704
- D'Cruze N, Machado FC, Matthews N, Balaskas M, Carder G, Richardson V & Vieto R. 2017. A review of wildlife ecotourism in Manaus, Brazil. Nature Conservation 22: 1–16; doi:10.3897/natureconservation.22.17369
- Daly N. 2017. Special Report: The Amazon Is the New Frontier for Deadly Wildlife Tourism. National Geographic; https://www.nationalgeographic.com/photography/proof/2017/10/wildlife-watch-amazon-ecotourism-animal-welfare/
- Instragram, 4.12.2017. Protecting wildlife and nature from exploitation; https://instagram-press.com/blog/2017/12/04/protecting-wildlife-and-nature-from-exploitation/
- Manger W & Jones M. 2018. Sickest show on Earth: Elephants forced to do tricks and bikini-clad orangutans made to box each other for tourists. Mirror 6.4.2018; https://www-mirror-co-uk.cdn.ampproject.org/c/s/www.mirror.co.uk/news/world-news/sickest-show-earth-elephants-forced-12310909.amp
- Travel Weekly, 22.3.2018. WA's bid to boost tourism could risk harming quokkas; http://www.travelweekly.com.au/article/tourism-was-bid-to-boost-tourism-could-risk-harming-quokkas/

Epäeettistä trofeemetsästystä kansallispuiston rajoilla

Etelä-Afrikan suosituin luontomatkailun kohde *Krugerin kansallispuisto* vetää vuosittain miljoonia turisteja, ja puiston rajojen tuntumaan on lisäksi perustettu suojelu- ja eläintenhoitoalueita. Kansallispuiston läheisyydessä toimivien puistojen tavoitteena on enemmänkin turistien palvelu kuin luonnonsuojelu, ja siksi eläinten oikeuksia loukataan yleisesti. Yksi eläinpuistojen houkuttimista ja tulonhankinnan vetonauloista on metsästysoikeuksien myynti. Rahalla saa mahdollisuuksia myös suurriistan, erikoiluvilla jopa rauhoitettujen lajien tappamiseen.

Metsästysoikeuksien myöntämisestä nousee aika ajoin kohua, kun tappamiset kohdistuvat joko erittäin harvinaisiin tai yleisölle tunnettujen yksilöiden kaatamiseen. Runsaasti kielteistä julkisuutta sai kesällä 2018 tapaus, jossa Krugerin naapurissa sijaitsevalla *Umbabatin yksityisellä luonnonsuojelualueella* tapettiin mitä ilmeisimmin kansallispuistosta ravintosyöttien avulla houkuteltu leijona. Kyseinen urosleijona, *Skye*, ei ole mikä tahansa eläinten kuninkaiden edustaja vaan matkailuelinkeinolle merkittävä, kansallispuistoa tunnetuksi tehnyt yksilö.

Umbabatin puistoon oli vuoden alussa myönnetty lainvoimainen lupa yhden leijonan tappamiseen trofeemetsästyksen kohteena. Mutta jos epäilyt syöttien avulla virallisesta kansallispuistosta houkutellun "julkkisleijonan" tappamisesta osoittautuvat todeksi, vaatimukset ja paineet metsästysmuistojen tappamisen kieltämiseksi kasvavat.

Leijonan ampuja oli yhdysvaltalainen metsästäjä, joka maksoi kaatoluvasta miljoona Etelä-Afrikan randia eli noin 63 000 euroa.

Kaupallisen ja viranomaisten luvalla harjoitetun trofeemetsästyksen arvostelu oli erityisen voimakasta vuonna 2015, jolloin yhdysvaltalainen lääkäri lunasti itselleen oikeuden tappaa Zimbabwessa maan luonnonsuojelun ja luontomatkailun symboliksi kohonnut *Cecil*-niminen leijona. Kansainvälisistä protesteista ja vetoomuksista huolimatta Cecilin kohtalo ei ole vaikuttanut matkamuistometsästyksen ja trofeesafarien järjestelyihin.

Kahdeksassa maassa Euroopassa, Pohjois-Amerikassa ja Afrikassa toteutetussa selvityksessä yleisön asenteet leijonien luvanvaraiseen metsästykseen eivät ole ratkaisevasti tiukentuneet vuoden 2015 hetkittäisestä kohusta huolimatta.

- Carpenter S & Konisky DM. 2017. The killing of Cecil the Lion as an impetus for policy change. Oryx, Published Online 2.11.2017; https://doi.org/10.1017/S0030605317001259
- Pinnock D. 2018. Outrage after Kruger lion baited and shot by trophy hunter in neighbouring reserve. Daily Maverick, 11.6.2018; https://www.dailymaverick.co.za/article/2018-06-11-outrage-after-kruger-lion-baited-and-shot-by-trophy-hunter-in-neighbouring-reserve/#.Wx4H1YozbIU
- Scanlon J. 2017. The world needs wildlife tourism. But that won't work without wildlife. The Guardian, 22.6.2017; https://www.theguardian.com/environment/2017/jun/22/the-world-needs-wildlife-tourism-but-that-wont-work-without-wildlife
- WWF Global, 2017. Not for Sale. Halting the Illegal Trade of CITES Species from World Heritage Sites. 52 pp; http://d2ouvy59p0dg6k.cloudfront.net/downloads/cites_final_eng.pdf

Karhujen tanssiesitykset saatiin loppumaan Nepalissa

Yksi turismielinkeinon nimissä harjoitettavan eläinten julman hyväksikäytön muoto on vangittujen villieläinten valjastaminen sirkustemppujen tai muiden vastaavien luonnottomien toimintojen suorittajiksi. Monissa kehittyvissä maissa – ja myös Etelä- ja Itä-Euroopassa – kaduilla ja toreilla tapaa esimerkiksi karhuja, joita kävelytetään tai joskus tanssitetaan kulkijoiden maksamien palkkioiden toivossa. Jo poikasina pesistään tai emoiltaan ryöstettyjä eläimiä on pidetty vankeudessa, ja niiden kesyttäminen ja temppujen opettaminen ovat luonnotonta, usein julmaa käsittelyä.

Vangittujen karhujen tanssiesitykset kaduilla ovat olleet yleisiä myös Himalajan vuoristovaltiossa Nepalissa, mutta joulukuussa 2017 viimeiset tällaiseen eläinrääkkäykseen alistetut karhut saatiin vapautetuiksi. Kansainvälisen *World Animal Protection* -järjestön, *Jane Goodall-säätiön* edustajien sekä Nepalin poliisivoimien yhteisessä operaatiossa paikannettiin ja otetiin viranomaisten haltuun kaksi huulikarhua (*Melursus ursinus*), 15- ja 17-vuotiaat Rangila ja Sridevi, joita oli jo vuosia kohdeltu julmasti tanssiesiintymisissä. Kauan vankeudessa olleet karhut olivat silmin nähden heikkokuntoisia, ja niiden liikkumista ja hallintaa varten suurpetojen kuonot oli lävistetty eläinten ohjaamiseen käytettävien köysien kiinnittämiseksi.

Karhujen vangitseminen ja kiinni pitäminen, tanssiesityksistä puhumattakaan, ovat Nepalin kuten lähes kaikkien muidenkin maiden lainsäädännössä kiellettyjä. Eläinrääkkäykseksi luokiteltava toiminta on ilmeisesti saatu Nepalissa loppumaan, sillä Rangila ja Sridevi olivat tiettävästi viimeiset tällaiseen toimintaan valjastetut karhut vuoristovaltiossa. Talteen otetut huulikarhut oli määrä siirtää Intiaan, Agran alueella sijaitsevalle, hyvin hoidetulle karhujen suojelualueelle.

Huhtikuussa 2018 kuitenkin paljastui, että orjatyöstä vapautetut karhut olivatkin päätyneet Nepalin luonnonsuojeluviranomaisten määräyksestä maan pääkaupungin Katmandun alueella toimivaan, ulkopuolisen arvion mukaan ahtaaseen ja huonosti hoidettuun eläintarhaan, jossa naaraskarhu Sridevi on kuollut. Tiedon saatuaan kansainväliset toimijat ovat vaatineet Nepalin viranomaisia huolehtimaan toisen vapautetun karhun siirrosta alkuperäisen suunnitelman mukaisesti Intiaan.

Eläinten suojelu on joskus yllättävän vaikeaa yhteisesti hyväksytyistä sopimuksista huolimatta. Rangila-karhun kohtalo ei suinkaan saanut onnellista päätöstä ensimmäisten pelastus- ja siirtopäätösten myötä. Nepalin viranomaiset eivät kertoneet eläinsuojelijoille, miksi siirtoa Intiaan ei tehty sopimuksen mukaisesti heti. Noin puolen vuoden selvitysten ja painostuksen jälkeen viranomaiset ovat lopulta ilmoittaneet, että Rangila viimeinkin siirretään Agran seudun suojelualueelle, karhuille luontaisesti sopiviin maisemiin.

Julmaa ja eläinten oikeuksia räikeästi loukkaavaa villieläinten hyväksikäyttöä turismin nimissä tapahtuu edelleen eri puolilla maailmaa, mutta eläinsuojelun kannalta positiivisikin uutisia onneksi löytyy. Nepalin lisäksi tanssivien karhujen käyttö on saatu suojelujärjestöjen ja viranomaisten yhteistyöllä käytännössä loppumaan ainakin Intiassa, Kreikassa ja Turkissa.

- World Animal Protection, 22.12.2017. The last known dancing bears in Nepal rescued; https://www.worldanimalprotection.org.au/news/last-known-dancing-bears-nepal-rescued
- World Animal Protection, 15.3.2018. Rescued dancing bear tragically dies after she's secretly sent to substandard zoo; https://www.worldanimalprotection.org/news/rescued-dancing-bear-tragically-dies-after-shes-secretly-sent-substandard-zoo
- World Animal Protection, 18.6.2018. 'Dancing bear' will be moved to sanctuary in final step of gruelling journey; https://www.worldanimalprotection.org/news/dancing-bear-will-be-moved-sanctuary-final-step-gruelling-journey

Karhu jalkapallo-ottelun avaajana Venäjällä

Karhu tunnetaan Venäjän valtiollisena symbolina, ja suurpetoja käytetään yleisesti niin sirkuksissa kuin muissakin yleisöä viihdyttävissä tilaisuuksissa. Kesällä 2018 Venäjällä järjestettyjen jalkapalloilun maailmanmestaruuskisojen alla karhu (*Ursus arctos*) oli pääosassa maan kolmannen sarjatason ottelun avajaisissa, joissa ohjaajansa kanssa kentän laidalle astellut *Tim*-karhu nousi kahdelle jalalle ojentaen pelipallon erotuomarille.

Seremoniavideon internetiin ladannut vierasjoukkue FC Angusht kertoi karhun olleen ottelussa kunniavieraana, jonka sanottiin osallistuvan myös kesäkuun 2018 puolivälissä käynnistyneiden MM-kisojen avajaisiin.

- Strege D. 2018. Did a bear just do a trial run for opening World Cup in Russia? BNQT 16.4.2018; https://bnqt.com/2018/04/16/did-a-bear-just-do-a-trial-run-for-opening-world-cup-in-russia/

Sea World reputti: Matkojen välitys uhkaa loppua

Periaatepäätös eläinten hyvinvoinnista piittaamattomien turistikohteiden boikotista on saamassa todella huomattavan tuloksen. Huhtikuun 2018 lopulla Thomas Cook ilmoitti, että Floridan Orlandossa toimivan *Sea World* -keskuksen tarkastuksessa ilmeni niin vakavia puutteita, että kohde poistetaan matkojen esittelyistä ja välityksestä, mikäli vesieläin- ja huvipuisto ei muuta perusteellisesti käytäntöjään. Syytösten kohteena on jo vuosia kansainvälisen painostuksen kohteena ollut suuren merinisäkkäiden, erityisesti miekkavalaiden (*Orcinus orca;* engl. *Killer whale*) esiintyminen ja pitäminen ahtaaksi luonnehdituissa altaissa.

Sea World ei suoraan kommentoinut julkisuuteen tulleita tietoja tarkastuksen huolestuttavista tuloksista. Vesipuisto ainoastaan kertoo teettäneensä tarkastuksen, ja tulosten perusteella arvioidaan toiminnan suhteet eläinten hyvinvointiin.

Thomas Cookin aikaisemman periaatepäätöksen mukaan matkanjärjestäjä antaa "syytteen saaneelle" turistikohteelle kolme kuukautta aikaa korjata arvioinnissa vahvistetut puutteet ja väärinkäytökset. Tämän siirtymäajan matkatoimisto pitää Sea Worldin listoillaan ja välittää matkoja kohteeseen. Sea World on merkittävä turistikohde paitsi Floridalle myös Thomas Cookille, joka on välittänyt vuosittain yli 10 000 lippua vesipuistoon.

Eläinsuojelujärjestö PETA (*People for the Ethical Treatment of Animals*) vaatii Sea World -matkojen ja pääsylippujen välitystoiminnan lopettamista välittömästi eläinsuojelurikkomuksien tultua todennetuiksi. Monet kansainvälisesti tunnetut julkisuuden henkilöt ovat avoimesti tukeneet eläinsuojelujärjestöjä ja liittyneet Sea Worldin vastaiseen, etenkin miekkavalaiden kaltoin kohtelua vastustavaan kampanjaan.

Porsaanreikiä eläinsuojeluedellytyksissä

Suurten matkanjärjestäjien kuten Thomas Cookin päätös lopettaa vankeudessa pidettäviin miekkavalaisiin ja delfiineihin vetovoimansa perustuviin kohteisiin on varmasti useimmille eläinsuojelijoille mieleinen, mutta toimenpide ei ole yksiselitteisesti positiivinen. *Animondial*-suojelujärjestön perustaja Daniel Turner esitti perustellun huolestuneita näkökohtia eläinten ja matkailuyrittäjien kohtaloista, jos ja kun markkinointikiellot ja vastuskampanjat johtavat eläinturismin kohteiden lakkauttamisiin.

Suuri joukko yrittäjiä ja perheitä jää työttömiksi, ja ihmiskohtaloita vakavampi kysymys on eläinten epävarma tulevaisuus. Koko ikänsä vankeudessa pidettyjä ja usein myös huvipuistoissa syntyneitä eläimiä ei voi vapauttaa luontoon, jossa ne eivät pystyisi tulemaan toimeen omillaan. Vain harvat miekkavalaat tai delfiinit voisivat päästä asianmukaisesti hoidetuille, luonnomukaisille suojelualueille.

Eläinsuojelun nimissä päätetty tiettyjen matkakohteiden markkinointi- ja välityskielto on periaatteessa hyvä, mutta toiminnoille asetetuissa ehdoissa on vakavia puutteita. *World Animal Protection*

-järjestö vaatii kirjelmässään TripAdvisorin päätöksiin merkittäviä muutoksia. TripAdvisorin päätös lopettaa matkojen välitys kohteisiin, joissa eläimiä ei kohdella "luonnollisella tavalla" jättää paljon toivomisen varaa. Luonnollisten olosuhteiden ja eläinten luonnonmukaisen käyttäytymisen edellytyksiä rikotaan edelleen monissa kohteissa.

Esimerkkeinä teoriassa hyväksyttäviksi katsotuista mutta todellisuudessa eläimiä riistävistä käyttötavoista järjestö mainitsee delfiinien opettamisen tekemään temppuja ruokapalkkiota vastaan. Luonnossa vapaasti saalistavasta eläimestä koulutetaan "haaskansyöjä" tavoilla, joissa ei ole mitään luonnollista. Vastaava kielteinen esimerkki ovat ehkä hyvinkin luonnonmukaisen kaltaisessa tarhassa tai puistossa elävät tiikerit, joita on opetettu tai pakotettu kulkemaan säännöllisiä polkuja turistien katselupaikkojen läheisyydessä.

World Animal Protection vetoaa paitsi eläinturismin kohteiden omistajiin ja hoitajiin myös matkailijoihin. Mitä useammat turistit edellyttävät matkakohteiltaan eläinten kunnioittamista, sitä tehokkaammin ja todennäköisemmin eläinten oikeudet toteutuvat.

- TravelMole, 30.4.2018. Thomas Cook gives SeaWorld a lifeline after it fails welfare audit; www.travelmole.com/news_feature.php?news_id=2032112&c=setreg&region=2
- Turner D. 30.7.2018. Does the 'Stop Sale' of attractions improve animal welfare?; https://www.linkedin.com/pulse/does-stop-sale-attractions-improve-animal-welfare-daniel-turner/
- World Animal Protection. 25.4.2018. Loopholes and mixed messages: updated TripAdvisor animal welfare policy falls short for wildlife https://www.worldanimalprotection.org/news/loopholes-and-mixed-messages-updated-tripadvisor-animal-welfare-policy-falls-short-wildlife

Periaatteelliset rajoitukset riittämättömiä

Huhtikuussa 2018 TripAdvisor päivitti ja täydensi eläimiin liittyvien matkojen markkinointisääntöjään ja -rajoituksiaan. Täsmennys ei ollut eläinsuojelujärjestöjen mieleen. *World Animal Protection* (WAP) -järjestö kritisoi voimakkaasti matkanjärjestäjien uusia ohjeita, joiden sanottiin jättävän eläinsuojelun puolitiehen ja sallivan useita eläinten kidutuksen ja kaltoin kohtelun muotoja turismin markkinoinnissa ja matkojen järjestämisessä. Ohjeissa todetaan matkailuelinkeinon oppineen nopeasti, että villieläinten viihdekäyttö on julmaa, eikä eläinten riistäminen poikasina niiden vanhemmilta ihmisen hyväksikäytön välineiksi ole hyväksyttävää.

Uusituissa ohjeissaan TripAdvisor myöntää alalla havaitut epäkohdat eläinten kohtelussa, mutta toteaa myynnin olevan kiellettyä kohteisiin, joissa eläimiä pakotetaan tekemään keinotekoisia, lajille vieraita temppuja tai käyttäytymään luonnottomalla tavalla. Yleisistä kieltosäännöistä on ohjeissa poikkeuksia.

Sallittua on järjestää matkoja kohteisiin, joissa "eläinten ruokinta ja koskettaminen tapahtuvat asiantuntijoiden valvonnassa ja oloissa, joissa eläin on aloitteellinen ja tulee kohtaamiseen vapaaehtoisesti, ja tarvittaessa/halutessaan eläin voi väistyä paikalta. Samoin on sallittua osallistua tapahtumiin, joissa selkärangattomiin eläimiin kosketaan esimerkiksi hämähäkkien kanssa ihmisten araknofobian hoidon tai parantamisen takia".

WAP:n mukaan uudetkin ohjeet jättävät sääntöihin porsaanreikiä, jotka mahdollistavat ja antavat oikeuden myydä matkoja – eettisten ohjeiden vastaisesti – kohteisiin, joissa eläimet joutuvat suoraan fyysiseen kosketukseen turistien kanssa. Suojelujärjestön mielestä kielletyiksi pitäisi saattaa kaikki matkat, joissa turistit viedään kohteisiin, joissa turistit tulevat suoraan kosketuskontaktiin villieläinten kanssa.

Saamaansa kritiikkiin TripAdvisor vastasi, että arvostelu kohdistuu vääriin asioihin. Jo alkuperäisissä, vuonna 2016 julkaistuissa ohjeissa oli kohtia, jotka sallivat asianmukaisesti toteutetut eläinten ja turistien kohtaamiset. Suorat fyysiset kontaktit määriteltiin hyväksyttäviksi jo edellisissä ohjeissa esimerkiksi uinneissa tai sukelluksissa akvaarioissa olevien eläinten kanssa. Kosketuksia ei pidetä pahoina myöskään eläintarhoissa, joissa eläimiä ruokitaan tarhan hoitajien kanssa.

Vaikka kaikkia turistien ja eläinten kontakteja ei kielletäkään, TripAdvisorin uusien ohjeiden mukaan eläintensuojelu tehostuu ja tuloksena on aikaisempaa vähemmän eläimille haittaa aiheuttavia turistikohtaamisia. World Animal Protection ei kuitenkaan selityksiä sellaisinaan niele, vaan vaatii kaikkia julmiksi luokiteltavia kohtaamisia kiellettäviksi. Eläinsuojelun tähtäimessä on myös erittäin suosittuja ja paitsi yrittäjille jopa valtioille tärkeitä markkina- ja statusarvoja sisältäviä kohteita kuten Floridan *Sea World* -puisto.

Suoria villieläinten ja ihmisen kontakteja parempi vaihtoehto on tarjota matkoja eläinten luonnolliseen kohtaamiseen. Esimerkiksi valaiden ja delfiinien tarkkailumatkat – joilla ei merinisäkkäitä syötetä eikä lähestytä kosketusetäisyydelle – ovat paitsi eläinten hyvinvoinnin myös aidon luontokokemuksen kannalta parhaita.

- Travel Weekly, 12.4.2018. Animal welfare might not be something we generally think of when planning our overseas trips; http://www.travelweekly.com.au/article/adventure-world-md-on-animal-friendly-travel-its-up-to-agents/
- Travel Weekly, 1.5.2018. Is TripAdvisor's animal welfare policy harming wild animals?; http://www.travelweekly.com.au/article/is-tripadvisors-animal-welfare-policy-harming-wild-animals/

- TripAdvisor, 25.4.2018. TripAdvisor Announces Additions To Industry-Leading Animal Welfare Policy; https://tripadvisor.mediaroom.com/press-releases?item=125823

Jättiläispandojen olot luonnossa heikentyvät

Kansainvälisen luonnonsuojelun tunnetuin keulakuva ja ympäristöjärjestö WWF:n tunnuseläin jättiläispanda (*Ailuropoda melanoleuca*) oli aikoinaan erittäin uhanalainen, ja sympaattisen nallen tulevaisuuden turvaamisesta tuli koko maailman yhteinen asia. Suojelutoimet ovat onnistuneet sekä yleisen tietoisuuden että pandojen ainoan luontaisen esiintymisalueen järjestelmällisen ja tuloksekkaan suojelutyön ansiosta.

Jättiläispandan luonnonvaraisen kannan voimistumisen ansiosta Kansainvälinen luonnonsuojeluliitto (IUCN) muutti syyskuussa lajin suojelustatusta siirtämällä jättiläispandan uhanalaisten (*Endangered*) lajien kategoriasta haavoittuva- (*Vulnerable*) luokituksen alle. Vuonna 2014 Kiinan luonnossa oli 1464 jättiläispandaa, ja lisäksi eri puolilla maailmaa pandoja oli eläintarhoissa noin 400 yksilöä.

Kansainvälisessä "pandadiplomatiassa" Kiina on vuokrannut jättiläispandojaan useisiin maihin – säilyttäen kuitenkin eläinten omistusoikeuden itsellään. Tarhoissa pandoja kohdellaan "vip-vieraina", ja monissa sijoituspaikoissa karhut ovat onnistuneet myös lisääntymän. Poikaset siirretään sopimuksen mukaan määräajan kuluttua takaisiin Kiinaan. Alkuperäisillä luontaisilla elinalueillaan pandoilla ei kuitenkaan mene aivan niin hyvin kuin karhukannan kokonaiskehityksestä voisi päätellä.

Kansainvälisten tutkimusten mukaan jättiläispandojen optimaaliset luontaiset elinpiirit ovat vakavasi kaventuneet viime vuosikymmeninä. Kiinalaisten ja yhdysvaltalaisten tutkijoiden selvityksen mukaan vuosien 1976 ja 2001 välillä jättiläispandojen elinalue pieneni kokonaisuutena 4.9 prosentilla. Tätä huolestuttavampaa on, että karhujen todellisten elinpiirien pinta-ala väheni samana ajanjaksona 24 prosentilla. Pandojen elinalueita supistavat sekä luontaiset että ihmisen toimet.

Luontaisia syitä ovat viime vuosina olleet maanjäristykset, mutta vakavinta on metsien hakkuiden ja teiden rakentamisen aiheuttama ympäristön tuhoutuminen. Oman osansa on tuonut lisääntynyt turismi. Vaikka jättiläispandat näyttävät sopeutuvan hyvin eläintarhoihin – joiden suurimpia vetonauloja nallet lähes poikkeuksetta ovat – luonnossa karhut karttavat ihmistä.

Jättiläispandat ovat luonnossa erityisen herkkiä melulle, ja siksi turistien tulo stressaa eläimiä. Paikallisen asiantuntijan mukaan on yleistä, että "kun ihmiset tulevat, pandat lähtevät". Hupenevissa elinpiireissä jättiläispandojen mahdollisuudet hakeu-tua rauhalliseen elinpiiriin ovat käyneet rajallisiksi.

Tätä nykyä Kiinan lounaisosan luonnossa on 30 pandayhteisöä, joista kaikkiaan 18 populaatiossa on alle 10 yksilöä. Näin pienten populaatioiden säilyminen on epävarmaa.

Tuoreimpien satelliittipaikannusten ja -kuvausten perusteella jättiläispandan luontainen elinalue kutistuu kiihtyvän tahtiin. Lokakuussa 2017 julkaisussa selvityksessä todetaan, että lajille otollisten elinpaikkojen kokonaispinta-ala oli vuonna 2013 pienempi kuin vuonna 1988, jolloin jättiläispandan suojelustatus oli luokassa erittäin uhanalainen.

• Xu W, Viña A, Kong L, Pimm SL, Zhang J, Yang W, Xiao Y, Zhang L, Chen X, Liu J & Ouyang Z. 2017. Reassessing the conservation status of the giant panda using remote sensing. Nature Ecology & Evolution 1: 1635-1638; doi:10.1038/s41559-017-0317-1

Narsismista tullut jokapäiväisen käyttäytymisen normi

Itsensä kuvaaminen tai kuvauttaminen villieläinten kanssa on ehkä näkyvin osa yleistä itsekkyyden ja narsismin yleistymistä, joka on havaittavissa lähes kaikkialla. Turismin tutkimuksessa itsekeskeisyyden ja -korostuksen yleistymistä on kuvattu termillä narsismin normalisoituminen. Tällaisen käyttäytymisen vaikutus on enimmäkseen harmitonta – ehkä vain kanssaihmisissä hieman hämmennystä tai kiusaantumista aiheuttavaa.

Narsismi voi johtaa myös muista piittaamattomuuteen ja sääntöjen tietoiseen rikkomiseen, jolloin ilmiö ylittää paitsi sopivuuden myös hyväksyttävyyden tai laillisuuden rajat.

Selfie-kuvien ottaminen on äärimmilleen vietynä yleistä järjestystä häiritsevää, ja esimerkiksi taideteosten ja historiallisten monumenttien yhteydessä usein kiellettyä tai rajoitettua. Toisaalta turismilla voi olla – ja onkin parhaimmillaan – täysin päinvastainen vaikutus käyttäytymiseen. Yhteisten kokemuksien kautta ihmisten kanssakäyminen vahvistuu.

Turismin kohdalla narsismin yleistyminen ja muuttuminen vallitsevaksi käyttäytymistavaksi on pääosin kestävän matkailun periaatteiden vastaista, vaikka pääsääntöisesti yksilön vapauksia pitääkin kunnioittaa. Matkanjärjestäjillä sekä matkaoppaiden ja artikkelien laatijoilla on oma – toistaiseksi hyvin vähälle huomiolle jäänyt – vastuunsa liiallisuuksiin menevän narsismin kitkemisessä.

- Canavan B. 2017. Narcissism normalisation: tourism influences and sustainability implications. Journal of Sustainable Tourism 25(9): 1322–1337; https://doi.org/10.1080/09669582.2016.1263309

Delfiininpoikasten kuolemia selfiekuvien takia

Täydellistä tiedon puutetta ja piittaamattomuutta niin kutsutut luontomatkailijat osoittivat Argentiinassa, jossa ainakin kahdessa tapauksessa lähellä pääkaupunki Buenos Airesia matkailijat ovat kiskoneet nuoria delfiinin poikasia rannalle ottaakseen selfie-kuvia hellyttävien merinisäkkäiden kanssa. Kuvien ottamisen jälkeen itsekkäät vieraat ovat lähteneet jättäen delfiinit kuiville, minkä seurauksena poikaset kuolivat.

Vastaava tragedia tapahtui elokuussa 2017 Espanjan etelärannikolla Almeriassa. Rantaan ajautunut delfiininpoikanen keräsi nopeasti satoja turisteja katsomaan, koskettelemaan ja valokuvauttamaan itsensä nuoren merinisäkkään kanssa. Innokkaat ihailijat vetivät delfiinin kuivalle maalle ja ottivat eläimen syliin selfie-kuvia varten.

Jo ihmisen läsnäolo ja fyysinen kosketus aiheuttavat luonnonvaraiselle nisäkkäälle stressiä, mutta epäonnisen poikasen kohtaloksi koitui nopea tukehtuminen. Liian innokkaat ihailijat, jotka eivät lainkaan tunteneet merinisäkkään rakennetta tai fysiologiaa, tukkivat delfiinin selkäpuolella olevan hengitysaukon, minkä seurauksena eläin menehtyi, ennen kuin paikalle hälytetyt eläinsuojelijat ja asiantuntijat ehtivät apuun.

- Bale R. 2017. Another baby dolphin killed by selfie-seeking tourists. National Geographic, 26.1.2017; https://news.nationalgeographic.com/2017/01/wildlife-watch-baby-dolphin-killed-tourists-argentina/

- Mann T. 2017. Baby dolphin dies on beach because tourists wanted to take selfies with it. Metro.co.uk, 28.1.2017; http://metro.co.uk/2017/01/28/baby-dolphin-dies-on-beach-because-tourists-wanted-to-take-selfies-with-it-6411717/

- Worden T. 2018. Killed for a selfie: Baby dolphin dies after being passed around by tourists as they posed for photos with in on a Spanish beach. MailOnline, 16.8.2018; http://www.dailymail.co.uk/news/article-4795028/Baby-dolphin-dies-tourists-selfies-Spain.html

4

LUONTOMATKAILUN MONET VETONAULAT

Vetonauloja voi olla jopa liian paljon

Varsinkin yksityisten omistamilla suojelualueilla houkutus ekoturismin tärkeimpien vetonaulojen, suurten villieläinten lukumäärän maksimointiin on ilmeinen, mutta ainakin eteläafrikkalaisilla suojelualueilla norsukannan tietoinen kasvattaminen on osoittautunut turhaksi ja jopa luonnolle vahingolliseksi. Kuudella yksityisellä sekä yhdellä valtion hallinnoimalla suojelualueella Etelä-Afrikan itäisessä maakunnassa verrattiin norsujen lukumäärän ja luontoturistien vierailuhalukkuuden suhteita.

Afrikannorsujen (*Loxodonta africana*) kannan tiheydellä ei näyttänyt olevan merkittävää vaikutusta siihen, kuinka hyvin turistit pääsivät suuria nisäkkäitä tarkkailemaan vierailujensa aikana tai kuinka paljon turisteja kullekin alueelle matkustaa. Mutta toisaalta norsukannan kasvu hyvin tiheäksi lisäsi elinympäristön kulumista, mistä aiheutuu ajan myötä merkittävää haittaa sekä norsuille itselleen että paikallisen väestön perinteisten elinkeinojen harjoittamiselle.

Hyvin tiheän norsukannan ylläpito on johtanut siihen, ettei suojelulla ja/tai ekoturismilla ole paikallisen väestön tukea. Jos sosioekonomisia seikkoja ei oteta kunnolla huomioon luonnonsuojelu- ja ekoturismikohteissa, riskit suojeltujen alueiden laittomiin käyttömuotoihin kuten puutavaran hakkuisiin sekä eteläisessä Afrikassa ongelmalliseen järjestäytyneeseen salametsästykseen kasvavat.

• Maciejewski K & Kerley GIH. 2014. Elevated elephant density does not improve ecotourism opportunities: convergence in social and ecological objectives. Ecological Applications 24(5): 920–926; DOI: 10.1890/13-0935.1

Odotukset eläinten näkemisestä tärkeitä ekoturistille

Luontomatkailua markkinoidaan yhä enemmän eläinten avulla – ei ainoastaan afrikkalaisia villieläinsafareja tai valaidenkatselumatkoja valtamerillä. Myös aivan arkipäiväisiltä kuulostavia ulkoilutapahtumia, vaellusreittejä ja muita aktiviteetteja kuvailtaessa mahdollisuus nähdä luonnonvaraisia eläimiä ja mahdollisesti myös päästä läheiseen kosketukseen eläinten kanssa on tärkeä peruste matkalle lähtöön.

Kolmen norjalaisen ulkoiluun perustuvan aktiviteetin (*friluftsliv*) kuvauksia internetissä ja kirjallisissa julkaisuissa tutkinut Norjan Arktisen yliopiston tutkija Giovanna Bertella tiivisti luonnossa liikkumisen ja luontomatkailun perusteista kolme pääkohtaa: 1) Tiedot ja käsitykset eläimistä, pääosin aikaisempien kokemusten perusteella, 2) Mahdolliset ihmisen ja eläinten väliset vuorovaikutukset, ja 3) Opaspalvelujen saatavuus kohteessa.

Eläinten läsnäolo ja osallistujan mahdollisuus omakohtaisiin eläinkokemuksiin ovat tärkeä osa ekoturismin ja yleensä kaiken luonnossa tapahtuvan ja luontopainotteisen matkailun ja harrastustoiminnan suunnittelussa ja markkinoinnissa, norjalaisanalyysi osoittaa.

• Bertella G. 2016. Experiencing nature in animal-based tourism. Journal of Outdoor Recreation and Tourism 14: 22–26; https://doi.org/10.1016/j.jort.2016.04.007

Mielikuvilla suuri vaikutus päätöksiin

Matkakohteen valinta ja matkustuspäätös perustuvat aina jonkinlaiseen – usein vaihtelevaan ja turhan usein puutteelliseen – tietoon kohteesta. Kuvilla ja kuvauksilla potentiaalisesta matkakohteesta voi olla hyvin erilainen vaikutus turistin valintoihin, ja kuvauksissa sekä tosiasiat että mielikuvat vaikuttavat samanaikaisesti. Mielikuvilla on ilmeisesti suurempi vaikutus kuin yleisesti oletetaan. Psykologisten vaikuttajien merkitystä matkustuspäätöksiin selvitettiin Australian Suurelle valliriutalle suuntautuvaa matkaa harkitsevilla turisteilla.

Julkisuudessa – niin uutisissa kuin matkailumainonnassa – Suuren valliriutan ominaisuuksia korostetaan kolmella eri painotuksella: 1) Suurin ja monimuotoisin – ainutlaatuinen – riutta maailmassa, 2) Parhaiten hoidettu koralliriutta maailmassa, ja 3) Maailmanperintökohde, joka on vaarassa tuhoutua.

Yhteensä 45 erilaista kuvaa ja kuvausta Suuresta valliriutasta esiteltiin yli tuhannelle potentiaaliselle luontomatkailijalle. Kuvissa korostettiin Suuren valliriutan tilaa ja ekologista kuntoa (terveyttä), ja erilaisten taustojen vaikutusta matkaa harkitsevien päätöksiin arvioitiin kuvissa korostettujen seikkojen perusteella. Tausta-aineistoissa korostettiin erikseen kolmea näkökohtaa: 1) Matkailumainoksena, jossa riutan kauneus ja luonnon ainutlaatuisuus ovat etusijalla, 2) Korostamaan riutan suojelun tarpeita ja mahdollisuuksia, ja 3) Suuren valliriutan yhteiskunnallista merkitystä korostavina.

Suojelun, aktiivisen hoidon ja suoraan ihmisen tarpeita tyydyttävän hyväksikäytön väliset ristiriidat ovat ilmeisiä Suuren valliriutan kuvauksissa, ja siksi matkustamista harkitsevan turistin on vaikeaa päättää matkakohteen sopivuudesta tai matkan oikeutuksesta.

Psykologisilla seikoilla on erittäin suuri osuus YK:n Maailmanperintöohjelmaan lukeutuvan luontokohteen arvostukseen ja matkustuspäätöksiin.

- Coghlan A, McLennan & Moyle B. 2017. Contested images, place meaning and potential tourists' responses to an iconic nature-based attraction 'at risk': the case of the Great Barrier Reef. Tourism Recreation Research 42(3): 299–315; http://dx.doi.org/10.1080/02508281.2016.1268744

Suuret nisäkkäät eivät aina tärkeintä Afrikan safareilla
Kansainvälisen luontomatkailun kuuluisimpia kohteita ovat afrikkalaiset kansallispuistot, joissa sekä suurten karismaattisten nisäkkäiden että valtavien eläinlaumojen näkeminen ja kuvaaminen vetävät matkailijajoukkoja kaikkialta maailmasta. Järjestäytyneen ekoturismin mainontakin kohdistuu yleensä norsuihin, virtahepoihin, kirahveihin, leijoniin ja muihin yksittäisiin vetonauloihin. Mutta ekomatkailijoissa on paljon niitäkin, jotka hakevat Afrikasta jotain muuta.

Sosiaalisen median kautta välitettävissä tunnelma- ja tuokiokuvissa suurten karismaattisten nisäkkäiden osuus Saharan etelä-puolisen Afrikan luontomatkoilla on yllättävän vähäinen.

Eteläafrikkalaisen KwaZulu-Natal -yliopiston tutkijan Anna Hausmannin johdolla *Scientific Reports* -tiedelehdessä julkaistussa tutkimuksessa käytettiin laajaa sosiaalisen median aineistoa, jossa selvitettiin sosioekonomisia, maantieteellisiä ja biologisia painopisteitä suojelualueilla vierailleiden turistien lähettämissä Instagram-päivityksissä.

Eri maista ja eri suojelualueilta välitetyissä viesteissä karismaattisten suurten eläinten osuus oli yllättävän vähäinen. Luontomatkailijoiden välittämissä kuvissa ja kokemuksissa korostuivat kohteet afrikkalaiseen todellisuuteen nähden varakkailta alueilta, joilla on keskimääräistä enemmän väestöä ja kohteista, joihin on hyvät kulkuyhteydet.

Ruohonjuuritason kokemuksia, joita sosiaalisen median käyttö nykyisin hyvin kuvastaa, tulisikin ottaa entistä paremmin huomioon afrikkalaisten maiden luonnonsuojelu- ja luontomatkailukohteiden suunnittelussa ja hoidossa, KwaZulu-Natal -yliopiston ja Helsingin yliopiston Maantieteen ja geotieteiden laitosten yhteinen tutkimus korostaa.

Maisemat ja erämaatunnelma tärkeämpiä kuin eläimet

Sellaiset kansallispuistot ja muut erityisalueet, joiden luonnon lajistollinen ja maisemallinen monimuotoisuus – ilman karismaattisia eläimiä – ovat aluerauhoituksen perustana, jäävät usein alakynteen päätettäessä luonnonsuojelun rahoituksesta. Matkatoimistojen markkinoinnin, television ja muiden tiedotusvälineiden jakamasta informaatiosta poiketen suuret eläimet eivät ole ainoa ja usein eivät edes tärkein kannustin ekoturistille.

Etelä-Afrikan kansallispuistoissa tehtyjen selvitysten ja haastattelujen perusteella tutkijat arvioivat, että etenkin paikalliset ja kansalliset matkailijat sekä kokeneet kansainväliset ekoturistit arvostavat usein enemmän muita arvoja kuin karismaattisia suuria eläimiä.

Koskemattomana säilyneet maisemat, monimuotoinen eliölajisto sekä erämaan hiljaisuus ja rauha ovat monille luontomatkailijoille tärkein matkakohteen valintaperuste.

Monipuolisen luonnon tarkkailu vaellusretkillä ja mahdollisuus leiriytymiseen rauhallisilla erämaa-alueilla voivat olla kansallispuistolle tai muulle erityisalueelle arvokkaampi ominaisuus kuin mahdollisuus tarjota leijonia tai norsuja turistin nähtäväksi. Selvitystensä perusteella tutkijat korostavat monimuotoisen luonnon tukemista paitsi biodiversiteetin itseisarvon myös matkailumahdollisuuksien kannalta.

- Hausmann A, Toivonen T, Heikinheimo V, Tenkanen H, Slotow R & Di Minn E. 2017. Social media reveal that charismatic species are not the main attractor of ecotourists to sub-Saharan protected areas. Scientific Reports 7(763); doi:10.1038/s41598-017-00858-6
- Hausmann A, Slotow R, Fraser I & Di Minin E. 2017. Ecotourism marketing alternative to charismatic megafauna can also support biodiversity conservation. Animal Conservation 20(1): 91–100; https://doi.org/10.1111/acv.12292

Glamping – Glamour-Camping = ylellisyyttä ja luontoa

Ekoturisti mielletään usein perinteiseksi reppu tai rinkka selässä vaeltavaksi luonnon ihailijaksi, joka lähtee erämaahan vain välttämättömät varusteet mukanaan. Tämä stereotyyppinen kuva on kuitenkin muuttunut. Nykyisin tiukimmatkin ekoturismin kriteerit täyttävät luonto- ja luonnontarkkailumatkat voivat olla tasoltaan viiden tähden hotellimajoitusta vastaavia, ylellisyyslomia.

Etenkin majoitustason nostaminen – kaikin puolin luontoa kunnioittaen ja kestävän kehityksen kriteerit täyttäen – on lisännyt vaativille matkailijoille suunnattuja luontopalveluja varsinkin itäisessä

Afrikassa. Suurista kansallispuistoistaan kuuluisassa Tansaniassa vaativille matkailijoille suunnattujen luontomatkojen tarjonnassa ovat yleistyneet niin kutsutut *glamping-* (glamour-camping) matkat.

Glampingissa turistit ovat palveluiltaan hotellitasoisessa telttamajoituksessa, jolloin suora yhteys luontoon säilyy päivin ja öin. Liikkuminen perustuu jalkaisin tehtäviin vaelluksiin, ja kaiken toiminnan ydin on luonnon vaaliminen sekä paikallisen väestön ja kulttuurin kunnioittaminen.

Luksustelttailu afrikkalaisessa kansallispuistossa on muodikas trendi, mutta vastaavaa on toki harrastettu aikaisemminkin. Glamping-matkailun sanotaan alkaneen jo vuonna 1909, jolloin Yhdysvaltain presidentti Theodore Roosevelt matkaili itäisessä Afrikassa safarimatkalla luonnosta nauttien ja luontoa kunnioittaen – mutta arkisen elämisen laadusta tinkimättä.

- Reinstein D. 2018. Tanzania's glamping adventures do wild with style. TravelWeekly, 18.5.2018; http://www.travelweekly.com/Middle-East-Africa-Travel/Tanzania-glamping-adventures-do-wild-with-style

Sarvikuonot palaavat Ruandaan
Salametsästettyjen tilalle eläimiä Etelä-Afrikasta

Itäisessä Afrikassa sijaitseva Ruandan tasavalta tunnetaan valitettavasti vieläkin vain 1990-luvun alun kansanmurhasta, mutta maalla on paljon tarjottavaa varsinkin luonnon kauneudessa ja eläimistön monipuolisuudessa. Kansainvälisen luontoturismin suuresta suosiosta ovat eniten hyötyneet Ruandan naapurimaat Kenia ja Tansania, joissa on maailmankuuluja ja suuria kansallispuistoja. Mutta osansa on saanut Ruandakin. Vuonna 2016 valtio sai yli 400 miljoonan dollarin tulot turismista, jonka tärkein ja lähes ainoa houkutin on luonto.

Sarvikuonot ovat yksi luontomatkailun vetonauloista, mutta valitettavasti salametsästäjät tappoivat nämä suuret nisäkkäät Ruandasta vuosikymmen sitten. Mutta Ruanda tarvitsee turismia, ja houkutellakseen vieraita ja pystyäkseen kilpailemaan naapuriensa kanssa Ruanda on saanut apua. Toukokuussa 2017 *Akagera National Park* -kansallispuistoon tuotiin 10 sarvikuonoa Etelä-Afrikasta, ja lähiaikoina saadaan yhdeksän yksilöä lisää.

Pitääkseen arvokkaat, uhanalaisiksi luokitellut sarvikuonot hengissä, eläimet ovat riistanvartijoiden jatkuvassa valvonnassa, ja niiden olinpaikkoja ympäröidään kutsumattomia vieraita loitolla pitävillä sähköaidoilla.

Villieläinten kotiuttamisessa Akageran kansallispuistoilla on hyviä kokemuksia. Kauan poissa olleita leijonia kotiutettiin puistoon vuonna 2015, ja alkuperäisen seitsemän yksilön kanta on kasvanut jo 17 leijonaan. Tätä nykyä Ruandan luontomatkailun suurin vetonaula ovat kuitenkin kuuluisat vuorigorillat (*Gorilla beringei beringei*), joita katsomaan saapuneiden vieraiden osuus maan turismituloista on ollut noin 90 prosenttia.

Sarvikuonojen paluun myötä Ruandan turismielinkeino voi taas ylpeillä mahdollisuudella esitellä Akageran kansallispuistossa kuuluisaa *Viisi suurta- (The Big Five)* villieläinvalikoimaa. Kvintettiin kuuluvat leijona, norsu, sarvikuono, kafferipuhveli ja leopardi.

- Uwiringiyimana C. 2017. Rwanda brings rhinos back to boost tourism. Reuters, 2.5. 2017; https://uk.reuters.com/article/us-rwanda-tourism/rwanda-brings-rhinos-back-to-boost-tourism-idUKKBN17Y1YR

Luodeista kiikareihin: Hotelleilta tarjous metsästäjille

Erikoinen ja uraauurtava matkailuelinkeinon kädenojennus luonnonsuojelulle toteutettiin Kanadan läntisessä British Columbian osavaltiossa. *Bullets for Binoculars* (*Luodeista kiikareihin*) -ohjelmaan sitoutuneet hotellit tarjoavat kolmen vuorokauden luksuspaketteja metsästäjille, jotka luopuvat alueen tärkeimmän jahtikohteen harmaakarhun metsästyksestä.

Luonnonsuojelu on British Columbialle suosittua metsästystäkin tärkeämpi tulonlähde ja myös mielikuvamarkkinoinnissa keskeinen tekijä. Kanadassa on noin 15 000 harmaakarhua, joista puolet elää British Columbiassa. Harmaakarhu on meilläkin tavattavan ruskeakarhun (*Ursus arctos*) alalaji, joka on nimilajia kookkaampi ja väriltään vaaleampi.

Harmaakarhujen ohella British Columbiassa tavataan musta- ja ruskeakarhuja. Karhujahti metsästysmuistojen takia (*trophy hunting*) on luvanvaraista. Erityisesti harmaakarhun tappolupia on paljon vähemmän kuin jahtiin halukkaita metsästäjiä. Osavaltion hallitus järjestää vuosittain arpajaiset karhuntappoluvista.

Ainakin kaksi alueella toimivaa hotelliketjua tarjoaa karhunkaatoluvasta luopuvalle – ja pysyvästi karhujen taposta kieltäytymään sitoutuvalle – metsästäjälle kolmen vuorokauden luksuspaketin kahdelle hengelle ketjun hotelleissa. Pakettiin kuuluu täysihoidon lisäksi karhujen ja valaiden tarkkailuretkiä, kanoottimelontoja ja muuta luontoa vahingoittamatonta ulkoilmatoimintaa. Paketin hinta luksusmajoituksessa on yli 7 000 Kanadan puntaa eli yli 11 000 euroa. Harmaakarhun kaatoluvan vuosihinta on noin 71 puntaa eli noin 120 euroa.

- Reid J. 2017. Canadian hotels offer free stays to bear hunters willing to renounce their guns. Independent, 4.5.2017; http://www.independent.co.uk/travel/americas/canada-hotels-hunters-free-stays-bear-hunters-guns-nimmo-bay-a7715416.html

Luontomatkailu voisi parantaa Venäjän maakuvaa

Kansainväliset poliittiset ja taloudelliset kiistat ovat heikentäneet aikaisemmin maailman toisena johtavana suurvaltana tunnetun ja tunnustetun Venäjän maakuvaa, eivätkä sotilaalliset operaatiot ulkomailla tai erilaiset ulkomaalaisiin kohdistuvat pakotteet suinkaan helpota valtion mahdollisuuksia ystävällisten suhteiden luomisessa. Venäjä on kuitenkin paitsi jättikokoinen, myös niin luonnon kuin kulttuurin suhteen kiistatta yksi maailman kiinnostavimmista ja monimuotoisimmista maista, jolla pitäisi olla rajattomat mahdollisuudet matkailukohteena.

Venäjän luonnon laajat koskemattomat erämaat, lukuisat laajat kansallispuistot sekä YK:n ohjelmiin liitetyt perintökohteet esitellään kirjallisuudessa, mutta käytännön turismityötä venäläiskohteisiin tehdään suhteellisen vähän.

Luontomatkailun potentiaali Venäjän maakuvan kirkastajana olisi valtava, jos moninaiset aarteet osattaisiin esitellä ja markkinoida oikein – ja mikäli fyysiset esteet ulkomaalaisten saapumiselle maahan karsittaisiin. Konkreettisten esteiden ja rajoitusten karsiminen raivaisi varmasti myös psykologisia esteitä Venäjän matkailulta, mutta melkoisia muutoksia luontopotentiaalin hyödyntäminen edellyttäisi.

- McCaul J. 2018. 2018 travel predictions by tourism experts. Destinations International; https://destinationsinternational.org/2018-travel-predictions-tourism-experts?sthash.SWm4YO7u.mjjo

• Nikolaeva JV, Bogoliubova NM & Shirin SS. 2018. Ecological tourism in the state image policy structure. Experience and problems of modern Russia; Current Issues in Tourism, Vol. 21(5): 547–566; https://doi.org/10.1080/13683500.2015.1100588
• World Travel & Tourism Council & Oxford Economics. 2018. Global Economic Impact & Issues 2018; https://www.wttc.org/-/media/files/reports/economic-impact-research/documents-2018/global-economic-impact-and-issues-2018-eng.pdf

Karhu luontomatkan kohokohtana

Monen luontomatkailijan toiveissa on harvinaisten tai kuuluisien eläinlajien näkeminen niiden luontaisessa ympäristössä. Pohjoisen havumetsävyöhykkeen suurpedot ovat samanlainen vetovoimatekijä kuin afrikkalaisten safarien leijona- tai tiikerikokemukset. Suurpedot – meillä lähinnä karhu ja susi – ovat monelle ekoturistille erityinen haaste ja toive. Suurpetomatkailussa turistin ykköstavoite on tietysti kohde-eläimen näkeminen, mutta ei hinnalla millä hyvänsä.

Moni matkailija suostuisi maksamaan ylimääräistä hintaa, jos varmuus pedon kohtaamisesta paranee, vaikka hieman sääntöjä venyttämällä tai rikkomalla. Järjestäytyneen turismin säännöstössä korostetaan ennen kaikkea turvallisuutta, mutta niin kutsutut villit retkien järjestäjät saattavat ylittää rajoja sekä kuvainnollisesti että konkreettisesti toteuttaakseen maksavan asiakkaan toiveet.

Karhun (*Ursus arctos*) näkeminen on luontomatkojen kohokohta myös Japanissa. *Daisetsuzanin kansallispuistossa* järjestettävien retkien osallistujien toiveiden kartoituksessa paikallisen väestön ja muualta tulleiden vieraiden toiveissa havaittiin selvä ero. Paikalliset korostivat retkien turvallisuutta ja helppoutta, eikä karhun näkeminen ollut retkille itseisarvo. Kauempaa tulleet – monet erityisesti petojen takia tulleet vieraat – sen sijaan asettivat karhun näkemisen ehdottomaksi tavoitteeksi, jopa vaatimukseksi.

Muualta tulleet vieraat, jotka eivät tunne paikallisia olosuhteita, tahtoivat oppailta myös perusteellisia taustatietoja alueen luonnosta ja karhuista. Näille matkailijoille karhun näkeminen oli niin tärkeää, että oppaille ja retken järjestäjille oltaisiin valmiita maksamaan ylimääräistä korvausta pedon näkemisestä, vaikka kohtaaminen saattaisi koitua osallistujille vaaralliseksi tai edellyttäisi kansallispuistojen sääntöjen rikkomuksia kuten rajatuilta reiteiltä poikkeamisia.

Selvityksen tekijät korostavat karhuntarkkailukierrosten osuutta matkailun edistämisessä ja ennen kaikkea vieraiden tuomaa taloudellista hyötyä paikalliselle väestölle. Karhuretkien todetaan olevan *win-win* -tilanteita turisteille ja paikalliselle väestölle. Retkien ja sääntöjen rikkomisen vaikutuksista karhun tai muun luonnon hyvinvointiin ei selvityksissä mainita mitään.

- Kubo T & Shoj Y. 2016. Demand for bear viewing hikes: Implications for balancing visitor satisfaction with safety in protected areas. Journal of Outdoor Recreation and Tourism 16: 44–49; https://doi.org/10.1016/j.jort.2016.09.004

Palaun saarivaltioon vain passiin leimatulla, luonnon kunnioitukseen sitouttavalla leimalla

Tyynellä valtamerellä, Mikronesian saariryhmässä Australian ja Filippiinien välillä sijaitseva Palaun saarivaltio koostuu kahdeksasta suhteellisen kookkaasta ja noin 250 pienestä saaresta ja atollista. Palau on kasvattanut suosiotaan ekoturismin kohteena alueen kirkkaissa vesissä viihtyvän runsaan ja monipuolisen eläimistön ansiosta. Palau on suosittu etenkin sukellus- ja haidentarkkailuturismin kohteena.

Pieni saarivaltio myös ymmärtää luontonsa kauneuden ja monipuolisuuden arvoja ja on valmis radikaaleihinkin toimiin näitä arvoja varjellakseen. Konkreettinen luonnonsuojelutoimi on kattava kalastuskielto, joka koskee paitsi turisteja myös paikallista väestöä.

Ensimmäisenä valtiona maailmassa Palau aloitti vuonna 2017 käytännön, jossa saarille saapuvan matkailijan passiin leimataan luonnon kunnioituksesta ja luontoarvojen vaalimisesta kertova leima. Pääsy Palaun maaperälle sallitaan vasta, kun matkailija on allekirjoittanut tuon passiin leimatun sitoumuksen. Tekstin ovat laatineet saarivaltion lapset, ja maan presidentti tukee hanketta.

Palaun lapsille suunnatussa lupauksessa tulija lupaa – Palaun lasten vieraana – kunnioittaa ja suojella heidän kaunista saarikotiaan, liikkua varovasti ja käyttäytyä asianmukaisesti ja kunnioittavasti. Suojelun tarvetta korostetaan – ja viestin perillemeno varmistetaan – luonnonsuojeluaiheisella, jättiläissadun muotoon laaditulla videolla, joka näytetään Palaun saarille suuntautuvilla kansainvälisillä lennoilla.

Luonnon säilyminen on elintärkeää – jopa konkreettisesti, sillä korkokuvaltaan hyvin alavat saaret kuuluvat ensimmäisiin, jotka vajoavat valtameren syvyyksiin merenpinnan nousun jatkuessa ilmastonmuutoksen kiihtyessä.

Tämän päivän Palaulle luonto ja luontoturistit ovat talouden perusta. Palaun oma väkiluku on noin 20 000 henkilöä, ja vuoden 2017 turistien kokonaismäärä oli yli seitsenkertainen, noin 150 000 vierasta.

• Lin D. 2017. Palau becomes first country to require 'eco-pledge' upon arrival. National Geography, 18.12. 2017;
https://www.nationalgeographic.com/travel/destinations/oceania/palau/passport-stamp-ecotourism-pledge/

Elokuvista ja seikkailupuistoista vaarallisia odotuksia

Luonto-ohjelmat ovat television katsotuinta ja arvostetuinta tarjontaa, ja viime vuosina suurilla kankailla esitettävät luonto-dokumentit ovat saaneet paljon katsojia elokuvateattereissa. Elokuvissa seikkailevat myös fiktiiviset eläinhahmot, ja etenkin dinosaurusten ja muiden hirmuliskojen suosio on *Jurassic Park*- ja *Jurassic World* -elokuvien myötä yltänyt huimaan suosioon.

Elokuvien ja tv-hahmojen suosion myötä on syntynyt teema- ja seikkailupuistoja, joissa vierailijat pääsevät hyvin läheiseen kosketukseen otusten kanssa. Näissä tilanteissa monelle kävijälle syntyy mielikuva ihmisen ja eläimen kohtaamisista – ja tuo mielikuva on valitettavasti väärä – ja usein tosielämää ajatellen vaa-rallinen niin ihmisille kuin eläimillekin.

Luontoaiheiset filmit ja puistot ruokkivat ihmisten halua päästä niin lähelle eläimiä kuin suinkin. Halu koskettaa ja ruokkia eläimiä, ratsastaa tai uida eläinten kanssa, ja uusimpana villityksenä ottaa selfie-kuvia eläinten kanssa ovat yhä voimakkaammin luontoelämyksiä hakevien ihmisten mielissä. Niin todellisten kuin mielikuvituseläinten näkeminen lähikuvissa on samalla "lisännyt nälkää", eli ihmiset tahtovat nähdä yhä enemmän, yhä suurempia ja yhä vaarallisempia eläimiä – ja mitä lähempää, sitä parempi.

Filmien ja teemapuistojen ruokkima jännityksen ja äärimmäisten kokemuksien hakeminen eläinten parista on vaarallinen suuntaus tosielämän luontoturismia ajatellen – ja ennen kaikkea sekä ihmisen että eläinten turvallisuutta ajatellen. Matkanjärjestäjillä, matkailualan julkaisuilla ja muulla tiedonvälityksellä on paljon tehtävää totuudenmukaisen kuvan tarjoamisessa luontomatkailusta ja siitä, mitä ihminen voi tai saa luonnonvaraisten eläinten kanssa tai läheisyydessä tehdä.

Elokuvaturismi voi pilata maisemat

Menneisyyden ja mielikuvitusmaailman dinosaurusten ohella myös tämän päivän luontoteemoja esittelevät elokuvat ovat tärkeä kimmoke ekoturismille. Elokuvantekijät hakevat ymmärrettävästi kauniita ja/tai erikoisia maisemia tarinoidensa taustoiksi. Ja mitä komeammissa luontokulisseissa suosikkifilmit kuvataan, sitä todennäköisemmin elokuvien katsojat tahtovat päästä itse näkemään ja kokemaan nuo maisemat.

Tunnetuimpia elokuvien aikaansaamia luontoturismin "ryntäyksiä" on aiheuttanut *Taru Sormusten Herrasta (Lord of the Rings)* -elokuvatrilogia, jonka ansiosta Uuden-Seelannin matkailu on lisääntynyt merkittävästi – paikoin jopa ongelmiksi saakka. Tätä aikaisemmin vastaavan, ja yhä jatkuvan boomin aiheutti vuonna 2000 ensi-iltaan tullut, Danny Boylen ohjaama ja Leonado di Caprion tähdittämä *The Beach* -elokuva, jonka rantamaisemat on kuvattu Thaimaassa.

The Beach'in suosio on ollut jopa liian hyvä, ja suurten turistijoukkojen vyöry aikaisemmin rauhallisiin maisemiin on johtanut rannan ja maisemien saastumiseen ja pilaantumiseen, minkä takia Thaimaan viranomaiset ovat joutuneet sulkemaan alueen ja kieltämään matkailun alueelle. Massaturismiksi kasvaneen vierastulvan vaikutukset näkyivät dramaattisesti alkujaan luonnonkauniin saaren maisemassa ja eliökunnassa. Jopa 80 prosenttia rantavesien koralleista on tuhoutunut tai kärsinyt vakavia vaurioita veneiden ankkurien ja sukeltajien painon ja repimisen seurauksena, ja rannat roskaantuivat pahoin vieraiden jätteistä.

Elokuvien ja television suosikkisarjojen synnyttämää luontomatkailua tutkinut kreikkalainen, Kreetan yliopiston Luonnonhistoriallisen museon tutkija Maria Sakellari osoittaa, että valitettavan monen kuvauspaikan luonnon kantokyky ei kestä turistitulvaa. Thaimaan *The Beach* -rantojen sekä Yhdysvaltain Kalliovuorilla kuvatun *The Deliverance* (suom. Syvä joki) -elokuvan ja Jane Austenin kirjoihin perustuvan *Pride and Prejudice* (Ylpeys ja Ennakkoluulo) -tv-sarjan kuvauspaikkojen lisääntynyt matkailu on ollut alueille paitsi hetkellisesti taloudellinen piristysruiske, pitkällä aikavälillä luontoa kuluttava ja maisemia muuttanut ongelma.

Kreikkalaistutkija suosittelee elokuvantekijöille opastusta kuvauspaikkojen luonnon kestävyydestä. Matkailun ja ympäristönsuojelun asiantuntijoiden tulisi osallistua filmihankkeiden suunnitteluvaiheessa kuvauspaikkojen valintaan opastamalla paitsi elokuvan tekovaiheessa myös mahdollisten tulevien turistivierailujen vaikutuksia.

Suosikkifilmien ja -televisiosarjojen kuvauspaikoista voi tulla paikallisia tai jopa valtakunnallisen matkailun suurimpia valtteja. Vuonna 2011 aloitettu, yhdysvaltalainen ja suomalaisissakin televisioissa nähtävä fantasiadraamasarja *Game of Thrones* on erittäin suosittu ja arvostettu eri puolilla maailmaa. Sarja on paitsi katsojien suosikki myös arvostelijoiden ylistämä, mistä ovat osoituksena kymmenet *Emmy*-palkinnot ja *Golden Globe* -palkinto. Kahdeksaan tuotantokauteen venyneen sarjan kuvauksia on tehty eri puolilla maailmaa, mutta Irlanti ja Pohjois-Irlanti ovat pääpaikkoja.

Pohjois-Irlannissa *Game of Thrones* -turismi on merkittävä matkailuelinkeinolle. Hyvän ja pahan taistelujen kuvauspaikoilla vieraili vuonna 2016 ainakin 120 000 turistia, ja näiden matkojen ansiosta maa saa vuosittain noin 30 miljoonan punnan eli lähes 35 miljoonan euron matkailutulot. Sarjan viimeinen tuotantokausi kuvataan 2019, mutta Pohjois-Irlannin matkailuasiantuntijat uskovat filmiturismin jatkuvan kauas tulevaisuuteen.

Vastaavan turistiryntäyksen *Game of Thrones* on saanut aikaan Islannissa, jossa sarjan jaksoja kuvattiin koskemattomissa erämaamaisemissa, kansallispuistoissa sekä jäätiköillä, muun muassa kuuluisalla *Vattnajökull*-jäätiköllä.

Luontoturismi – ja ennen kaikkea fantasiasarjan ihailijoiden "pyhiinvaellusmatkat" kuvauspaikoille – on lisääntynyt Islannissa jopa yli 40 prosenttia vuodessa, ja tätä nykyä saarella käy vuosittain ulkomaisia matkailijoita enemmän kuin Islannin koko väkiluku. Pelko herkän pohjoisen luonnon kestokyvystä pakottaa Islantia jo asettamaan rajoituksia turismille matkailun taloudellisesta merkityksestä huolimatta.

- Focus Economics, 19.9.2017. The Icelandic economy and game of Thrones: Just what the master ordered; https://www.focus-economics.com/blog/iceland-economy-impact-of-tourism-game-of-thrones
- McDonnell F. 2018. 'Game of Thrones' worth £30m a year to North's tourism sector; The Irish Times, 10.5.2018; https://www.irishtimes.com/business/transport-and-tourism/game-of-thrones-worth-30m-a-year-to-north-s-tourism-sector-1.3490956?mode=amp
- Newsome D & Hughes M. 2017. *Jurassic World* as a contemporary wildlife tourism theme park allegory. Current Issues in Tourism 20(13) 1311–1319; https://doi.org/10.1080/13683500.2016.1161013
- Sakellari M. 2014. Film tourism and ecotourism: mutually exclusive or compatible? International Journal of Culture, Tourism and Hospitality Research 8(2): 194–212; https://doi.org/10.1108/IJCTHR-09-2013-0064

Suosikkirantojen sulkemisella luonnolle toipumisaikaa

The Beach -elokuvan vetovoima on jatkunut yli puolitoista vuosikymmentä, ja alueelle on matkannut päivittäin noin 200 laivalastillista, jopa 4 000 turistia. Koralleistaan ja kauneudestaan kuuluisa *Maya Bay* -ranta Phi Phi -saarilla ei kestä tällaista rasitusta, ja siksi alueen turismi kiellettiin Thaimaan kansallispuistoista ja luonnonsuojelusta vastaavan ministeriön päätöksellä neljän kuukauden ajaksi kesäkuusta 2018 alkaen. Kun rannan katsotaan toipuneen riittävästi, uudelle turistiaallolle asetetaan tarkat säännöt. Suunnitelman mukaan jatkossa The Beach -rannalle oli tarkoitus päästeää korkeintaan 2000 vierasta päivässä, ja veneiden ankkuroituminen merenpohjaan on tarkoitus kieltää korallien suojelemiseksi.

Hyvästä tarkoituksestaan huolimatta suojelusuunnitelma osoittautui riittämättömäksi Maya Bayn luonto ei toipunut määräaikaisen turismikiellon aikana. Lokakuussa 2018 Thaimaan kansallispuistoista ja luonnonsuojelusta vastaavat viranomaiset ilmoittivat The Beach -rannan pysyvän turisteilta suljettuna määräämättömän ajan, ehkä lopullisesti, sillä luonnontila ei ole palautunut rauhoitusaikana.

Maya Bay ei ole poikkeus. Vuoden 2018 alussa Thaimaan viranomaiset tarkastivat maan rantakohteiden tilaa, ja tulokset olivat hälyttäviä. Etenkin rantoja suojelevia ja biologista monimuotoisuutta lisääviä koralleja on suojeltava kulutukselta, ja siksi viranomaiset suosittelevat kaikkiaan 22 Thaimaan mereisen suojelu- ja erityisalueen kävijämäärien radikaalia rajoittamista. Jotta korallit pystyisivät toipumaan jo aiheutetuista vahingosta, turistien/vierailijoiden määrä tulisi rajoittaa korkeintaan kuuteen miljoonaan kävijään vuodessa.

Thaimaan kansallispuistoista ja luonnonsuojeluasioista vastaavan ministeriön päätöksellä maan rannikoiden turistikohteita on tarkastettu ja rannoille on laadittu hoito- ja suojeluohjeita. Turismin aiheuttaman kulutuksen takia monia kohteita suljetaan vierailuilta useiden kuukausien ajaksi joka vuosi. Esimerkiksi kuuluisalla *Krabin saarella*, jolla on kolme kansallispuistoa, suljetaan ainakin viisi rantakohdetta viideksi kuukaudeksi joka vuosi, ja osa turistien suosimista luonto- ja vaelluskohteista on suljettu vierailuilta määräämättömäksi ajaksi luonnon toipumisen varmistamiseksi.

Kansallispuistojen sekä luonto- ja rantakohteiden sulkemiset – ja siten aika luonnon toipumiselle ihmisten aiheuttamasta paineesta – ajoittuvat yleensä vuosittaiseen monsuunikauteen, jolloin turismin merkitys on joka tapauksessa vähäinen. Turismin saattaminen kestävälle, luontoa kunnioittavalle ja säilyttävälle tasolle on vaikeaa Thaimaalle, jonka taloudelle matkailulla on suuri merkitys.

Vuonna 2017 maassa vieraili 35 miljoonaa turistia. Määrä vastaa puolta Thaimaan väkiluvusta. Ennusteiden mukaan Thaimaan turistivirrat jatkavat kasvuaan, ja ekologian asiantuntijoiden mukaan maan matkailuelinkeinossa ollaan saavuttamassa murtumispiste, luonnon vahingoittamisen raja, jolta ei ole enää paluuta. Turismin osuus Thaimaan bruttokansantuotteesta oli vuonna 2017 yli 21 prosenttia, joten tiukkoihin määrällisiin rajoituksiin ei maassa helposti suostuta.

Vastaavia rajoitustoimia tarvitaan lähes kaikkialla Kaakkois-Aasian rannikoiden turisti- ja rantalomakohteissa. Pikaisiin toimiin korallirantojen täydellisen tuhon estämiseksi ryhdyttiin Filippiineillä, jossa kovista puheistaan ja teoistaan kuuluisuuteen noussut presidentti Rodrigo Duterte vaati kuuluisan *Boracayn* lomasaaren täydellistä sulkemista turisteilta ainakin puolen vuoden ajaksi. Valkeista hiekkarannoistaan tuttu Boracay on erittäin suosittu sekä filippiiniläisten että kansainvälisten turistien lomakohteena.

Vuonna 2017 Boracaylla vieraili kaksi miljoonaa turistia, ja liian suuren kävijämäärin jäljet näkyvät paitsi veden alla korallien murenemisena myös ympäristön roskaantumisena ja suoranaisena saastumisena. Filippiinien ympäristöministeriön mukaan ainakin 195 yrityksen – turistien kokonaismäärän mukaan laskettuna yhteensä miljoonien ihmisten – ja tuhansien paikallisten asukkaiden jätevedet johdetaan puhdistamattomina Boracayn rantavesiin, eikä kiinteiden jätteiden keräilyä ei ole kunnolla järjestetty. Presidentti Duterte kuvasikin maansa tunnetuinta lomasaarta likakaivoksi, jonka ei saa antaa pilaantua ylisuuren turistilaumojen takia.

Vuonna 2018 Boracayn tunnetuin kohde pidettiin suljettuna turisteilta neljän kuukauden ajan, mikä oli tilapäisyydestään huolimatta raskas isku pakalliselle elinkeinoelämälle ja väestölle. Tilapäinen turistisulku aiheuttaa Filippiineille miljardin dollarin tulonmenetykset.

Rikkaiden länsimaisten turistien juhlimispaikkana tutuksi tullut Boracay saatiin turistikiellon aikana siivotuksi, ja kattava jätevesien puhdistusverkosto on rakenteilla. Jatkossa Boracaylle päästetään kerrallaan vain rajoitettu määrä turisteja, joiden on noudatettava aivan uudenlaista rantalomakulttuuria.

"Uudella Boracaylla" on voimassa ankara roskaamiskielto, eikä rannan biletysjuhlissa sallita enää lainkaan alkoholia tai tupakointia. Luontoparatiisin tulevat vierailijat saavat luvan elää luonnon helmassa varsin luonnonmukaisesti ja luontoa kunnioittaen. Puhdistusoperaation osoittauduttua onnistuneeksi viranomaiset

avaavat Boracayn jälleen turismille – mutta nyt uusien sääntöjen alaisena – lokakuun 2018 lopulla.
- Crowley K. 2018. Filippiinien Boracay oli ennen turistien suosima paratiisisaari, mutta saasteet pilasivat rannan – nyt turisteja houkutellaan uudenlaisella ilmeellä; https://yle.fi/uutiset/3-10472286
- Ellis-Peters H. 2018. Can a tourist ban save DiCaprio's coral paradise from destruction? The Guardian, 25.2. 2018; https://www.theguardian.com/environment/2018/feb/25/can-tourist-ban-save-dicaprios-coral-paradise-thailand-maya-bay-philippines-boracay
- TravelMole, 2.4.2018. Thailand to close 'The Beach' to tourists; http://www.travelmole.com/news_feature.php?news_id=2031724&c=setreg&region=2
- TravelMole, 4.10.2018. Thailand's Maya Bay to stay closed indefinitely;https://www.travelmole.com/news_feature.php?news_id=2034291&c=setreg&region=2
- TravelWeekly, 18.5.2018. This famous tourist bay in Thailand closes soon for rejuvenation; www.travelweekly.com.au/article/this-famous-tourist-bay-in-thailand-closes-soon-for-rejuvenation/
- Wilson R. 2018. Has tourism in Thailand reached a tipping point? The Ecologist, 1.6.2018; https://theecologist.org/2018/jun/01/has-tourism-thailand-reached-tipping-point-asks-robynfwilson

5

EKOTURISMIN RISTIRIIDAT

Luontomatkailuun eläinten, ei turistien ehdoilla

Omakohtaisen tiedonhankinnan keinot ovat tätä nykyä lähes rajattomat, kunhan ekoturisti vain osaa etsiä oikeista ja luotettavista lähteistä. Matkanjärjestäjien tarjoamat esittelyt matkakohteista antavat ymmärrettävästi vain myönteisiä ja ylistäviä lausuntoja ja kuvia, ja samaa voidaan sanoa monien matkailusivustojen keskustelupalstoilla julkaistuista turistien omakohtaisista kertomuksista. Näillä esittelyillä ei kuitenkaan aina ole katetta todellisuuden kanssa, sillä negatiivisia ilmiöitä tai kokemuksia ei juurikaan jaella julkisuuteen.

Vastuullisen luontomatkailijan oppaita on lukuisia, ja näistä esimerkkinä voi mainita kokeneen luontomatkailijan, kirjailijan ja valokuvaajan Ian Woodin teoksen *Swimming with Dolphins, Tracking Gorillas. How to have the world's best wildlife encounters.* Kirjassa Wood kertoo yksityiskohtaisesti, missä ja milloin matkailija voi kohdata maailman kiehtovimpia luontokokemuksia – ja mikä tärkeintä, kirjassa kerrotaan, miten matkailijan tulee käyttäytyä elämyskohteissa luontoa kunnioittaen ja häiriötä tai vahinkoa tuottamatta.

Luontomatkailuun kuuluu katselukokemuksien ohella myös omakohtainen osallistuminen esimerkiksi uinnille delfiinien kanssa tai ratsastuskyyti norsun selässä. Norsuratsastuksissa ja sirkuksissa varsinkin takavuosina yleiset norsujen temppuesitykset saattavat näyttää eläimille huvilta tai ainakin helpolta ja vaarattomalta ajankäytöltä. Parin ihmisen kantaminen ei ole norsulle suuri fyysinen rasitus, mutta eläinten kohtelu muulloin kuin turistien kuljettamisen aikana on usein olla välinpitämätöntä ja julmaa.

Eri eläinten kohtelusta turistikohteissa on julkaistu paljon tietoa, joten vastuuntuntoinen matkailija voi jo etukäteen valita eläimiä kunnioittavia kohteita. Matkanjärjestäjien tai matkaoppaiden teksteissä ei kerrota esimerkiksi norsujen kohtelusta, jota voidaan kuvata yllättävän usein eläinrääkkäykseksi. Eräissä oppaissa on jopa kehotus välttää kaikkia norsuratsastuksia.

- TreadRight Foundation 2017. A Guide to Elephant Friendly Experiences for the Responsible Traveler;

  https://www.treadright.org/sites/default/files/Elephant%20Friendly%20Experiences%20-%20v2.pdf

- Wood I. 2012. *Swimming with Dolphins, Tracking Gorillas. How to Have the World's Best Wildlife Encounters.* 184 pp. Bradt Travel Guides.

Ekoturismi etsii uusia, kestäviä kohteita

Luontomatkailun suosion jatkuva kasvu on suuri mahdollisuus etenkin köyhille ja kehittyville maille, joille kansainvälisestä matkailusta voi muodostua pääelinkeino. Yksi "suurta ryntäystä" odottava luontomatkailun kohde on Tyynessä valtameressä, Australian pohjoispuolella sijaitseva Papua-Uusi-Guinean saarivaltio. Tämä trooppinen saariryhmä kuuluu maisemiltaan ja eliöstön monimuotosuudeltaan ehdottomiin *"hot spot"* -kohteisiin koko maailmassa.

Kansainvälisesti tunnettu turismin oppikirjojen kirjoittaja, australialaisen Southern Cross University -yliopiston tutkija Kevin Markwell toteaa katsausartikkelissaan Papua-Uuden-Guinean luonnon tarjoavan erittäin houkuttelevia mahdollisuuksia ekoturismille, koska saarilla on paljon endeemisiä, vain näillä saarilla tavattavia eliölajeja. Saarilla on paljon lintuja, nisäkkäitä, merieläimiä ja uusimpana houkutuksena rikas hyönteisten ja muiden selkärangattomien eläinten lajisto. Tällaisen luonnon aarreaitan hyödyntäminen turismin vetonaulana voisi olla Papua-Uudelle-Guinealle kansantalouden perusta.

Papua-Uusi-Guinea on vielä melko vähän tunnettu matkakohde, joka ei kuulu suuren matkanjärjestäjien painopistealueisiin – suuresta potentiaalista huolimatta. Tällaisessa tilanteessa valtion tulisi huolehtia matkailun organisoinnista ja nähtävissä olevien uhkien ennalta ehkäisystä. Muualta saatujen kokemuksien perusteella saarilla olisi vielä aikaa turvata luontonsa pysyvä hyvinvointi suunnittelemalla matkojen järjestelyjä ja rajoittamalla matkustajamääriä herkimmissä kohteissa.

- Markwell K. 2018. An assessment of wildlife tourism prospects in Papua New Guinea. Journal of Tourism Recreation Research, Published Online 10. January 2018;
http://www.tandfonline.com/doi/full/10.1080/02508281.2017.1420008

Ekoturismin ja luonnonsuojelun vaihtelevat tulokset

Luontomatkailun kehittämistä perustellaan usein keinona lisätä ja varmistaa alkuperäisen luonnon suojelua. Kahden – joskus vastakkaisenkin – tavoitteen yhteen sovittamisessa tarvitaan poliittisia, taloudellisia ja teknologisia keinoja. Avainasemassa on sekä suojelun että elinkeinoelämän toimijoiden ja tietysti myös potentiaalisten turistien tietoisuus keskeisistä tavoitteista ja arvoista. Onnistuakseen täyttämään suojelutavoitteita turismin on toimittava luonnon ehdoilla: Matkailijat eivät saa pilata ympäristöä esimerkiksi maiseman ja maaston kulutuksen tai roskaamisen kautta, eikä ihmisten vierailuista saa aiheutua merkittävää haittaa tai kärsimystä eläimille.

Paikallisen väestön tuki on ensiarvoisen tärkeää paitsi luonnonsuojelulle myös matkailulle. Myös ekoturismissa paikallisen yhteisön tulisi päästä konkreettisesti toimijoiksi muun muassa palvelujen tuottajina ja työntekijöinä. Jo vuosikymmeniä jatkunut luontomatkailun suosion kasvu on johtanut eri puolilla maailmaa sekä hyviin tuloksiin että katkeriin tappioihin niin luonnon kuin alkuperäisväestökin osalla.

Alan kattavimman yhteenvedon matkailun ja luonnonsuojelun etujen yhteen sovittamisesta tehnyt australialaisen Griffith University -yliopiston asiantuntijaryhmä analysoi kaikkiaan 70 tieteellisessä kirjallisuudessa ennen vuotta 2016 julkaistua tutkimusta aiheesta. Tulokset vaihtelevat kuten itse aihepiirikin.

Kattavassa selvityksessään tutkijat päätyvät kolmeen yleistykseen ja johtopäätökseen: 1) Ekoturismin ja luonnonsuojelun tutkimuksissa on keskitytty enemmän suojelun keinoihin kuin suojelun onnistumiseen, 2) Tutkimuksessa ja käytännön toteutuksessa on keskitytty enimmäkseen epäsuoriin toimenpiteisiin kuten matkailijoiden ja matkanjärjestäjien koulutukseen sekä paikallisen väestön sitouttamiseen yhteisiin tavoitteisiin. Sen sijaan tutkimuksia matkailun vaikutuksista luonnon eliöyhteisöjen hyvinvointiin tai muihin suoriin luontovaikutuksiin on selvästi vähemmän, ja 3) Valtaosa alan tutkimuksista on tehty kehittyvissä maissa, mutta pääosa tutkijoista on ollut kehittyneiden, rikkaiden maiden edustajia.

Lähes poikkeuksetta tavoitteet matkailun ja luonnonsuojelun yhdistämisessä hyväksytään yksimielisesti. Myös niin tiedon kuin toimenpiteiden tarpeet tunnetaan, joten keinot sekä luontoa että ihmisen tarpeita tyydyttävään kestävään ekomatkailuun ovat käytettävissä.

- Wardle C, Buckley R, Shakeela A & Castley JG. 2018. Ecotourism's contributions to conservation: analysing patterns in published studies. Journal of Ecotourism, Published Online 14 March 2018; https://doi.org/10.1080/14724049.2018.1424173

Ekoturismi lisää paikallisen väestön luontotietoisuutta

Yksi luontopainotteisen matkailun kulmakivistä on ollut luonnonsuojelun tehostaminen – osaksi matkailijoiden tuoman taloudellisen panoksen, osaksi turismin myötä lisääntyvän paikallisen luontotietoisuuden ansiosta. Tavoitteet ja saavutukset eivät välttämättä kulje käsi kädessä, vaikka väestö saataisiinkin luontomatkailulle suopeaksi. Ristiriitaa ekoturismin ja lisääntyvän luonnon arvostuksen ja toisaalta luonnonsuojelun välillä selvitettiin Karibianmerellä, ekoturismista kuuluisalla ja toiminnasta taloudellisesti riippuvaisella Trinidadin saarella.

Tutkijat selvittivät suorin haastatteluin ja tilastotietojen perusteella *Grande Riviere*n -nimisen kylän asukkaiden asenteita turistien vierailuista ja luonnonsuojelun tärkeydestä. Alueen matkailun vetonauloina ovat muun muassa äärimmäisen uhanalaisiksi luokitellut merinahkakilpikonnat (*Dermochelys coriacea*) sekä kanalintuihin lukeutuva trinidadinsaku (*Pipile pipile*).

Monet kyläläiset ovat hyötyneet taloudellisesti turistien vierailuista, ja siksi luontomatkailu koetaan myönteiseksi toiminnaksi. Ja koska ekoturistit tulevat saamaan erityisiä kokemuksia, luonnon monimuotoisuuden ja harvinaisten eliölajien säilyttämisen tärkeys ymmärretään.

Luontoasenteiden muuttuminen entistä myönteisemmiksi ei kuitenkaan ole juurikaan muuttanut käsityksiä paikallisen väestön oikeuksista ja mahdollisuuksista hyödyntää luontoa. Monet kyläläiset tahtovat jatkaa vanhastaan tuttua ja yleistä metsästystä myös ekoturismin kohdealueilla – vaikka metsästys kiistatta heikentää luontoarvoja ja siten myös kohteen vetovoimaisuutta turistien silmissä. Ekoturismin ylläpito ja kehittäminen vaatii paikallisen väestön vahvempaa sitouttamista luonnon suojeluun ja luontoa vahingoittamattomaan hyväksikäyttöön.

- Waylen KA, McGowan PJK, Pawi Study Group & Milner-Gulland EJ. 2009. Ecotourism positively affects awareness and attitudes but not conservation behaviours: a case study at Grande Riviere, Trinidad. Oryx 43(3): 343-351; https://doi.org/10.1017/S0030605309000064

Ekoturisteilla erilaisia motiiveja ja tarpeita

Luontomatkailu on käsitteenä hyvin laaja, ja vastaavasti ekoturisteiksi voidaan kutsua hyvin monenlaisin tavoittein tai toivein matkustavia henkilöitä. Yksi tärkeistä luontomatkailun motiiveista on halu nähdä – mahdollisimman hyvin ja läheltä – villieläimiä. Matkanjärjestäjät pyrkivät tietysti tarjoamaan tällaisia palveluja, mutta kohteiden valinnassa on otettava huomioon turistien taidot ja fyysinen suorituskyky – ja monesti myös valmius ottaa riskejä lähteä vaarallisillekin reiteille.

Todellisten – ja ehdottomasti myös vaarallisten – villieläinten katselu on tärkein motiivi matkustaa eteläafrikkalaiseen *Krugerin kansallispuistoon*, joka on kuuluisa erityisesti leijonistaan, sarvikuonoistaan ja norsuistaan. Osa matkailijoille räätälöidyistä villieläinmatkoista suuntautuu reiteille, joihin voi liittyä todellisia vaaroja. Matkanjärjestäjien on tunnettava paitsi tarjolla olevat reittivaihtoehdot myös safarille lähtevien turistien kyky ja halu osallistua hankalille tai riskialttiille vierailulle.

Eteläafrikkalaisen North West University -yliopiston tutkijat selvittivät yli kahdentuhannen Krugeriin matkanneen turistin taustoja kysymällä muun muassa kävijöiden motiivit saapua puistoon, ja millaisia ovat kokemukset, joita matkailija haluaa välittää muillekin ja jotka saavat vieraan palaamaan kohteeseen.

Tulosten perusteella matkailijat luokiteltiin ryhmiin, joille kullekin voidaan räätälöidä mahdollisimman hyvin toiveita ja realistisia toteutumismahdollisuuksia takaavat retkikohteet. Ekoturistit jaettiin kolmeen ryhmään: 1) Ihailijat, 2) Seikkailijat, 3) Harrastelijat (englanninkielisessä julkaisussa tutkijat käyttävät termiä *3A-typology*: *Adimirers, Adventurers, Amateurs*).

Kun luontomatkailijan motiivit ja valmius eri vaikeus- tai vaara-asteen retkiin selvitetään ennakolta, osallistujien mahdollisuus saada ikimuistoisia elämyksiä paranee huomattavasti. Eri tasoisten reittien suunnittelu ja markkinointi on Krugerista saatujen kokemusten mukaan syytä kohdentaa nykyistä, vain yleisellä tasolla safareja markkinoivaa käytäntöä paremmin spesifisesti juuri tiettyjä elämyksiä etsiville.

- Saayman M & Viljoen A. 2016. Who are wild enough to hike a wilderness trail? Journal of Outdoor Recreation and Tourism 14: 41–51; https://doi.org/10.1016/j.jort.2016.04.004

Ihmisen luontovaikutukset odottamattoman laajoja

Ihmisten läsnäolon ja toimintojen aiheuttamat äänet ovat malli-esimerkki vaikutuksistamme alkuperäisen luonnon eliöyhteisöihin. Pelkällä läsnäolollaan jo yksittäinen ihminen – suurista ryhmistä puhumattakaan – saa villieläimet valppaiksi, ja usein eläimet karttavat tai pakenevat vierailijoiden lähistöltä.

Niin ulkoliikunnan kuin luontoturisminkin tutkimuksissa on todettu etenkin arkojen lintu- ja nisäkäslajien välttelevän ihmisiä, ja monesti on mitattu "turvallista etäisyyttä" vierailijan ja luontokappaleiden välillä.

Tuollaisissa kartteluetäisyyksien mittauksissa ihmisen vaikutusta aliarvioidaan, sillä havainnot tehdään yleensä vain hetkellisesti ja hyvin suppealla alueella. Monesti ihmisen vaikutukset ulottuvat hetkellistä kohtaamista laajemmalle ja vaikutukset – yleensä haitat – kestävät kauemmin kuin vain sen lyhyen ajan, jonka ihminen on paikalla.

Yhdysvaltalaistutkijat selvittelivät matkailijoiden aiheuttamia häiriöetäisyyksiä Kalliovuorilla *Arcadia-* ja *Grand Teton- kansallispuistoissa*. Kolmen ekologisen mallin avulla todettiin, että erämaaluontoon suuntautuvat vapaa-ajan toiminnot ulottuvat paljon laajemmalle alueelle ja ajallisesti pitempään kuin vallitsevat käsitykset esimerkiksi vaellusreittien vaikutuksista olettavat.

- Gutzwiller KJ, D'Antonio AL & Monz CA. 2017. Wildland recreation disturbance: broad-scale spatial analysis and management. Frontiers in Ecology and the Environment 15(9): 517–524; https://doi.org/10.1002/fee.1631

Kielteiset vaikutukset yliedustettuina tutkimuksessa

Matkailun luontovaikutukset ovat kiistattomia, mutta johtopäätökset maisemien, kasvien ja eläinten kohtaloista näyttävät olevan turhan kielteisiä. Kestävän luontomatkailun nimissä harjoitettavasta turismista julkaistuista artikkeleista ja raporteista laaditussa yhteenvedossa arvioitiin 102 tutkimuksen tuloksia. Tutkimuskohteina oli kaikkiaan 99 eri eliölajia.

Tutkimuksien meta-analyysissä keskityttiin kolmeen näkökohtaan turismin ja luonnon kohtaamisissa: 1) Eläinten käyttäytymisen muutokset, etenkin pakoreaktiot ja ihmisten välttelemisen sekä ihmisten läsnäolon vaikutus eläinten ajankäyttöön, 2) Eläinten fysiologiset reaktiot ihmisen läsnäoloon. Tunnetuimpia ja tutkituimpia ovat hormonaaliset muutokset, esimerkiksi kortisolin ja muiden niin kutsuttujen stressihormonien pitoisuuksien ja aktiivisuuden määritykset, 3) Tutkimusmenetelmien tarkoituksenmukaisuus. Tutkijan omat intressit ja tausta vaikuttavat kohdevalintoihin ja tarkasteltaviin seikkoihin, mikä johtaa usein yksipuolisiin tulkintoihin. Monialaista ja monitieteistä tutkimusta tarvittaisiin enemmän.

Yhteenveto osoittaa, että tutkimustuloksissa korostuvat turismin negatiiviset vaikutukset luontoon, vaikka valtaosa ihmisen ja luontokappaleiden kohtaamisista on neutraalia, ja joskus matkailijoista voi olla hyötyäkin villieläimille. Esimerkiksi välttely- ja pakoreaktiot ovat tavallisesti hyvin lyhytaikaisia, ja eläimet palaavat entisille olinpaikoilleen heti ihmisten poistuttua. Tällaisesta edestakaisesta liikehdinnästä ei ole välttämättä eläimille rasitusta tai haittaa. Turistin läsnäolo saattaa karkottaa myös petoeläimiä, ja tällä on puolestaan myönteinen vaikutus potentiaalisten saaliseläinten turvallisuuteen.

Stressihormonien aktiivisuusmittauksilla saadaan kuva eläimen hetkellisestä fysiologisesta tilasta, mutta pitemmän aikavälin vaikutuksista nämä eivät kerro mitään. Stressitila on fysiologinen ja energiaa kuluttava rasitus, mutta hetkellisen paon vaikutusta yksilön hyvinvointiin on vaikeaa tai jopa mahdotonta tutkia.

Pakoreaktiot tai fysiologiset muutokset voivat heikentyä tai loppua kokonaan kohteissa, joissa villieläimet kohtaavat turisteja usein, ehkä jopa säännöllisesti samoihin aikoihin. Tottuminen ihmisiin lopettaa negatiivisiksi luokitellut reaktiot, mutta tämä ei ole välttämättä eläimelle eduksi.

Tottuminen ihmiseen johtaa samalla eläimen yleisen tarkkaavaisuuden heikkenemiseen, mikä puolestaan lisää eläimen riskiä joutua petojen saaliiksi.

Esimerkit eri osa-alueilla osoittavat, että turistien ja eläinten kohtaamisten vaikutuksissa tulisi lisätä pitkä- ja laaja-alaisten vaikutusten selvittelyä. Tämä edellyttää monitieteistä, ei yksinomaan turismioppiaineiden asiantuntijoiden osallistumista.

- Bateman PW & Fleming PA. 2017. Are negative effects of tourist activities on wildlife over-reported? A review of assessment methods and empirical results. Biological Conservation 211(Part A): 10–19; https://doi.org/10.1016/j.biocon.2017.05.003

Turismin kasvu ylittää Gálapagossaarten kestokyvyn

Kansainvälisen matkailun nopean kasvun haittapuolista on kritisoitu enimmäkseen lentoliikenteen aiheuttamaa ilmastokuormitusta, kaupunkien ruuhkautumista sekä varsinkin kuivien vyöhykkeiden hotellikeskittymien aiheuttamaa vesipulaa. Suuret turistijoukot voivat muuttaa paikkakuntien tai alueiden ominaispiirteitä niin paljon, että paikalliset asukkaat nousevat matkailuelinkeinoa vastaan.

Yli- tai liikaturismista (engl. *Overtourism*) puhutaan jo niin sanotusti suurin kirjaimin muun muassa Espanjan Barcelonassa, Italian Venetsiassa ja Ranskan Pariisissa, mutta liikaturismista on tullut ongelma myös ennen vain harvojen harrastuksena pidetyssä luontomatkailussa. Ekoturismin tunnetuin ja ilmeisesti houkuttelevin kohde *Gálapagossaaret* on ajautunut rajalle, jossa matkailijoiden määrää on ilmeisesti alettava rajoittaa luonnon kestokyvyn turvaamiseksi.

Ecuadorille kuuluvat Gálapagossaaret ovat 123 saaren muodostama ryhmä, jonka luonnon tunnetuin ominaisuus on endeemisten, vain näillä saarilla tavattavien eläin- ja kasvilajien runsaus. Gálapagossaaret on jäänyt historiaan paikkana, jonka eliöstöön tutustuminen johdatti Charles Darwinin evoluutioteorian kehittämiseen. Tätä nykyä saarten suurimpia vetonauloja ovat jättiläiskilpikonnat, iguaanit ja paratiisilinnut.

Eläimistön ominaispiirre, joka on tietysti turistien mieleen, on eläinten pelottomuus. Pitkään täysin muun maailman ulkopuolella sijainneiden saarten eläimistöllä ei ole ollut vihollisia, joten eläimet ovat pelottomia myös ihmisten suhteen. Maihin nousseet turistit voivat kävellä kuuluisien eläinlaumojen keskellä aivan lähietäisyydellä. Sääntöjen mukaan eläimiin koskeminen tai niiden ruokkiminen on kiellettyä. Mutta myös läheiset kohtaamiset ovat vaarallisia eläimille. Riski tarttuvien tautien leviämiseen ihmisten mukana on erittäin suuri.

Aikaisemmin Gálapagossaarille suuntautuva turismi perustui laivamatkoihin, joilla ei edes noustu maihin saarille. Mutta tilanne on viime vuosina muuttunut, ja nyt lentomatkailijoiden määrä ylittää laivaturistien määrän, ja vuonna 2016 laivamatkoille osallistujien määrä oli jopa edellisvuosia pienempi. Kokonaisuutena

Gálapagos-matkojen määrät ovat nousseet nopeasti. Saarille suuntautuville matkoille osallistujien määrä kasvoi vuosien 2007 ja 2016 välillä kaikkiaan 39 prosentilla – 161 000 matkailijasta yli 225 000 kävijään. Saarille maihin nousseiden matkailijoiden – lentokoneilla saapuneiden sekä rantautuneiden risteilymatkustajien – määrä nousi 92 prosentilla.

Tätä nykyä saarille turisteja tuovia, toimintaan rekisteröityjä aluksia on noin 80. Laivat ovat suhteellisen pieniä, sillä suurin sallittu yhden matkan osallistujamäärä on 100 henkilöä. Laivojen rantautumisesta on tarkat säännökset, ja vieraat saavat liikkua saarilla vain koulutettujen oppaiden johdolla.

Matkailijatulvan aiheuttaman ongelman vakavuutta kuvaa se, että Gálapagossaarille saapuvien turistien määrän rajoittamista vaatii jopa saarten matkailuelinkeinon harjoittajien yhdistys (*International Gálapagos Tour Operators Association*; IGTOA). Yhdistys lähetti helmikuussa 2018 kirjeen Ecuadorin matkailuministerille vaatien valtiovallan toimia turismin hillitsemiseksi. Perusteluna vaatimukselle, joka näyttäisi olevan alan omaa etua vastaan, on liikaturismin aiheuttama paine saarten ainutlaatuiselle eläimistölle ja muulle luonnolle.

Suuntaviivoja matkailijatulvan kehitykselle ja ilmeisen välttämättömille rajoituksille saatiin Ecuadorin hallituksen tilaamasta kansainvälisten asiantuntijoiden selvityksestä saariryhmän ekologisten ja yhteiskunnallisten suhteiden tilasta. Tutkimuksessa yhdysvaltalainen *University of North Carolina at Chapell Hill* - yliopisto ja ecuadorilainen *Universidad San Francisco de Quito* - yliopisto keräsivät taustatietoja saaren luonnon tilasta, matkailijamääristä sekä ennen kaikkea tämän päivän tilanteesta ihmisen ja luonnon kohtaamisessa ja vuorovaikutuksessa.

Yliopistojen yhteisesti ylläpitämän *Galapagos Science Center* -tutkimuskeskuksen tavoitteena on antaa Ecuadorille työkaluja turismin kestävän käytön mukaisessa kehittämisessä vuoteen 2033 saakka. Yksiselitteisiä määrällisiä lukuja turistien vierailuista tutkimukseen ei sisälly.

Suurten matkailijajoukkojen suora haitta koituu häirinnästä ja joskus myös luvattomasta eläinten ruokkimisesta. Epäsuorasti turismi uhkaa lajistoltaan ainutlaatuisten saarten luontoa lisäämällä vieraslajien kotiutumisen riskiä. Korvaamatonta haittaa on jo todistettu, kun vieraslaji on syrjäyttänyt peräti 99 prosenttia saarilla tavattavan endeemisen (vain näillä saarilla tavattavan) *Scalesia*-lajin hallitsemasta metsäalasta.

Vieraslajien riskiä lisäävät laivojen painolastivesien tyhjentäminen mereen, muukalaislajien saapuminen suoraan matkailijoiden tai liikennevälineiden mukana ja myös yhä kasvavien turistimäärien huoltoon tarvittavien rahtikuljetusten mukana. Turismia palvelevan infrastruktuurin kuten tiestön, hotelli- ja liikehuoneistojen ja asumusten rakentaminen vähentää luonnontilassa olevaa osuutta luonnonsuojelulle pyhitettyjen saarten alasta.

Liikaturismin vaarat ymmärrettiin jo vuosia sitten, ja arvovaltaisimpana vaikuttajana YK:n Kasvatus- tiede- ja kulttuurijärjestö (UNESCO) liitti vuonna 2007 Gálapagossaaret *vaarassa olevien perintökohteiden* listalle. Tämä riskistatus kuitenkin poistetiin jo vuonna 2010, mutta ei suinkaan turismitilanteen helpottumisen takia. Ja vuonna 2016 UNESCO julisti ja varoitti, ettei Ecuadorin valtio tee riittävästi suojatakseen Gálapagossaarten ainutlaatuista luontoa turismin rasituksilta.

Vuoden 2018 alussa uutistoimisto CNN sekä kansainvälinen matkanjärjestäjä Fodor's suosittelivat, etteivät turistit lähtisi

Gálapagossaarille alueen herkän luonnon haavoittuvuuden takia. Gálapagossaarten turismi on sekä Ecuadorin valtiolle että paikalliselle väestölle taloudellinen elinehto. Gálapagoksen ekoturismin vuotuinen arvo nousee ainakin 550 miljoonaan dollariin.

Matkailuelinkeinoa on johdettu ja ohjailtu massojen tarpeiden ja kysynnän mukaan. Matkanjärjestäjien alati kasvavaa tarjontaa tukevat eri maiden ja alueiden poliittiset päättäjät, jotka uskovat saapuvien turistien määrän merkitsevän taloudellista hyvinvointia – riippumatta siitä, kestääkö alue tai kohde suuria massoja. Matkailuelinkeinon piirissä kyllä keskustellaan liikaturismista, ja esimerkiksi marraskuussa 2017 Lontoossa järjestetyssä *World Tourism Market* -tapahtumassa teemaa käsiteltiin useissa tapaamisissa. Mutta elinkeinon hinku yhä suurempiin matkustajamääriin jatkaa alan johtotähtenä.

Varoituksia alkaa kyllä kuulua alan sisältäkin. Brittiläisen riippumattomien matkanjärjestäjien liiton (*The Association of Independent Tour Operators*; AITO) puheenjohtaja Derek Moore "nostaa kissan pöydälle" ja vaatii turismielinkeinoa kohdentamaan kehittämissuunnitelmansa kestävälle pohjalle, liikaturismia ja massojen aiheuttamia haittoja välttäen.

- Koumelis T. 2018. International Galapagos Tour Operators Association calls for caps on tourism growth. TravelDailyNews International, 16.4. 2018; https://www.traveldailynews.com/post/international-galapagos-tour-operators-association-calls-for-caps-on-tourism-growth
- Marek M. 2017. Tourism: Boon or threat for the Galapagos? Deutsche Welle 6.1.2017; http://m.dw.com/en/tourism-boon-or-threat-for-the-galapagos/a-36930500

- Moore D. 2017. Comment: Overtourism, and our role to make it stop. TTG (Travel Trade Gazette) Media; https://www.ttgmedia.com//news/news/comment-overtourism-and-our-role-to-make-it-stop-12347
- Walsh SJ & Mena CF. 2016. Interactions of social, terrestrial, and marine sub-systems in the Galapagos Islands, Ecuador. PNAS (Proceedings of the National Academy of Sciences of the United States of America) 113(51): 14536–14543; https://doi.org/10.1073/pnas.1604990113

Luonnonpuistoilla kansainvälistä yhteistyötä

Rajatuilla alueilla toimivat, villieläimistä huolehtivat luonnonpuistot voivat auttaa uhanalaisia ja harvinaisia eläinlajeja jopa kaukana lajien kotiseuduilta. Maailman eläintarhojen verkoston ylläpitoa perustellaan periaatteella, että pahimmillaan jopa sukupuuttoon kuolemisen partaalla olevien lajien viimeiset yksilöt voivat säilyä hengissä ja parhaassa tapauksessa lisääntyä tuottaakseen tulevaisuudessa luontoon kotiutettavia jälkeläisiä.

Samanlainen tärkeä tarkoitus on villieläinpuistoilla, joita pidetään yleensä vain luonnosta kiinnostuneiden matkailijoiden vierailukohteina. Näissäkin puistoissa ylläpidetään harvinaisten eläinten populaatioita, ja monilla yksiköillä on kiinteitä yhteistyösuhteita uhanalaisten asukkiensa alkuperäisiin kotimaihin. Onnistunut esimerkki luontomatkailun ja alkuperäisen luonnonsuojelun yhteistyöstä on Irlannin tasavallan etelärannikolla, Corkin piirikunnassa.

Fota Wildlife Park -puisto on laajuudeltaan 40 hehtaarin laajuinen matkailu- ja virkistyskohde Corkin kaupungin läheisyydessä. Puisto on erittäin suosittu. Vuonna 2017 puistossa vieraili lähes 4670 000 kävijää. Yksi puiston vetonauloista on uhanalainen sumatrantiikeri (*Panthera tigris sumatraea*), jolle syntyi vuonna 2016 vankeudessa harvinainen jälkeläinenkin.

Fota Wildlife Park on tiiviissä yhteistyössä Indonesiassa sijaitsevan luonnonsuojelualueen kanssa, ja irlantilaiset lahjoittavat vuosittain merkittäviä summia turistikohteesta saatuja tuloja kaakkoisaasialaisen luonnonsuojelun – sumatrantiikerin kotiseudun – hyväksi. Vuonna 2016 Fotan puisto tuotti voittoa 730 000 euroa ja saattoi lähettää kymmeniä tuhansia euroja aasialaisten tiikerien avustamiseen.

Indonesian lisäksi Fota Wildlife Park avustaa taloudellisesti kahta paikallisen väestön kanssa solmittua luonnonsuojelun ja yhteiskunnallisen kehityksen hanketta Vietnamissa.

- O'Halloran B. 2017. Profits at Fota Wildlife Park roar ahead as visitor numbers rise. The Irish Times, 27.11.2017; http://www.irishtimes.com/business/transport-and-tourism/profits-at-fota-wildlife-park-roar-ahead-as-visitor-numbers-rise-1.3306169

Kestävä ekoturismi luonnonsuojelualueilla

Matkailun ja alkuperäisen luonnon suojelun välinen yhteys on tätä nykyä hyvin vahva, eikä jatkuvasti suosiotaan kasvattavaa ekoturismia voi ajatellakaan ilman kansallispuistoja ja muita lakisääteisesti suojeltuja alueita. Kansainvälisen luonnonsuojelun "lippulaivoina" voidaan pitää YK:n Kasvatus-, tiede- ja kulttuurijärjestön (UNESCO) ylläpitämää ja vahvistamaa *biosfäärialueiden* (engl. *Biosphere Reserve*) verkostoa. Nämä ovat luonnonoloiltaan rikkaita ja sijaintialueilleen ominaisia kokonaisuuksia – kestävän kehityksen mallialueita – joissa ihmisen toiminta on vähäistä ja tarkoin säädeltyä. Suomessa on kaksi vahvistettua kohdetta, Pohjois-

Karjalan biosfäärialue (perustettu 1992) ja Saaristomeren biosfäärialue (perustettu 1994).

Ekoturismille biosfäärialueet ovat avoimia, mutta niin yksityisen kuin kaupallisen matkailun on noudatettava tiukkoja suojelumääräyksiä. Yhtenäisiä, kaikille alueille samanlaisina sovellettavia määräyksiä tai ohjeita ei kuitenkaan voi olla alueiden erilaisuuden takia. Yleistä, kaikkea matkailutoimintaa suojelualueilla kattavaa ohjeistusta kuitenkin tarvitaan suunnittelun ja toteutuksen pohjaksi.

Ruotsalaisen Karlstadin yliopiston Maantieteen laitoksen tutkijat ovat selvittäneet biosfäärialueiden yleisiä ominaisuksia ja vaatimuksia, joita turismille on tällaisilla alueilla asetettava. Maailmassa oli vuoden 2017 kesällä yhteensä 669 biosfäärialueiden verkostoon hyväksyttyä kohdetta 120 valtion alueilla, joten luonnonolojen – ja samalla suojeluvaatimuksien – kirjo on laaja. Tutkimuksessa selvitettiin biosfäärialueiden luonnon, luonnonsuojelun ja ekoturismin yhteensovittamisen mahdollisuuksia ja ehtoja kahdeksassa kohteessa Costa Ricassa, Guatemalassa, Intiassa, Kiinassa, Malesiassa, Meksikossa ja Panamassa.

Biosfäärialueiden luonnonolojen ja paikallisväestön erilaisuudesta huolimatta tutkijat pystyivät erittelemään ominaisuuksia, joita niin luonnon kuin ihmisten läsnäolon ja toiminnan sekä toisaalta ulkopuolelta alueelle suuntautuvan turismin tulisi täyttää. Alkuperäisen luonnon suojeluun voidaan säätää määräykset ja ohjeet, joiden perusteet kaikkien osapuolten on helppo ymmärtää. Sen sijaan matkailutoiminnan sosio-ekonomisten vaikutusten – paikallisväestön sitouttamisen ja mukaan ottamisen turismin ylläpitoon – arviointi ja toimenpideohjeiden laatiminen voi olla vaikeaa. Työpaikkojen ja palvelujen järjestämisessä eriarvoisuus väestön

keskuudessa on jokseenkin väistämätöntä, ja siksi asenteissa turismia kohtaan on usein paljon epäluuloa ja vas-tustusta.
- Hoppstadius F & Dahlström M. 2015. Processes of Sustainable Development: Ecotourism in Biosphere Reserves. Journal of Environmental and Tourism Analyses 3(1): 5–25; http://jeta.rev.unibuc.ro/wp-content/uploads/2013/03/JETA_2015_3_1.pdf

Skotlanti panostaa metsien ennallistamiseen
Luontomatkailusta tuloja satoja miljoonia vuodessa
Brittein saarten pohjoisimpien osien luonto on opittu tuntemaan laajoina, ihmiskäden koskemattomina ja karuina erämaina, mutta tätä nykyä ihmisen kulttuurivaikutukset näkyvät lähes kaikkialla. Kuuluisan Ylämaan alueen metsät ovat aikoinaan olleet laajoja yhtenäisiä ekosysteemejä, joiden kasvisto ja eläimistö ovat saarivaltakunnassa ainutlaatuisia.

Mäntypuiden hallitsema *Caledonian Forest* -metsävyöhyke on käsittänyt 15 000 neliökilometrin alueen, mutta tätä nykyä tästä metsästä on säilynyt luonnontilaisena enää noin yksi prosentti. Ylämaata markkinoidaan yhtenä Euroopan parhaista erämaaturismin kohteista, ja siksi koko ylänköä ja sen metsiä halutaan paitsi suojella enemmiltä muutoksilta myös palauttaa alkuperäiseen villiin asuunsa.

Vuonna 2017 Skotlannin luonnon suojelua ja luontomatkailua edistävä *Trees for Life* -järjestö liittyi koko Euroopan luonnon ennallistamishankkeita koordinoivaan *European Rewilding Network* -yhteisöön. Caledonian Forest -metsien hoito ja uudistamisistutukset ovat hankkeen päätavoitteet, joista on saavutettu jo hyviä tuloksia. Vanhojen, tuhottujen metsien uudistamiseksi on istutettu 1.3 miljoonaa puuta, ja 50 erillisellä alueella istutetaan taimia viimeisten, yli 200-vuotisten ja kuolemassa olevien puuvanhusten tilalle.

Koko Ylämaan alue ja Caledonian Forest erityisesti ovat Skotlannin luontoarvoihin painottuvan matkailun kulmakivi, jonka merkitys on suuri sekä maan maineelle että taloudelle. Metsäaluetta on markkinoitu nimikkeellä "Euroopan Amazonia", ja koskemattomat vaellusmaisemat vetävät paitsi kotimaisia myös ulkomaisia matkailijoita. Luontomatkailu tuo Skotlannille vuosittain lähes 300 miljoonan punnan tulot. Luontomatkailun arvo tunnustetaan, ja siksi skotit ovat valmiita myös tinkimään muista hankkeistaan maisemien säilyttämiseksi.

Tuulivoimaloiden maisemavaikutukset puhuttavat

Tarve uusiutuvan, saasteettoman ja ehtymättömän energian tuotantoon kasvaa kaikkialla, ja tällä sektorilla tuulivoimaloilla on vankka asema. Korkeat ja kauas näkyvät – ja joskus meluisuudestakin syytetyt – tuulimyllyt ovat kiistatta maisemaa hallitseva elementti monilla erämaa-alueiksi luokiteltavilla vuoristoseuduilla ja merenrannikoilla. Monista eduistaan huolimatta tuulivoimaloita myös vastustetaan. Luonnonsuojelullisista syistä vastustus on keskittynyt lintutuhoihin, sillä varsinkin muuttoaikoina lintuparvien reiteille rakennetut myllyt tappavat lintuja.

Skotlannissa vuorten huipuille hyviin tuulioloihin rakennetut voimalat ovat herättäneet keskustelua luontoturismille aiheutettavasta haitasta. Ulkoilu- ja luontomatkailun harrastuksia edistävä *Mountaineering Scotland* -yhteisö on laatinut raportin, jossa todetaan energiantuottajien vääristelevän tuulivoimaloiden vaikutuksia. Tutkimuksia on tehty alueilla, joilla tuuli-myllyillä ei ole tai ei voi toiminnan puuttuessa ollakaan kielteisiä vaikutuksia luontomatkailuun. Tällaisilta alueilta saatuja tuloksia on kuitenkin käytetty pohjana arvioitaessa myös maisemallisesti herkkien kohteiden mahdollisuuksia tuulienergian tuotannossa.

Etujärjestön selvityksillä ja kannanotoilla on ollut vaikutusta. Neitseellisen luonnon arvoihin perustuvan matkailun vaatimuksia on hyväksytty, eikä kaikkia suunniteltuja myllyjä ole rakennettu, ja osa toimivista voimaloista on purettu alkuperäisten luonnon arvojen palauttamiseksi.

- Gordon DS. 2017. Wind farms and tourism in Scotland: A review with a focus on mountaineering and landscape. Mountaineering Scotland. 46 sivua; https://www.mountaineering.scot/assets/contentfiles/media-upload/Wind_farms_and_tourism_in_Scotland_-_a_review,_Nov_2017_20171106.pdf
- Trees for Life, 15.12.2017. Boost for Scotland's international reputation for wilderness and wildlife; https://treesforlife.org.uk/news/article/boost-for-scotlandrsquos-international-reputation-for-wilderness-and-wildlife/

"Viimeinen mahdollisuus" -turismi

Tätä nykyä jo kaikkialle, maapallon syrjäisimmillekin seuduille ulottuva ja yhä kiihtyvä ihmisen toiminta on muuttanut ympäristöä ja eliölajiston mahdollisuuksia voimakkaasti, ja valitettavasti kehityksen tahti on yhä kiihtymässä. Muutoksen nopeus ja dramaattisuus – usein peruuttamattomuus, pahimmillaan eliölajien kuoleminen sukupuuttoon tai saarten vajoaminen valtamereen merenpinnan noustessa – on luonut matkailuelinkeinoon erityisen haaran, "Viimeinen mahdollisuus -turismin" (*Last Chance Tourism*).

Tunnetuin ja useimmin Viimeinen mahdollisuus -turismin kohteena markkinoitu alue on *Australian Suuri valliriutta*, jonka kohtalona on vähittäinen ja valitettavasti viime vuosina nopeutunut tuhoutuminen ilmastonmuutoksesta johtuvan meriveden lämpenemisen, mantereelta tulevan rehevöittävän kuormituksen, liikakalastuksen ja valitettavasti myös turismin tuoman paineen vaikutuksista. Suuri valliriutta on maapallon eliölajiston rikkaimpia *hot spot* -alueita, jonka biologisten arvojen köyhtyminen ja ainakin osittain väistämätön tuhoutuminen on johtanut kansainvälisen turismin lisääntymiseen.

Nopeat ja usein maallikonkin silmin havaittavat ympäristön kielteiset muutokset ja ennustukset tilanteen muuttumisesta tämän päivän todellisuutta pahemmaksi vaikuttavat sekä kokeneiden matkailijoiden että potentiaalisten turistien asenteisiin ja suunnitelmiin. Tietoisuus planeettamme tilasta ja tulevaisuuden synkistä ennusteista kannustavat valitsemaan matkakohteita, joiden arvostetuimmat ominaisuudet kuten luonnon monimuotoisuus (*biodiversiteetti*) tai kauniit maisemat uhkaavat kadota.

Yhdysvalloissa tehdyssä tutkimuksessa todettiin suuren osan matkailijoista tai matkoja suunnittelevista valitsevan kohteita, joiden arvokkaimpien ominaisuuksien kohtalona on väistämätön heikkeneminen tai tuhoutuminen. Arvostetun ja laajalti toimivan matkailualan MMGY Global -organisaation kyselytutkimuksessa 36 prosenttia yhdysvaltalaisista kertoi aikeistaan osallistua "Viimeinen mahdollisuus" -matkoille.

Huoli maapallon luontoarvojen lopullisesta tuhosta ja samalla tahto matkustaa tällaisia kohteita näkemään on voimakkainta niin kutsutun Y-sukupolven edustajilla, 1980-luvun ja 1990-luvun puolivälin tienoilla syntyneillä nuorilla aikuisilla (*milleniaaleilla*). Tämän ikäryhmän edustajista 51 prosenttia ilmoitti aikovansa matkustaa katoamassa oleviin kohteisiin. Milleniaalien vanhemmat – eli X-sukupolven edustajat – tunnistavat ja tunnustavat nykytilanteen ja tulevaisuuden synkät ennusteet, ja tämän ikäryhmän edustajista 36 prosenttia kertoi halustaan tai aikomuksistaan osallistua "Viimeinen mahdollisuus" -matkalle.

Tunnettuja, katoamassa olevia kohteita ovat Australian Suuren valliriutan lisäksi muun muassa Malediivien saariryhmä Intian valtameressä, The Glacier National Park -kansallispuisto Montanassa Yhdysvalloissa sekä napa-alueiden jäätiköt. Kulttuurikohteista tunnetuin lienee Italian Venetsia, jossa merenpinnan nousun haitat ovat jo nähtävissä.

Pohjoisten merijäätiköiden ennätyksellisen nopea sulaminen ja jääpeitteisen ajan lyheneminen ennustavat arktisen alueen pysymistä sulana kautta vuoden. Pohjoisnapa ja Pohjoinen jäämeri uhanalaisine jääkarhuineen ja mursuineen ovat muodostuneet viimeinen mahdollisuus -turismin kohteeksi.

Tarjontaa tällaisille, hyvin vaikeasti saavutettaville kohteille tarjoaa muun muassa Venäjän ydinteollisuuden jättiläinen *Rosatom*, jonka ydinkäyttöisillä jäänmurtajilla on kuljetettu kansainvälisiä turistiryhmiä pohjoisnavalle vuodesta 1991 lähtien. Tätä nykyä kerrallaan enintään 1290 hengen retkikuntia kuljettaa maailman suurin ydinkäyttöinen alus, *50 Let Pobedy*, ja 11 vuorokauden matkasta turistit maksavat jopa yli 40 000 dollaria.

- Love K. 2017. Visit the world's most fragile wonders before it's too late. *Forbes*, 1.2.2017; https://www.forbes.com/sites/levelup/2017/02/01/visit-the-worlds-most-fragile-wonders-before-its-too-late/#226c9f0b7b4a

- Nilsen T. 2018. Five nuclear-powered voyages to melting North Pole. The Barents Observer, 18.4.2018; https://thebarentsobserver.com/en/travel/2018/04/five-nuclear-powered-voyages-north-pole

- Piggot-McKellar AE and McNamara KE. 2017. Last change tourism and the Great Barrier Reef. Journal of Sustainable Tourism 25(3): 397–415; https://doi.org/10.1080/09669582.2016.1213849
- Rokou T. 2017. 36 percent of U.S. travellers feel it is important to visit "vanishing destination" before they disappear; TravelDailyNews International, 29.5.2017; https://www.traveldailynews.com/post/36-percent-of-us-travelers-feel-it-is-important-to-visit-vanishing-destinations-before-they-disappear

Uuden-Kaledonian koralliriutat valmistautuvat turismiin

Maailman laajimmalla merellisellä suojelualueella Uudessa-Kaledoniassa on Australian Suuren valliriutan kaltainen, erittäin monimuotoinen kokonaisuus, joka on toistaiseksi suurelta osalta vielä luonnontilassa. Neitseellisyys on kuitenkin uhattuna, sillä Ranskan erityisalueisiin lukeutuvan Uuden-Kaledonian hallitukselle on myönnetty entistä vapaammat kädet alueensa käyttöön ja elinkeinorakenteen kehittämiseen. Odotetusti toiveet ovat kääntyneet turismiin, joka on toistaiseksi vähäistä.

Alueen arvokkain merenalaisen luonnon osa on *Korallimeri*, joka on säilynyt niin suorilta kuin epäsuorilta ihmisen vaikutuksilta. Toisin kuin lähes kaikilla muilla maailman merien koralliriutoilla, täällä ilmastonmuutoksen kiihdyttämä meriveden lämpeneminen ei ole aiheuttanut laajaa ja tuhoisaa korallien vaalenemista. Myöskään kalastuksen tai turismin aiheuttamat paineet eivät heikennä alueen koskemattomuutta. Maailman koralliekosysteemien alasta enää noin kolme prosenttia on säilynyt luonnontilaisena, ja tästä neitseellisestä luonnosta kolmasosa sijaitsee Uuden-Kaledonian Korallimerellä.

Korallimeren luonto on hyvin monimuotoinen, ja matalien atollisaarten ominaispiirteenä pidetään runsasta ja näyttävää linnustoa. Lintujen aiheuttaman "typpilannoituksen" katsotaan olevan osaselitys sille, että Korallimeren vedenalainen luonto on säilynyt lämmenneessä merivedessä. Luonnontutkijat ovat nyt huolestuneita suunnitteilla olevan laajamittaisen risteilylaivaliikenteen ja suurten turistijoukkojen vaikutuksista.

Jos risteilyliikenne vilkastuu, vieraat häiritsevät väistämättä lintujen pesintää. Paikallisen tutkimuslaitoksen asiantuntijat esittivätkin arvovaltaisen *Nature*-tiedelehden keskustelupalstalla vetoomuksen Uuden-Kaledonian hallitukselle ekoturismin tarkasta suunnittelusta ennen risteilyliikenteen aloittamista. Varoitus on varmasti aiheellinen, sillä Uuden-Kaledonian vesillä toimi vuoden 2017 aikana 217 risteilyalusta, jotka kuljettivat merelle noin 600 000 vierasta.

Kalastus- ja turismirajoituksia ennen matkailijaryntäystä

Luontoasiantuntijoiden esitykset ja varoitukset on myös huomioitu. 14.8.2018 Uuden-Kaledonian hallitus julkisti sitovat ohjeet ja määräykset Korallimeren kalastukselle ja turismille. Uusi-Kaledonia käsittää 1.3 miljoonaa neliökilometriä koralliriuttojen hallitsemia merialueita. YK:n Kasvatus-, tiede- ja kulttuurirahaston (UNESCO) *Maailmanperintöohjelmaan* sisällytetty luonnonpuisto on maailmanlaajuisesti erityislaatuinen alue, jossa on noin kolmasosa maapallolla koskemattomina säilyneistä koralliriutoista. Tiukimman suojelun ja käyttörajoitusten piiriin sisällytettiin 28 000 neliökilometrin koralliriutat.

Uuden Kaledonian Korallimeren tyypillisiä ja suojelua vaativia lajeja ovat korallien lisäksi muun muassa ryhävalas (*Megaptera novaeangliae*), jopa 1.5 metrin pituiseksi ja parisataakiloiseksi kasvava liemikilpikonna (*Chelonia mydas*) sekä monipuolinen linnusto. Kaikkiaan alueella tavataan yli 9300 meressä elävää eläinlajia, joista kaloja on 1700 lajia sekä 473 erilaista korallia.

Uudet suojelu- ja toimintaohjeet rajoittavat kalastusta ja massaturismia, mutta pienimuotoinen, tarkoin valvottu ekoturismi sallitaan jatkossakin.

- Borsa P, de Forges BR & Baudat-Franceschi J. 2018. Keep cruises off remote reef rich in fish and birds. Nature 558: 372; doi: 10.1038/d41586-018-05453-x
- Reuters, 14.8.2018. New Caledonia restricts tourism, bans fishing at Pacific reefs; https://www.reuters.com/article/us-newcaledonia-environment/new-caledonia-restricts-tourism-bans-fishing-at-pacific-reefs-idUSKBN1KZ0KQ
- The International Ecotourism Society, 26.4. 2016. Why tourism should do more for endangered species; http://www.ecotourism.org/news/why-tourism-should-do-more-endangered-species

Ekoturistien retket tieteellisen tutkimuksen apuna

Luontomatkailun kohteiden valinnassa matkailijoiden nähtävissä olevien eläinten lajistolla ja lukumäärillä on keskinen osa. Matkanjärjestäjät saavat tietoa parhaista ja tarkoituksenmukaisimmin saavutettavista elämyksistä aikaisemmin julkaistuista tutkimuksista ja kuvauksista. Tieteellisen, asiantuntijoiden hankkiman ja varmentaman tiedon merkitys matkakohteen markkinoinnissa on tärkeää, mutta yhteistyö voi toimia myös päinvastoin – matkanjärjestäjiltä tutkijoille.

Hollantilais-englantilainen tutkijaryhmä selvitti internetissä julkaistuista, TripAdviror -matkailusivustolla julkaisujen kuvausten sekä suorien eläintentarkkailumatkoille osallistuneiden henkilöiden haastattelujen avulla, kuinka luotettavasti ekoturistien elämysmatkoilla tehdyt havainnot kertovat meren suurikokoisten nisäkkäiden, kalojen ja lintujen lajikoostumuksesta ja yksilömäärästä. Laaja aineisto, kaikkiaan 1 027 tarkkailumatkalta, kerättiin vuosina 2011–2015.

Tutkimuksen kohdealueena oli Brittein saarten lounaisin kolkka Cornwallin rannikolla, jossa suosituin eläintentarkkailumatkojen kohde on *Mount's Bayn* merialue. Monivuotiseen aineistoon saatiin satoja TripAdvisor -sivuston kuvauksia sekä suoria, merellä tarkkailumatkojen aikana tehtyjä haastatteluja. Turistien havaintojen ja kuvausten lisäksi jokaiselta matkalta merieläinten määriä ja liikkeitä havainnoi ja kirjasi kaksi aluksella vakituisesti toimivaa, merieläinbiologiaan erikoistunutta henkilöä. Eläinhavaintojen tarkat sijaintitiedot saatiin aluksen GPS-satelliittipaikannuksella.

Jopa tuhansien kilometrien pituisista vaelluksista ja elinpiirien laajuudesta johtuen useimpien merieläinten kannanarviot ja tiedot eri lajien esiintymisalueista ovat puutteellisia ja hajanaisia jopa parhaiten tutkituilla ulappa- ja rannikkovesillä. Virallisten tutkimusorganisaatioiden ja yksittäisten tutkijoiden mahdollisuudet kattaviin, pitkäaikaisiin selvityksiin ja seurantoihin ovat rajallisia, ja siksi säännöllisiä tarkkailumatkoja tekevät turistialukset voivat olla merkittävä lisä biologisen perustutkimuksen aineistoon.

Cornwallin rannikolla turistimatkoilla tehdyt havainnot toivat tutkijoille uutta tietoa usean eläimen ja eläinryhmän populaatioiden koosta, liikkuvuudesta ja elintavoista. Varsin vähän tutkituista lajeista esimerkiksi jättiläishain (*Cetorhinus maximus*) esiintyminen rannikkovesissä painottuu suhteellisen lyhyeen jaksoon syksyisin, kun taas eriskummallisesta ulkonäöstään kuuluisa möhkäkala (*Mola mola*) on matalissa vesissä etenkin kesällä, kun taas merinahkakilpikonnaa (*Dermochelys coriacea*) voi tavata satunnaisesti minä vuodenaikana tahansa.

Luontomatkailijoiden havainnot ja kertomukset toivat uutta tietoa myös pyöriäisen (*Phocoena phocoena*) elämästä, kun pitkäaikainen maallikkohavainnointi paljasti merinisäkkään suosivan matalia rantavesiä lisääntymiskaudella nuorten poikasten hoiva-alueina. Ekoturismin varjopuoliin kuuluvasta luonnonvaraisten eläinten häirinnästä saatiin tietoa seuraamalla rissondelfiinien eli harmaadelfiinien (*Grampus griseus*) emojen ja nuoren poikasten herkkyyttä ihmisen läsnäoloon ja lähestymiseen.

- de Boer MN, Jones D, Jones H & Knee R. 2018. Spatial and temporal baseline information on marine megafauna-data facilitated by a wildlife tour operator; Open Journal of Marine Science 8(1): 76–113; doi: 10.4236/ojms.2018.81005

Tutkimusjulkaisut aarrekartta rikollisille

Luontomatkailun kohteiden valinta ja hoito edellyttävät tarkkaa tutkimusta, jonka perusteella nähtävyyksiä voidaan hoitaa ja seurata. Tieteellisen tutkimuksen tärkeimpiä periaatteita ovat luotettavuus ja avoimuus, mutta tulosten julkaiseminen voi olla itse pääasialle eli luonnon arvokohteille ja harvinaisuuksille kohtalokasta. Varsinkin tieteelle tai jollekin maantieteelliselle alueelle uusina eläin- ja kasvilajeina kuvatuissa julkaisuissa esitetään yksityiskohtaisesti paikkojen sijainti, usein tarkkoine koordinaatteineen.

Tutkijakollegoille suunnatun tarkan tiedon leviäminen vääriin käsiin – täysin luvallisesti tieteen avoimuuden ansiosta – johtaa pahimmillaan väärinkäytöksiin ja luonnon rikolliseen riistoon. Nykysuuntauksen mukaisesti yhä useamman tieteellisen tutkimuksen tulokset julkaistaan vapaasti internetissä luettavissa olevilla foorumeilla (niin kutsuissa *Open Access* -julkaisusarjoissa), joten tutkijoiden ja päätöksentekijöiden lisäksi myös salametsästäjät, laittomien metsänhakkuiden tekijät ja muut rikolliset saavat miltä tahansa tietokoneelta nähtäväkseen kiinnostavimpien ja usein ainutlaatuisten eliöiden sijainti- tai esiintymispaikat.

Harvinaisten lajien esiintymispaikkojen tarkkoja kuvauksia julkaistaan paljon myös matkaoppaissa ja ekoturismin kohdeluetteloissa, joissa on lisäksi yksityiskohtaiset tiedot teistä ja väylistä, joiden kautta biologisten aarteiden lähelle helpoimmin pääsee. Näitä oppaita lukevat luonnon tarkkailijoiden ja valokuvaajien lisäksi myös ammattirikolliset ja laittomuuksiin taipuvat luontoharrastajat.

Matkaoppaiden rikollisesta väärinkäytöstä on vaikea saada todisteita, mutta monet tapaukset osoittavat tällaisen toiminnan olevan valitettavan yleistä. Esimerkiksi Britanniassa on julkaistu useita matkaoppaita ja karttoja harvinaisten ja uhanalaisten lintulajien esiintymispaikoista. Ja joka kesä saamme valitettavia uutisia harvinaisten lintujen, etenkin petolintujen tappamisista ja harvinaisten linnunmunien ryöstelyistä oppaiden osoittamilla alueilla.

Ekoturismin suosion myötä yhä suuremmat ihmisjoukot hakeutuvat luontokohteisiin, ja samalla paineet ja vaarat luonnon säilymiselle kasvavat. Massaturismin aiheuttamat luontovauriot tunnetaan ja aihetta on paljon tutkittu, mutta luontoharrastuksen ja virkistyskäytön ja toisaalta matkailualan kysynnän, tarjonnan ja luonnon kestokyvyn välille on vaikea määritellä yksiselitteisesti oikeita suhteita ja pelisääntöjä.

Oppia pitäisi ottaa niistä valitettavan monista tapauksista, joissa huonosti suunniteltujen ja toteutettujen luontomatkojen ja ekoturismin kohteiden haitat on kerrottu julkisuuteen. Mutta luonto käsitetään yhteiseksi, kaikille avoimeksi hyödykkeeksi, ja siksi kynnys rajoitusten ja kieltojen asettamiseen on korkea.

Onneksi tunnemme myös paljon tapauksia, joissa luonnonsuojelulla ja turismilla on yhteiset tavoitteet – kuten kaikissa kohteissa tulisi olla – ja joissa toteutus on onnistunut sekä ekologisesti että taloudellisesti kestävällä tavalla. Laajassa ja sekä aihepiireiltään että alueellisesti kattavassa selvityksessään skotlantilaisen Aberdeenin yliopiston tutkijat Enrico Pirotta ja David Lusseau esittelevät esimerkkejä kohteista, joissa matkailu on edistänyt luonnonsuojelua sekä luonnon että ihmisen taloudelle edullisin tavoin.

Luontomatkailua voidaan ohjailla lainsäädännöllisin ja viranomaismääräyksin, ja toiminnan rajoja voidaan säädellä myös veroilla tai taloudellisilla tukitoimilla. Luonnon hyvinvointi ja luonnonsuojelun edistäminen pysyvästi kestävin tavoin voi onnistua myös tapauksissa, joissa matkailuelinkeino onnistuu maksimoimaan taloudelliset tuloksensa.

- Lindenmayer D & Scheele B. 2017. Do not publish. Science 356(6340): 800–801; DOI: 10.1126/science.aan1362
- Pirotta E & Lusseau D. 2015. Managing the wildlife tourism commons. *Ecological Applications* 25(3): 729–741; https://doi.org/10.1890/14-0986.1

Luontoretkeilijä on ihan muuta kuin "rinkkasatiainen"

Suomen erittäin laajat ja maailmanlaajuisestikin ainutlaatuiset jokamiehenoikeudet mahdollistavat vapaan luonnossa liikkumisen ja luonnonvarojen monipuolisen hyödyntämisen. Oikeus retkeillä ja myös yöpyä toisen mailla on elinehto pitkille vaelluksille, myös viime vuosina nopeasti yleistyneille maastopyöräretkille. Vaeltajien tulo yksityismaille ei aina miellytä maanomistajia, ja joskus retkeilijöitä pidetään ei-toivottuina vieraina.

Pahimmillaan vaeltajia tai retkeilijöitä voidaan pitää jopa vitsauksena. Luontokirjailija ja valokuvaaja Jorma Luhta muisteli Metsälehden artikkelissaan pohjoissuomalaisen kunnanjohtajan luonnehdintaa vaeltajista "rinkkasatiaisina", jotka vaeltelevat erämaissa omissa oloissaan, omine eväineen ja jotka sitten huristelevat tiehensä jättämättä paikkakunnalle penniäkään.

Käsitys luonnossa retkeilevien ja vaeltavien vieraiden hyödyttömyydestä paikalliselle elinkeinoelämälle on pahoin hakoteillä. Useimmiten esimerkiksi Lappiin vaelluksille tai pyöräretkille saapuvat vieraat majoittuvat ennen maastoon lähtöä hotellissa, hankkivat ruokaa ja tarvikkeita ja yöpyvät majoituslaitoksessa myös vaelluksensa päätyttyä, ennen kotimatkaa. Selvitysten mukaan Lapissa jokamiehenoikeuksin vaellusretkellä käyvä turisti jättää alueelle keskimäärin tuhat euroa, joten luonnehdinta retkeilijöistä "verovaroin kustannettujen retkeilyrakenteiden ilmaiskäyttäjinä" on väärä ja suorastaan solvaava.

Asenne luontomatkailuun ja luontoturisteihin voi olla kielteinen myös paljon rahaa erämaaretkille käyttäviä vieraita kohtaan. Luontomatkailu määritellään tätä nykyä niin laajasti, että käsitteen alle mahtuvat muun muassa järjestäytyneet moottorikelkkavaellukset. Moottoroitu maastossa liikkuminen aiheuttaa väistämättä meluhaittoja, joista voivat kärsiä sekä eläimet että ihmiset.

Paljon rahaa syrjäseuduille tuovan moottoroidun turismin oikeutusta voi arvostella, sillä melu ja "luonnoton liikenne" vähentävät tai paikoin jopa tuhoavat Suomen luonnon kansainvälisen matkailumaineen suurinta valttia eli luonnonrauhaa.

- Luhta J. 2018. Näkemisen arvoista. Metsälehti Makasiini 4/2018: 62–65.

Intia kehittää ekoturismia kaupungistuvalle väestölle

Nopean väestönkasvun ja kaupungistumisen Intiassa on havahduttu tarpeeseen tarjota luontoelämyksiin perustuvia palveluja paitsi ulkomaisille, eksotiikkaa hakeville turisteille myös oman maan kansalaisille. Aikaisemmin maaseudun haja-asutukseen pohjanneen, yli 1.3 miljardin asukkaan väestön yhteydet alkuperäiseen luontoon ovat heikentyneet, ja siksi luontoon painottuvien vapaa-ajan toimintojen kysyntä kasvaa. Luontomatkailu on uutta valtaosalle kehittyvän jättivaltion asukkaista, ja siksi asiantuntijat ja viranomaiset ovat heränneet ymmärtämään ekologisen tiedon ja luonnon kunnioittamisen määrätietoisen opetuksen merkityksen.

Maan läntinen, väkirikas ja taloudellisesti intialaista keskiarvoa varakkaampi Maharastran osavaltio näyttää esimerkkiä luonnon ja ihmisen kohtaamisessa tarvittavista toimista. Osavaltioon perustetaan laaja ekoturismiin perustuvien kohteiden verkosto, ja lisäksi koululaisille ja opiskelijoille kehitetään kestävän käytön periaatteet täyttäviä luonnon hyödyntämisen ja luonnossa käyttäytymisen ohjelmia.

Maharastran osavaltion metsä- ja luontoasioista vastaavat viranomaiset julkistivat huhtikuussa 2018 peräti 320 ekomatkailuun keskittyvän kohteen kehittämissuunnitelman ja aikataulun. Koko osavaltion kattavan verkoston tulee olla toimintakunnossa vuoteen 2022 mennessä. Toimiakseen ja täyttääkseen tavoitteensa luonto- ja kulttuurikohteet on varustettava vieraiden tarvitsemilla palveluilla, ja lisäksi laaditaan sekä yleiset että kohdekohtaiset, kestävän matkailun pelisääntöjen mukaiset ohjeet ja määräykset.

Ekoturismin vaikea löytää paikkaa hallinnossa
Intian ympäristö- metsä- ja ilmastonmuutosasioista vastaavan ministeriön kaavailuissa monen osavaltion kunnianhimoiset suunnitelmat ekoturismin kehittämisessä ovat saaneet ristiriitaista käsittelyä. Ekoturismi on metsälain (metsiensuojelulain; *Forest Conservation Act,* 1980) nojalla virallisesti määritelty kategoriaan "ei-metsätalouteen liittyvät toiminnot", joiden lupamenettelyt ovat hyvin tiukkoja, ja erilaiset lupamaksut ovat kalliimpia kuin metsätalouden hankkeissa. Ekoturismi kuitenkin mielletään ja hyväksytään osaksi luonnonsuojelua, jolla on puolestaan hyvin suuri painoarvo Intiassa. Vaikeutettu lupamenettely ja korkeat kustannukset uhkaavat monia luonnonsuojelun kannalta myönteisiä hankkeita.

Metsätalouden ja "ei-metsätalouden" hankkeiden välinen ristiriita vaikeuttaa myös Intian kansalliseläimen bengalintiikerin (*Panthera tigris tigris*) suojeluun keskittyvän kansallispuiston toimintaa ja kehittämistä. Kansallinen tiikerien suojelusta vastaava viranomainen (*National Tiger Conservation Authority*; NTCA) onkin vedonnut ministeriöön, jotta kansallispuistoja koskevat asiat siirrettäisiin vaikeasti luonnonsuojelussa sovellettavan metsälainsäädännön sijasta luonnonsuojelulain (*Wildlife Protection Act;* 1972) piiriin.

Intian leijonat levittäytyvät – ja villi turismi rehottaa
Suuret kissapedot ovat ekoturismin näyttävimpiä ja etsityimpiä vetonauloja, ja siksi esimerkiksi Afrikan villieläinsafareilla ja Intian tiikeriensuojelualueilla vieraileville pyritään järjestämään mahdollisimman varma kohtaaminen eläinten kanssa. Monilla villieläimille varatuilla suojelualueilla on aidattuja sektoreita, joihin

halutuimpia eläimiä suljetaan safarien onnistumista varmistamaan. Intiassa suosituimpia ja tunnetuimpia ovat tiikerien suojelualueet, joita on kansallispuistojen lisäksi jättivaltion eri puolilla. Vähemmän tunnettua on, että Intiassa on myös elinvoimainen – ja koko Aasian ainoa – aasianleijonan (*Panthera leo persica*) kanta.

Gujaratin osavaltiossa sijaitseva, 1482 neliökilometrin laajuinen *Girin suojelualue* perustettiin vuonna 1965. Leijonien määrät ovat vuosien saatossa vaihdelleet suuresti, vähittäisestä taantumisesta jopa sukupuuton partaalle ja viime vuosien nopeaan kannan voimistumiseen. Tätä nykyä Girin kansallispuistossa on yli 500 leijonaa, eikä rajattu suojelualue enää riitä näille eläinten kuninkaille. Leijonien levittäytyminen erityisalueen ulkopuolelle aiheuttaa ongelmia paikalliselle väestölle, sekä suorana turvallisuusuhkana että taloudellisesti petojen syödessä karjaa. Ongelmaksi on noussut myös epävirallinen, täysin valvomaton leijonaturismi.

Valvotun suojelualueen ulkopuolella järjestetään leijonaretkiä kohteisiin, joissa petoja useimmin havaitaan. Retket ovat vaarallisia sekä osallistujille että leijonille, joita lähestytään maastoajoneuvoilla. Leijonia on menehtynyt Girin ulkopuolella petojen jouduttua maanteillä tai junaradoilla yli-ajetuiksi, ja myös viljelyksiä ympäröivät sähköaidat tappavat petoja.

Halu nähdä leijona luonnossa on niin vahva vetonaula, että turistit ovat valmiita maksamaan epävirallisille, laittomasti toimiville "safariyrittäjille" moninkertaisia maksuja verrattuna Girin virallisiin pääsymaksuihin. Suuret rahat houkuttelevat jobbareita ottamaan riskejä – niin turisteille kuin leijonille – jotta himoittu kohtaaminen varmistuisi.

- Pandit S. 2018. 320 new eco-tourism sites by 2022, say forest department officials. The Times of India, 24.4.2018; https://timesofindia.indiatimes.com/city/pune/320-new-eco-tourism-sites-by-2022-say-forest-department-officials/articleshow/63887367.cms?&utm_source=Articleshow&utm_medium=Organic&utm_campaign=Related_Stories

- Perinchery A. 2017. Tourist safaris disturb Kabini's wildlife, warn experts. The Hindu, 19.8.2017; http://www.thehindu.com/sci-tech/energy-and-environment/tourist-safaris-disturb-kabinis-wildlife-warn-experts/article19524861.ece

- Ramchurjee NA. 2013. Impacts of ecotourism in Rajiv Gandhi National Park (Nagarhole), Karnataka. Environment, Development and Sustainability 15(6): 1517–1525; https://doi.org/10.1007/s10668-013-9449-x• Venkataraman M. 2018. The endangered Asiatic lion faces a new threat: wildlife tourism. The Hindu 7.4. 2018; www.thehindu.com/sci-tech/energy-and-environment/the-endangered-asiatic-lion-faces-a-new-threat-wildlife-tourism/article23455067.ece

6

HÄIRINTÄ OLETETTUA YLEISEMPÄÄ

Linnut ovat herkkiä häiriöille

Lakisääteisesti muodostettujen suojelualueiden päätarkoitus on turvata eliölajiston menestymistä, mutta hyvin usein suojelusäännöksiin liitetään matkailullisia ja muita ihmisen tarpeita ajavia perusteita. Valitettavasti hyvää tarkoittava suojelu voi kääntyä päätarkoitustaan vastaan. Näin käy, jos erityisesti matkailua edistämään perustettujen suojelualueiden suosio kasvaa hyvin suureksi.

Massaturismin myötä ihmisen aiheuttamat häiriöt kuten melu ja roskaantuminen lisääntyvät, millä on varmasti alkuperäisen luonnon itseisarvoja ja eläinten hyvinvointia heikentävä vaikutus. Näin on käynyt esimerkiksi monimuotoisesta luonnostaan ja erityisesti endeemisistä eli vain tietyllä paikalla tavattavista eläimistään kuuluisalla Madagascarin saarella.

Afrikan itärannikon tuntumassa sijaitsevalla Madagascarin saarella suurin toivein ja elein avatun *Ranomafanan kansallispuiston* tavoitteeksi asetettiin luontomatkailun kehittäminen ja turismin kautta saatavien varojen käyttäminen saaren lukuisten uhanalaisten eliölajien suojelun tehostamiseen. Ranomafana on yksi Madagascarin luonnon monimuotoisuuden rikkaimmista keskittymistä, niin kutsutuista *hot spot* -kohteista. Ylevää suojelutarkoitusta varjostaa kuitenkin tutkimustieto, jonka mukaan hyvin suositiuksi tulleen kansallispuiston kävijät aiheuttavat vakavaa haittaa ainakin herkimmille eläimille.

Tutkija selvitti matkailijoiden kiinnostusta herättäviin säihkylintuihin lukeutuvan pittamarhi-linnun (*Atelornis pittoides*) kohtalo. Vuosi vuodelta lisääntyvän luontoturistien virran tarpeita varten kansallispuiston hoidosta vastaavat ovat karsineet kasvillisuutta maassa pesivän, värikkään ja helposti havainnoitavan pittamarhen pesimäpiireistä. Avoimessa maastossa vierailijat pääsevät näkemään haluamansa kaunokaisen, mutta linnulle tämä huomio ei sovi.

Kolmella eri alueella tehdyissä seuranoissa pittamarhien pesinnän häiriintyminen turistireittien läheisyydessä on johtanut lisääntymiskäyttäytymisen muutoksiin, joiden seurauksina on ollut poikastuotannon heikkeneminen ja vakavimmillaan pesien hylkääminen. Luontomatkailijoiden toiveita palveleva uhanalaisten lintujen pesien paljastaminen näkyville on odotetusti lisännyt myös petojen mahdollisuuksia päästä hävittämään munia ja poikasia.

- Razafimahaimodison JC. 2003. Biodiversity and ecotourism: Impacts of habitat disturbance on an endangered bird species in Madagascar. Biodiversity 4(4): 9–16; http://dx.doi.org/10.1080/14888386.2003.9712704

Lintujentarkkailu kehittyy paikallisen väestön tuella

Vaikka Madagascar on tunnettu ja suosittu ekoturismin kohde ainutlaatuisen eliöstönsä ansiosta, saarelta löytyy uusia, potentiaalisia matkailukohteita. Erityisesti harvinaisen linnuston vetovoimaan luotetaan *Kinkony-järven* ja *Mahavavy-joen* alueilla, joissa hyvin monipuolinen vesi-, kosteikko- ja metsäluonto tarjoaa elintilaa useille uhanalaisille ja jopa äärimmäisen uhanalaisille, hyvin harvinaisille lintulajeille. Osa lajeista on *endeemisiä* (kotoperäisiä), eli näitä lajeja ei tavata missään muualla maapallolla. Harvinaisuuksien varaan ollaan kehittämässä "neitseelliseen luontoon" ekoturismia yhteistyössä kansallisten ja kansainvälisten luonto- ja matkailuasiantuntijoiden ja paikallisen väestön kanssa.

Luontomatkailun kehittäminen aloitetaan paikalliset olosuhteet ja ennen kaikkea paikallisen väestön tarpeet ja toiveet huomioiden, joten näin voidaan välttää muualla tehtyjä virheitä. Paikalliset asukkaat ovat olleet yllättyneitä kotiseutunsa linnuston ainutlaatuisuudesta ja ovat innolla tarjoamassa palveluksiaan myös muualta tulleiden lintuharrastajien käyttöön. Turismi saadaan näin hyödyttämään väestön tarpeita, joten asenteet turisteihin ja turisteille tärkeisiin lintuihin ovat myönteisiä.

Se, että lintujen tarkkailijat eivät muuta luonnon olosuhteita tai häiritse lintuja, varmistetaan jo ennakkosuunnittelulla. Uudelle alueelle kehitettävän ekoturismin luontoasiantuntemuksesta vastaavat – madagascarilaisten matkailuyrittäjien apuna – *Bird-Life International* -järjestön kansainväliset sekä paikallisyhdistyksen edustajat.

Mahavavy-Kinkony -alue kuuluu kansainväliseen tärkeiden lintujensuojelualueiden verkostoon (*Important Bird and Biodiversity Area*) sekä YK:n koordinoimaan kansainväliseen *RAMSAR*-kosteikkojensuojeluohjelmaan.

- BirdLife International, 2.2.2018. "Safari Birding": an ecotourism revolution in Madagascar; https://www.birdlife.org/worldwide/news/safari-birding-ecotourism-revolution-madacascar

Hiljaiset vaeltajatkin saattavat häiritä eläimiä

Syrjäisillä seuduilla, joilla ihmisiä on vähän, jo yksittäisen kulkijan liikkuminen tai läsnäolo saattavat olla paikalliselle eläimistölle stressiä aiheuttava häiriö. Suomessa on tutkittu vaellusreittien vaikutusta Oulangan kansallispuiston linnustoon. Vertailussa oli aikaisemmin tarkoilla linja-analyyseillä selvitettyjen lintupopulaatioiden lajisto retkeilyreittien läheisyydessä sekä kaukana kaikista vakiintuneista ihmistoiminnoista olevilla alueilla.

Lintujen reaktiot osoittautuivat lajityypillisiksi. Lintujen kokonaismäärissä ei havaittu eroa vaellusreittien ja koskemattoman luonnon kohdealueiden välillä, mutta ihmistoiminnan vaikutuspiirissä lintulajisto vakiintuu erilaiseksi kuin täysin luonnontilaisilla, muuten vertailukelpoisilla alueilla.

Lintujen reaktioita ihmisen läsnäoloon määrää erityisesti pesintä – ja nimenmaan pesäpaikka ja -tyyppi. Lajit, jotka rakentavat avoimen pesän maahan, ovat herkimpiä häiriöille, ja tällaiset lajit väistyvät tai karttavat vaellusreittien läheisyyttä. Sen sijaan puissa pesivät lajit sietävät ihmisen vaikutusta paremmin, ja tällaisten lajien määrät ovat vaellusreittien läheisyydessä yhtä suuria kuin täysin luonnontilaisilla alueilla. Kolopesijät sietävät ihmisen läsnäoloa parhaiten, ja vaellusreiteillä ei näyttänyt olevan mitään vaikutusta näiden lajien elinoloihin ja lukumääriin.

Johtopäätöksenään tutkijat totesivat jo vähäistenkin ihmismäärien aiheuttavan häiriötä luonnontilaisten alueiden linnuille, ja siksi vaellusreittien ja muiden luonnossa liikkumisen ja matkailun aktiviteettien suunnittelussa ja toteutuksessa tule huomioida eri eläinlajien herkkyys häiriöille.

* Kangas K, Luoto M, Ihantola A, Tomppo E and Siikamäki P. 2010. Recreation-induced changes in boreal bird communities in protected areas. *Ecological Applications* 20(6): 1775–1786; http://onlinelibrary.wiley.com/doi/10.1890/09-0399.1/full

Ihminen ei ehkä häiritse, mutta toiminnot karkottavat

Luonnonvaraisten eläinten reaktiot ihmisen läsnäoloon vaihtelevat laji- ja tapauskohtaisesti. Syrjäisiin vuoristomaisemiin perustetut hiihtokeskukset ja laskettelurinteet ovat muuttaneet sekä maisemakuvaa että luonnon rauhaa eri puolilla maailmaa. Paikallisten luonnonolojen, toimintojen volyymien sekä tietysti alkuperäisen luonnon eliölajiston vaihtelevuuden takia yksiselitteisiä ohjeita tai johtopäätöksiä aktiviteettien vaikutuksista ei voi antaa. Puolassa, Karpaattien vuoristossa tutkittiin alueella yleisten, pienikokoisten vuohieläinten, Tatran gemssien (*Rupicapra rupicapra tatrica*) reaktioita jo vakiintuneen hiihtokeskuksen toiminnan laajennukseen.

Laskettelijoihin ja muihin vuoriston matkailijoihin jo tottuneet gemssit alkoivat selvästi karttaa hiihtokeskuksen aluetta, kun rinteiden hissikapasiteettia – ja samalla laskettelijamääriä – lisättiin. Kun laskettelijoiden määrä oli lisääntynyt 50 prosentilla, gemssit alkoivat selvästi karttaa rinteiden lähimaastoja, ja vuohet pidensivät oleskeluetäisyyttään rinteisiin kaksin- tai jopa kolminkertaisiksi.

Ihmisen läsnäolon haitallisuus rajoittui lasketteluun sillä vakiintuneiden kävelijöiden vaellusreittien varsilla gemssien reaktiot ihmisiin eivät muuttuneet aikaisempaa aremmiksi kävijämäärien kasvusta huolimatta.

Suomen luonnossa tavattavista eläinlajeista on tutkittu muun muassa metsäjänisten (*Lepus timidus*) reaktioita ihmisen läsnäoloon ja toimintoihin hiihtokeskuksien lähistöllä. Suoran välttelyn lisäksi ihmisten läheisyys aiheuttaa mitattavissa olevia stressioireita sekä eläimen hyvinvoinnille haitallisia käyttäytymismuutoksia.

Tutkimuksessa selvitettiin jänisten stressitilaa suhteessa ihmisen läsnäoloon. Jäniksiä ei tarvitse ottaa kiinni tutkimuksia varten, sillä stressitason mittaaminen onnistuu ulostepapanoihin erittyvien hormonien mittauksilla. Glukokortikoidihormonien – esimerkiksi stressihormonina tunnettavan kortisolin – määrät olivat suorassa suhteessa sitä yleisempiä, mitä lähempänä ihmisiä jänikset oleskelivat.

Stressihormonien lisääntyminen osoittaa epäsuorasti myös energiankulutuksen kasvua, sillä hormonien synteesi vaatii suurta panostusta aineenvaihdunnalta – ja tämä energia on poissa muilta elintoiminoilta. Ihmisen läsnäolo ja läheisyys vaikuttivat odotetusti myös jänisten ravinnon hankintaan ja käyttöön. Elinpaikkojen muutoksen ohella tämä näkyi myös ravinnon keräämisen vähenemisenä, mikä on varmasti jänikselle haitallista etenkin talvikuukausina.

Aivan vastaavasti kuin talviset laskettelurinteet, kesäaikaan aktiivikäytössä olevat maastopyöräilyn reitit karkottavat vuoristojen eläimistöä. Norjassa selvitettiin viime vuosina nopeasti suosiotaan lisänneen maastopyöräilyn vaikutuksia saksanhirven (*Cervus elaphus*) käyttäytymiseen ja ajankäyttöön. Kuten odottaa saattaakin, arat sorkkaeläimet karttavat reittien läheisyyttä ja vetäytyvät sitä kauemmas, mitä leveämpiä ja vilkkaammassa käytössä polut ovat.

Riistakameran välittämien kuvien sekä eläinten maastoon jättämien ulostekasojen perusteella saksanhirvet eivät oleskele päiväaikaan alueilla, jotka sijaitsevat 40 metriä lähempänä maastopyöräilypolkuja. Reittien välttelyssä havaittiin selvä sukupuolten välinen ero. Urokset välttävät maastopyöräpolkuja selvästi enemmän kuin naaraat.

Yhdysvalloissa, Idahon ja Utahin osavaltioissa norjalaisen The Arctic University of Norway -yliopiston tutkijan Arild Rokenesin johdolla tehdyssä norjalaisten ja yhdysvaltalaisten asiantuntijoiden selvityksessä maastopyöräily- ja hiihtoretkien oppaiden ohjeistuksessa tärkeä osa on paikallisten olosuhteiden tuntemuksessa ja oikeiden, eliökuntaa kunnioittavien käyttäytymistapojen noudattamisessa ja välittämisessä osallistujille.

- Pęksa Ł and Ciach M. 2017. Negative effects of mass tourism on high mountain fauna: the case of the Tatra chamois *Rupicapra rupicapra tatrica*. Oryx 49(3): 500–505; DOI: https://doi.org/10.1017/S0030605313001269
- Rehnus M, Wehrle M & Palme R. 2014. Mountain hares *Lepus timidus* and tourism: stress events and reactions. Journal of Applied Ecology, Vol 51(1): 6–12, 2014; https://doi.org/10.1111/1365-2664.12174
- Scholten J, Moe SR & Hegland SJ. 2018. Red deer (*Cervus elaphus*) avoid mountain biking trails. European Journal of Wildlife Research 64:8; DOI: https://doi.org/10.1007/s10344-018-1169-y

Ekoturistin toive: Mitä lähemmäs, sitä parempi

Luontomatkailijoiden toiveiden kartoituksissa kärkeen nousee kohteesta riippumatta pyrkimys päästä tarkkailmaan eläimiä niin läheltä kuin mahdollista – joskus jopa turvallisuudesta tinkien.

Luonnonvaraisilla eläimillä on lajityypillisiä käyttäytymistapoja ja -vaatimuksia, ja niin kutsuttu pakoetäisyys vaihtelee lajeittain. Välimatka, jota lähemmäs eläin ei päästä ihmistarkkailijaa, vaihtelee lajikohtaisesti.

Matkailijoiden toiveissakin on vaihtelua. Alaskassa, *Denalin kansallispuistossa* kävijöiden haastatteluissa voitiin erottaa viisi erilaista lähestymistapaa, mutta pääasiallinen pyrkimys on läheisyys. Eri lajien kohdalla niin eläimen kuin matkailijoiden tarpeet ja/tai toiveet vaihtelevat, joten matkailu- ja vaellusreittien suunnittelijoiden ja hoitajien tulisi selvittää paikallisen eläimistön vaatimukset voidakseen sopeuttaa matkailijoiden reitit luontoa kunnioittavalla tavalla.

Luonnossa liikkumisen tapa on ratkaisevaa arvioitaessa ihmisen aiheuttamaa häiriötä. Ja tällä rintamalla luontokappaleiden reaktiot voivat olla yllättäviä, osoittaa afrikkalaisten lintujen käyttäytymisen seuranta.

Tutkijat vertasivat tavanomaisesti kävellen liikkuvien ihmisten ja toisaalta lintujen tarkkailuun keskittyvien harrastajien vaikutusta 20 eri lintulajin reaktioihin ihmisen lähestyessä. Mitattava suure oli pakoetäisyys eli välimatka, jossa lintu lähti pakoon ihmisen lähestyessä. Kävelijät kulkivat reittiä tasaista vauhtia, kun taas lintuharrastajat pysähtyivät useita kertoja kiikaroimaan kohdelintuja.

Neljä lintulajia (viidesosa tutkituista) lähti pakoon kauempaa kohdatessaan lintubongarin kuin "tavallisen kävelijän". Lintuharrastajia kohdattaessa pakoetäisyys oli noin kaksi kertaa (1.7–2.2 kertaa) suurempi kuin kävelijöitä kohdattaessa. Ilmeisesti pysähtely sai linnut epäluuloisiksi, ja ehkä myös kiikarien näkeminen pelotti enemmän kuin välinpitämättömältä vaikuttanut kävelijä. Tulos lienee yllätys, ovathan lintuharrastajat kokeneita luonnossa liikkujia, ja huomaamattomasti ja häiriöttömästi liikkuminen on onnistuneen bongausharrastuksen edellytys.

- Radkovic AZ, Van Dongen WFD, Kirao L, Guay P-J & Weston MA. 2017. Birdwatchers evoke longer escape distances than pedestrians in some African birds. Journal of Ecotourism, Published Online 07 September 2017; https://doi.org/10.1080/14724049.2017.1372765
- Verbos RI, Zaichowski CAB, Brownlee MTJ & Skibins JC. 2017. 'I'd like to be *just* a bit closer': wildlife viewing proximity preferences at Denali National Park & Preserve. Journal of Ecotourism, Published Online 14. December 2017; https://doi.org/10.1080/14724049.2017.1410551

Turisti maksaa läheisyydestä, mutta kunnioittaa eläintä

Kestävän luontomatkailun edellytyksenä on, etteivät turistit saa missään olosuhteissa vahingoittaa tai vakavasti häiritä matkakohteensa eläimistöä. Useissa – ilmeisesti useimmissa – kohteissa matkanjärjestäjät tekevät kaikkensa saadakseen asiakkaansa mahdollisimman lähelle vierailun kohdetta. Tämä on valitettavan usein haitallista matkan varsinaisille vetonauloille, mutta eläimille aiheutetuista vahingoista huolimatta matkanjärjestäjät täyttävät vieraidensa toiveet. Monesti oppaat vievät turisteja villieläinten läheisyyteen, vaikka tietävät toiminnan olevan eläimille vahingollista.

Aivan liian usein matkanjärjestäjät rikkovat jopa omia periaatteitaan, jos turistit ovat valmiita maksamaan ylimääräistä päästäkseen kosketuksiin villieläinten kanssa. Tällaista eläimille ei-toivottua lähentelyä on raportoitu muun muassa delfiiniuintimatkoilla. Australiassa selvitettiin turistien halukkuutta maksaa huomattavasti korotettua hintaa päästäkseen lähikosketukseen pullonokkadelfiinien (*Tursiops truncatus*) kanssa.

Halukkuus tai jopa vaatimus päästä eläimiä häiritsevään kosketukseen luontokappaleiden kanssa vähenee tai loppuu, jos luontomatkailijalle kerrotaan liian läheisen kosketuksen eläimille aiheuttamista haitoista. Länsi-Australiassa pullonokkadelfiinien tarkkailumatkoilla yli 80 prosenttia turisteista hyväksyi matkanjärjestäjien toimet, joilla vieraat pidettiin sopivan kaukana merinisäkkäistä tai joissa vierailuaikaa rajoitettiin delfiineille aiheutettavan stressin välttämiseksi.

Turistin mielihalujen ja eläinten hyvinvoinnin yhteensovittaminen siten, että luontomatkailijan kokemus jää odotuksia tai toiveita vähäisemmäksi edellyttää, että turistit saavat selkeää ja tarkoin perusteltua tietoa ihmiskontaktien vaikutuksista eläinten hyvinvointiin.

- Bach L & Burton M. 2017. Proximity and animal welfare in the context of tourist interactions with habituated dolphins. Journal of Sustainable Tourism 25(2): 181–197; http://dx.doi.org/10.1080/09669582.2016.1195835

Ihmisiin tottunut eläin usein pedon saaliiksi

Luontoturismin yleistyminen voi vaarantaa eläinten selviytymistä omilla elinalueillaan heikentämällä potentiaalisten saalislajien kykyä varautua petojen hyökkäyksiin. Kohteissa, joissa paljon ihmisiä liikkuu luonnossa – ilman pienintäkään aikomusta häiritä tai vahingoittaa eläimiä – luonnonvaraiset eläimet tottuvat vieraiden läsnäoloon ja muuttuvat aikaa myöten yhä pelottomammiksi ja varomattomammiksi.

Muutos eläinten käyttäytymisessä luontoturismin kohdealueilla on usein samanlaista kuin kehitys, joka on todettu lukuisilla eläinlajeilla niiden sopeuduttua elämään kaupungeissa ja muissa taajamissa. Tottumista ihmiseen voidaan verrata jopa hyvin hitaaseen ja useita sukupolvia kestävään villien eläinlajien kesyyntymiseen eli *domestikaatioon*.

Luontomatkailun myötä ilmaantuvista luonnonvaraisten eläinten käyttäytymismuutoksista sekä ihmiseen tottumisen seurauksena tapahtuvista lajistollisista muutoksista on varoiteltu konkreettisin esimerkein. Brasilialaisen Federal University of Mato Grosso -yliopiston tutkijan Benjamin Geffroyn johtamassa tutkimuksessa todetaan luontoturismin ja luonnonvaraisten eläinten ihmiseen tottumisen vaaroissa kaksi suuntaa.

Suorassa vaikutuksessa luonnonvaraiset eläimet tottuvat ihmiseen – johon alkujaan on suhtauduttu kuin viholliseen – ja samalla eläinten kyky varautua petoihin ja suojautua vaarallisilta vastustajilta heikkenee tai katoaa kokonaan. Ihmisen läsnäolo ei kuitenkaan koskaan hävitä petoeläimiä luonnosta – vaikka toki monia petoja karkottaakin. Heikentynyt valmius suojautua tai paeta altistaa saaliseläimet helpoksi saaliksi pedoille.

Epäsuorasti luontoturismi johtaa samanlaiseen lopputulokseen, sillä varsinkin suosituimmista luontoretkien kohteista monet pedot siirtyvät muille seuduille, ja ajan myötä luonnon ravintoverkoissa saaliin asemassa olevien eläinten kyky varautua saalistukseen heikkenee.

- Geffroy B, Samia DSM, Bessa E & Blumstein DT. 2015. How nature-based tourism might increase prey vulnerability to predators. Trends in Ecology & Evolution 30(12): 755–765; DOI: https://doi.org/10.1016/j.tree.2015.09.010

Kalojen houkuttelu ruokkimalla valitettavan yleistä

Villien eläinten houkutteleminen turistien lähelle on yleistä sekä maalla että merellä. Ravinnon tarjoamisen vaaroista eläimille on tutkimuksia, joissa on varoiteltu käytännön johtavan luontokappaleille vaaralliseen ihmisiin tottumiseen. Ruokinnan haittoja ovat myös vääränlaisen ravinnon tarjoamisesta johtuvat villieläinten sairastumistapaukset, joskus jopa kokonaisia populaatioita uhkaavat epidemiat. Petoeläinten houkuttelu turistien lähietäisyydelle voi olla suora riski matkailijoille.

Ruokinta on yleistä meriympäristössä etenkin delfiinien mutta myös haikalojen houkuttelussa. Kalojen ruokkimisen kokonaisvaltaisia – sekä myönteisiä että kielteisiä – vaikutuksia niin kalojen kuin turistien kannalta on tutkittu varsin vähän suhteessa toiminnan yleisyyteen ja kattavuuteen maailman eri merialueilla. Aihetta käsitelleiden, tieteellisessä kirjallisuudessa julkaistujen tutkimuksien analyysissä todettiin selvä epäsuhta tutkimustyön painopisteiden valinnassa.

Australialaisen Murdoch University -yliopiston tutkijat löysivät kirjallisuudesta 58 tutkimusta, joissa on käsitelty luonnonvaraisten kalojen ruokkimista turistikohteissa. Tutkimukset ovat keskittyneet kaloihin, sillä 35 selvityksessä (60 prosenttia tapauksista) kohteena olivat toiminnan ekologiset luontovaikutukset. 14 tutkimuksessa painopiste oli toiminnan sosiaalisissa vaikutuksissa, ja 9 selvitystä kohdistettiin kalojen houkutteluun turistien kokemuksen kannalta.

Sekä alueellisesti että ajallisesti laajan aineiston perusteella tutkijat päättelivät – ilmeisen odotetusti – ettei yhtenäisiä tai tarkkoja ohjeita tai normeja voi asettaa kalojen ja turistien kohtaamisille. Jokainen kalalaji käyttäytyy luonnossa eri tavalla, joten jokaisen tapaus tulee tuntea ja selvittää tapauskohtaisesti. Luonnonoloissa tapahtuvalle kalojen houkuttelemiselle ravinnon avulla löytyy kuitenkin selvästi enemmän kielteisiä kuin puoltavia syitä.

Yleisinä johtopäätöksinä australialaistutkijat toteavat ruokinnan johtavan luonnonkalojen käyttäytymisen ja elinpiirien levinneisyyden muutoksiin, ja pahimmissa tapauksissa ruokinta johtaa kalojen kunnon tai terveyden heikentymiseen. Keinotekoinen ruokinta houkuttelee turistien ja venekuntien läheisyyteen suuria määriä kaloja, mikä luonnollisesti houkuttelee paikalle myös näitä kaloja saalistavia petoja. Suurten petojen kuten haiden houkuttelusta voi aiheutua vaaraa myös turisteille.

- Patroni J, Simpson G & Newsome D. 2018. Feeding wild fish for tourism – A systematic quantitative literature review of impacts and management. International Journal of Tourism Research 20(3): 286–298; https://doi.org/10.1002/jtr.2180

Hiljaisuus uhattuna syrjäisimmilläkin suojelualueilla

Yksi luontomatkailun ja erävaellusten tärkeimpiä houkuttimia ja perusteita on hiljaisuus, jota varsinkin kaupunkilaiset hakevat vetäytymällä mahdollisimman kauas liikenteen, teollisuuden, rakennustöiden ja muiden ihmistoiminnan äänistä. Hiljaisuus voi olla jopa luonnon kauneutta ja harvinaisia eliölajeja tärkeämpi valtti myös matkailun markkinoinnissa. Esimerkiksi kiinalaiset ja muut Aasian suurkaupungeista tulevat matkailijat korostavat usein ensimmäisenä juuri meluttomuutta Suomen tai muun Pohjolan luonnon erityispiirteenä, jollaista kotikonnuilta ei enää mistään löydy. Mutta hiljaisuuskin on yhä vakavammin uhattuna, niin meillä kuin muuallakin.

Liikenteen, varsinkin lentoliikenteen, voimakas kasvu aiheuttaa meluongelmia syrjäisimmilläkin seuduilla. Yhdysvalloissa on herätty kansallispuistojen ja muiden suojelualueiden meluongelmiin kartoittamalla sekä luonnollisia että ihmisen toimista syntyneitä äänitasoja kattavasti liittovaltion eri osissa.

Coloradon valtionyliopiston tutkijan Rachel Buxtonin johdolla tutkittiin sekä luonnon ääniä että ihmisen aiheuttaman melun tasoa kaikkiaan 492 pysyvästi suojellulla alueella. Yhteensä äänitason mittauksia tehtiin 1.5 miljoonan tunnin ajan eri tyyppisillä suojelualueilla ulottuen kaupunkipuistoista aina syrjäisimpiin erämaakohteisiin. Mittauksissa eristettiin ihmisen aiheuttamat äänet luonnon omista äänistä kuten lintujen laulusta ja puun lehtien havinasta tai veden virtauksesta, jotta ympäristömelun taso ja levinneisyys todella paljastuvat. Tulokset olivat yllättävän negatiivisia, vaikka meluongelman vakavuudesta on viime vuosina paljon puhuttu ja kirjoitettu.

Yhdysvaltain suojelualueista 63 prosentissa äänitasot olivat kaksi kertaa korkeampia kuin suojelluilla alueilla tulisi olla. Joka viidennellä suojelualueella (21 prosentissa tutkituista) ääni- tai melutasot olivat peräti 10 kertaa korkeampia kuin luonnon omien äänten taso.

Ympäristömelun on todettu aiheuttavan monia häiriöitä ja haittoja luonnon eliökunnalle. Meluisassa ympäristössä eläinten käyttäytyminen muuttuu monin tavoin: eläimen suunnistaminen voi häiriytyä, mahdollisuus havaita petojen lähestymistä heikkenee, ja lisääntymiskaudella tärkeiden soidinmenojen äänimaailma muuttuu luonnottomaksi tai lajikumppanien välinen yhteys katkeaa kokonaan. Amerikkalaistutkimuksessa todettiin ympäristömelun tason olevan vähintään kaksi kertaa luonnon äänimaailmaa korkeampi peräti 58 prosentissa alueita, joilla tavataan uhanalaisiksi luokiteltuja eläimiä.

Luontomatkailijalle ihmisen aiheuttamat ylimääräiset äänet ovat paitsi vieras elementti myös luontokokemuksia heikentävä tekijä. Coloradon valtionyliopiston tutkijan Rachel Buxtonin johtamassa selvityksessä muutosten konkreettisia vaikutuksia osoitettiin linnunlaulun kuulemisessa ja tunnistamisessa. Jos normaalisti pystyisit tunnistamaan 100 metrin etäisyydellä laulavan linnun, kahdella kolmasosalla amerikkalaisista suojelualueista tuo etäisyys kutistuisi 50 metriin. Ja meluisimmissa paikoissa etäisyys olisi vain kolme metriä, jos näissä oloissa mikään lintu edes viihtyy tai ainakaan laulaa.

Harva taitaa tiedostaa, että ympäristömelu on haitallista myös kasveille – tosin epäsuorasti. Kukkakasvit (siemenkasvit) ovat riippuvaisia pölyttäjistä, ja voimakas ihmisen aiheuttama melu saattaa karkottaa tai vähentää pölyttäjähyönteisiä ja muita pikkueläimiä. Ja monissa tutkimuksissa toteen näytetty lintujen tai nisäkkäiden vetäytyminen pois meluisilta alueilta vaikuttaa monin kasveihin, joiden siementen levittäjinä eläimet toimivat.

Eläinten reaktiot ihmisen aiheuttamaan meluun vaihtelevat lajikohtaisesti, mutta uudet tutkimukset osoittavat myös kaikkein kestävimpien, lähellä ihmisen toimintoja elävien lintujen kärsivän ihmisen aiheuttamasta melusta. Yhdysvaltain lounaisosissa, Uudessa Meksikossa tehdyissä vertailuissa todettiin luonnon taustatasoa meluisamman ympäristön vaikuttavan lintujen hormonitasoihin, erityisesti stressitilaa kuvaavien glukokortikoidien pitoisuuksiin verenkierrossa. Tunnetuin tämän ryhmän yhdiste on stressihormoniksi kutsuttu kortisoli. Hormoneilla on monia tärkeitä vaikutuksia eläinten fysiologiaan ja käyttäytymiseen.

Meluisassa ympäristössä lintujen tarkkaavaisuus kärsii, lajien välinen kommunikointi vaikeutuu ja riski joutua petojen yllättämäksi lisääntyy. Suoria vaikutuksia, jollaisista on aikaisemmin saatu vain vähän havaintoja, olivat poikasten höyhen- ja sulkapeitteen kasvun muutokset ympäristössä, jossa ihmisen toiminta nosti äänitasoja luonnollista korkeammiksi.

- Buxton RT, McKenna MF, Mennitt D, Fristrup K, Angeloni L & Wittemyer G. 2017. Noise pollution is pervasive in U.S. protected areas. Science 356(6337): 531–533; DOI: 10.1126/science.aah4783
- Kleist N, Guralnick RP, Cruz A, Lowry CA & Francis CD. 2018. Chronic anthropogenic noise disrupts glucocorticoid signalling and has multiple effects on fitness in an avian community. PNAS 115(4) E648-E657; https://doi.org/10.1073/pnas.1709200115

Valosaaste häiritsee lintujen pesintää

Valo ja etenkin vuorokautinen valorytmi säätelevät useimpien eliölajien elintoimintoja ja käyttäytymistä, ja keinotekoiset muutokset tähän säännölliseen rytmiin voivat olla hyvinkin haitallisia. Erityisesti kaupungeissa ja muissa taajamissa havaittava keinovalon lisääntyminen on jopa nimetty *valosaasteeksi,* jonka vaikutuksia esimerkiksi lintujen laulu- ja pesintärytmeihin ja onnistumiseen on varsin paljon tutkittu. Suhteellisen pienikin muutos valorytmissä ja valon voimakkuudessa voi olla vahingollista syrjäisillä erämaa-alueilla, joilla eliökunta ei ole tottunut keinovalaistukseen.

Suurina yhdyskuntina valtamerten rannikoilla ja saarilla elävät linnut ovat herkkiä ihmisen aiheuttamille ympäristömuutoksille, myös valosaasteelle. Tutkijat selvittivät lyhytaikaisten, paljon ihmisiä yhteen kokoavien tapahtumien vaikutuksia lintukolonioihin. Kohteena olivat Italialle kuuluviin Pelagisiin saariin lukeutuvalla Linosan saarella suurina yhdyskuntina elävät välimerenliitäjät (*Calonectris diomedea*), joiden aikuiset linnut viettävät valoisat päiväajat kaukana ulappavesillä ravintoa keräten, ja saapuvat maihin – pesille – vain öisin.

Tutkimuksessa selvitettiin kahden välimerenliitäjäkolonian pesinnän ja poikastuotannon onnistumista kohteissa, joissa toisen läheisyydessä oli sekä valo- että äänilähteenä ympäristöä kuormittava disko, ja toinen kolonia puolestaan sijaitsi etäällä ihmisistä, luonnontilaisilla kalliojyrkänteillä.

Aikaisemmissa tutkimuksissa on todettu, että öisin pesillään viipyvien ja poikasistaan huolehtivien yhdyskuntalintujen käyttäytymistä ohjaa luontaisesti kuun valo. Pimeinä öinä linnut viettävät aikaansa enemmän pesillä kuin kuutamoöinä. Linosan saaren tutkimuksessa juhlapaikan valaistuksen vaikutusta verrattiin sekä pimeinä että kuutamoöinä. Valon – ja nimenomaan ihmisen lisäämän keinovalon – vaikutus osoittautui merkittäväksi. Juhlapaikan lähistöllä sijainneessa liitäjäyhdyskunnassa vastakuoriutuneet poikaset kehittyivät hitaammin kuin syrjäisellä, pimeällä kalliojyrkänteellä kasvaneet lajitoverinsa.

Vuorokautisen painonseurannan ansiosta voitiin todistaa, että ihmisen aiheuttama valosaaste heikensi liitäjäpoikasten kasvua vain pimeinä öinä, jolloin kuutamo ei tuonut luonnollista valaistusta. Ihmistoiminnan aiheuttama valokuormitus heikensi välimerenliitäjien poikasten kehitystä vain kasvun alkuvaiheessa. Kehitysvaiheessa, jossa poikaset olivat valmiita lähtemään pesästä, ei havaittu eroja keinovalon vaikutuspiirissä eikä luontaisissa olosuhteissa eläneillä välimerenliitäjillä.

- Cianchetti-Benedetti M, Becciu P, Massa B & Dell'Omo G. 2018. Conflicts between touristic recreational activities and breeding shearwaters: short-term effect of artificial light and sound on chick weight. European Journal of Wildlife Research 64: 19; https://doi.org/10.1007/s10344-018-1178-x

7

DELFIINI- JA HAITURISMI

Delfiinimatkat usein vahingollisia eläimille

Luontomatkailun järjestäjillä on suuri vastuu siitä, etteivät eläimiä katsomaan tulleet turistit häiritse ihailunsa kohteita. Suosittuja delfiinien katseluretkiä järjestetään kaikilla merillä, mutta etenkin kehittyvien maiden matkanjärjestäjiltä tuntuu puuttuvan tarvittavaa tietoa eläinten käyttäytymisestä ja siitä, mitä delfiinit todella sietävät.

Kuudessa aasialaisessa maassa säännöllisesti järjestettäviä delfiiniretkiä australialaisen James Cook -yliopiston tutkijan PLK Mustikan johdolla analysoineet tutkijat totesivat, että retkien suosio on venekuljetuskapasiteetin maksimissa lähes kaikissa selvityksen kohteissa. Suurten turistijoukkojen kuljettaminen liian lähelle delfiinejä voi aiheuttaa stressiä merinisäkkäille.

Hyvin haitalliseksi turistien vierailut todettiin Intiassa ja Indonesiassa ja kohtalaisen vakavaksi Kambodzassa. Näiden maiden matkanjärjestäjät ovat aivan liian usein maksimoineet vieraiden määrän ja retkien toistuvuuden ilman riittävää tietoa delfiinien käyttäytymisestä.

Thaimaassa, Filippiineillä ja Malesiassa delfiinimatkojen järjestäjillä oli enemmän biologista taustatietoa delfiinien elintavoista, ja retkien aiheuttama stressi kohde-eläimille oli vähäistä.

- Mustika PLK, Welters R, Ryan GE, D'Lima C, Sorongon-Yap P, Jutapruet S and Peter C. 2017. Rapid assessment of wildlife tourism risk to cetaceans in Asia. Journal of Sustainable Tourism 25(8): 1138–1158; https://doi.org/10.1080/09669582.2016.1257012

Ruokkiminen lisää kohtalokkaiden törmäysten riskiä

Ekoturismin nimikkeen alla turisteille tarjottavat luontoelämykset on pääsääntöisesti räätälöity ihmisen tarpeiden mukaan. Mahdollisuutta uida yhdessä delfiinien kanssa markkinoidaan yleisesti ja yhteisuinti on nykyisin hyvin suosittu elämys- ja luontomatkailun muoto, jolla voi kuitenkin olla kohde-eläimille kohtalokkaita seurauksia. Jos luonnossa elävät delfiinit totutetaan ihmisten seuraan ruokkimalla eläimiä, delfiinien käyttäytyminen saattaa muuttua pysyvästi – ja eläimelle itselleen haitallisesti.

Kirjallisuudessa on raportoitu kauan ihmisten seurassa olleiden delfiinien muuttuneen aggressiivisiksi. Aivan kuten esimerkiksi puistossa ruokitut linnut, delfiinitkin oppivat pian kerjäämään ja myös aggressiivisesti vaatimaan ruokaa jokaiselta lähelle tulevalta ihmiseltä. Pahimmillaan delfiinit ovat jopa tappaneet lähelleen tulleita ihmisiä.

Pahinta on, jos delfiinit totutetaan ihmisten seuraan – esimerkiksi uintikumppaneiksi ja vedessä halailtaviksi – tarjoamalla eläimille ruokaa. Valitettavan usein ruokkiminen johtaa tottumiseen, joka opettaa delfiinejä lähestymään kaikkia veneitä ja aluksia. Tämä puolestaan lisää suorien yhteentörmäyksien mahdollisuutta sekä delfiinien riskiä joutua potkurien ruhjomiksi.

Tutkijat seurasivat Floridan *Sarasota Bay* -lahden pullonokkadelfiinien (*Tursiops truncatus*) ja ihmisten kontaktien yleisyyttä sekä kohtaamisten vaikutuksia merinisäkkäille. Australialaisen

Murdoch University -yliopiston tutkijan Fredrik Christiansenin johtamassa tutkimuksessa oli 45 vuoden aikasarjassa yhteensä 1 100 delfiiniä ja noin 32 000 ihmisen ja delfiinin kohtaamista. Vuosien saatossa delfiinien ja ihmisten kohtaamiset ovat yleistyneet – usein nimenomaan turismin mukanaan tuoman delfiiniuintivillityksen seurauksena. Kohtaamisten yleistyminen on johtanut delfiinien tottumiseen ihmiseen.

Yhteentörmäysten ja potkurikosketusten aiheuttamien suorien vammojen ja kuolemantapausten lisäksi ihmisten ja delfiinien lähentyneiden suhteiden on todettu vaarantavan delfiinejä myös epäsuorasti – ruoan ja taudinaiheuttajien välityksellä. Delfiinejä tutkineet meribiologit ja viranomaiset ovat raportoineet turistien tarjoavan aivan liian usein delfiineille ravintoa, joka ei merinisäkkäille sovellu.

Tarkkailuretket häiritsevät delfiinien lepoaikoja

Delfiinien tarkkailu veneistä merinisäkkäitä lähestymällä ei aiheuta suoraa kosketusta ihmisten ja eläinten välillä, mutta välillisesti venekuntien läheisyys häiritsee ja haittaa delfiinejä. Häiriöistä on lukuisia raportteja ja tutkimuksia, mutta kontrolloituja vertailuja tarkkailumatkojen vaikutuksista on vain vähän. Konkreettista tietoa ihmisen lähestymisten vaikutuksista saatiin Egyptin itärannikolla, jossa kansainvälinen tutkijaryhmä seurasi pyöriäisdelfiinien (*Stenella longirostris*) reaktioita delfiinitarkkailuun.

Uusiseelantilaisen Otagon yliopiston tutkijan Maddalena Fumagallin johdolla toteutetuissa seurannoissa selvitettiin delfiinien reaktioita ihmisiin kolmella toisiaan lähellä sijaitsevalla alueella. Yhdessä seurantakohteessa on vilkasta ja rajoituksitta toimivaa delfiinitarkkailuturismia, toisella alueella delfiinitarkkailua rajoitetaan ajallisesti ja määrällisesti, ja vertailualueella delfiiniturismia ei ole lainkaan. Tutkimusalueet sijaitsevat Punaisellamerellä, Marsa Alamin kaupungin eteläpuolella.

Pyöriäisdelfiinien käyttäytymisen seuranta osoitti selvästi ihmisen läsnäolon haitallisuutta etenkin eläimille tärkeään lepoon. Pyöriäisdelfiinien pääasialliset elinalueet ovat matalissa, rannan läheisissä laguuneissa, joihin turistien tarkkailuretkiä on helppo järjestää. Tämän delfiinilajin vuorokauden tärkein lepoaika on päivällä, jolloin turistiretkiä järjestetään.

Kolmen erilaisen alueen vertailussa osoitettiin kiistatta, että turistiveneiden läheisyys vähentää pyöriäisdelfiinien lepoaikaa. Tällä puolestaan on haitallisia vaikutuksia erityisesti lisääntymisaikoina ja poikasten ruokintakausina sekä yleisemminkin vähentämällä ravinnonhankinnan aktiviteettia ja aikaa.

Vähentynyt nukkumisaika ja lepo vaikuttavat haitallisesti myös delfiinien kykyyn puolustautua. Pitkään ja säännöllisesti jatkuessaan turismin aiheuttama häirintä johtaa todennäköisesti delfiinipopulaation pienenemiseen ja/tai nisäkkäiden siirtymiseen muualle.

Delfiiniasiantuntijat eivät tuomitse delfiinien tarkkailuturismia, mutta toiminnan sääntelyä on kehitettävä. Punaisenmeren esimerkkien perusteella venekuntien liikkeiden rajoittaminen delfiinien tärkeimpinä lepoaikoina riittää turvaamaan merinisäkkäiden hyvinvointia, joten vastaisuudessa turismin tulee toimia delfiinien, ei matkanjärjestäjien ehdoilla.

- Fumagalli M, Cesario A, Costa M, Harraway J, di Sciara GN & Slooten E. 2018. Behavioural responses of spinner dolphins to human interactions. Royal Society Open Science 2018(5): 172044; DOI: 10.1098/rsos.172044

Veneet uhkaavat Panaman eristäytyneitä delfiinejä

Pullonokkadelfiini (*Tursiops truncates*) on laajalla levinneisyysalueella eri valtamerissä tavattava nisäkäs, jonka yleisyyden takia laji on hyvin suosittu ja paljon hyödynnetty delfiinientarkkailuturismin kohde. Yleisyytensä ansiosta pullonokkadelfiinin kokonaiskanta on niin vahva, että Kansainvälisen luonnonsuojeluliiton (IUCN) luokituksissa laji kuuluu vähiten huolta aiheuttaviin eläinten joukkoon. Paikallisesti delfiinikannat eroavat toisistaan sekä perinnöllisesti että käyttäytymistapojensa suhteen. Erilliset populaatiot saatavat olla hyvin suppeita ja niiden olemassaolo voi olla harvinaisuuden takia vaarantunut.

Erillisiä, toisistaan eristäytyneitä delfiinipopulaatioita on kansainvälisesti luokiteltu vaarantuneiksi tai uhanalaisiksi ainakin Välimerellä, Mustallamerellä sekä Fiordlandissa Uudessa-Seelannissa. Hyvin eristäytynyt ja harvalukuinen pullonokkadelfiinin populaatio elää Väli-Amerikassa, Panaman *Bocas del Toron* vesillä. Täällä delfiinit ovat sopeutuneet elämään matalissa, sameissa ja rannan mangrovekasvillisuuden luonnehtimassa ympäristössä.

Geneettisten selvitysten mukaan noin 80 yksilön populaation geenit osoittavat, että kaikkien yksilöiden taustalla on sama naarasyksilö. Sukupolvien ajan eristyksissä olleilla Bocas del Toron delfiineillä ei ole mitään yhteyksiä lajin lähimpään yhteisöön, Costa Rican avoimilla ulappavesillä elävään populaatioon.

Jopa sata turistivenettä päivässä
Seurantatutkimuksen mukaan Panaman Bocas del Toron delfiinejä uhkaa veneilyn nopea yleistyminen etenkin luontoturismin

nousun myötä. Vilkkaimman turistisesongin aikana marras-maaliskuussa yli sata venekuntaa liikkuu delfiinien tarkkailussa joka päivä.

Vilkkaan veneilyn aiheuttama melu sekoittaa delfiinien keskinäistä kommunikointia, mikä vaikeuttaa ravinnon hankintaa ja lisääntymiseen liittyvää yhteydenpitoa. Lisäksi vilkas, suppealla alueella tapahtuva veneily aiheuttaa väistämättä törmäyksiä ja potkurien aiheuttamia vammoja merinisäkkäille. Uhka on vakava. Vuonna 2012 ainakin seitsemän Bocas del Toron delfiiniä – eli lähes kymmenesosa populaatiosta – menehtyi venetörmäyksissä.

Bocas del Toron delfiinien populaatiorakennetta ja veneturismin aiheuttamia uhkia selvittäneet tutkijat sekä Kansainvälinen valaanpyyntikomissio (*International Whaling Commisison*; IWC) ovat ottaneet yhteyttä ja vedonneet Panaman hallitukseen delfiinien suojelustatuksen parantamiseksi ja lajin luokittelemista paikallisesti uhanalaiseksi. Toistaiseksi mitään suojelutoimia tai veneilyrajoituksia ei ole käynnistetty, ja delfiinintarkkailuturismi lisääntyy jatkuvasti.

- Barragán-Barrera DC, May-Collado LJ, Tezanos-Pinto G, Islas-Villanueva V, Correa-Cárdenas CA & Caballero S. 2017. High genetic structure and low mitochondrial diversity in bottlenose dolphins of the Archipelago of Bocas del Toro, Panama: A population at risk? PLoS ONE 12(12): e0189370; https://doi.org/10.1371/journal.pone.0189370
- Christiansen F, McHugh KA, Bejder L, Siegal EM, Lusseau D, McCabe EB, Lovewell G & Wells RS. 2016. Food provisioning increases the risk of injury in a long-lived marine top predator. Royal Society Open Science 2016(3): 160560; DOI: 10.1098/rsos.160560; http://rsos.royalsocietypublishing.org/content/3/12/160560

Eläintä kunnioittavia delfiinikohtaamisia

Luontoturismin vetonauloiksi eri puolilla maailmaa kohonneet delfiiniuinnit ovat paitsi suosittuja, myös ankarasti arvosteltuja. Liian läheinen kosketus ja erityisesti vapaana elävien merinisäkkäiden ruokkiminen eläinten houkuttelemiseksi turistien lähelle voivat muuttaa delfiinien käyttäytymistä ja altistaa eläimiä ihmisten taudeille.

Vankeudessa pidettävien delfiinien elinolot puolestaan ovat hyvin rajoittuneita, joten suuret nisäkkäät eivät voi mitenkään toteuttaa lajityypillistä käyttäytymistä. Ja sirkustemppujen opettaminen eläimille herättää ristiriitaisia tunteita ja paljon arvostelua. Mutta ihmisen ja delfiinin kohtaamiset voi toteuttaa myös eläimiä kunnioittavalla tavalla.

Bahamasaarten *Blue Lagoon Island* -saarella toimivalle Dolphin Encounters -yritykselle myönnettiin todistus kestävällä perustalla olevasta delfiinien hoidosta turistikohteessa. Sertifikaatin delfiinien hyvinvointia kunnioittavasta ja lajityypillisiä arvoja noudattavasta kohtelusta myönsi ulkopuolinen ja puolueeton asiantuntijaelin, kansainvälisesti toimiva *American Humane Conservation* -ohjelma.

Arvioinnissa huomioitiin eläinten terveys ja hyvinvointi, delfiinien mahdollisuus yksilöiden ja ryhmien väliseen lajityypilliseen käyttäytymiseen, eläinten ja niiden hoitajien välinen kanssakäyminen, turvallinen ja virikkeinen elinympäristö sekä säännöllinen ja perusteellinen eläinten terveyden ja kunnon tarkkailu ja vaaratilanteisiin tai onnettomuuksiin varautuminen.

- Rokou T. 2018. Dolphin Encounters achieves Humane Certification for animal welfare. TravelDailyNews International 11.4.2018; https://www.traveldailynews.com/post/dolphin-encounters-achieves-humane-certification-for-animal-welfare

Delfinaarioiden eläimille todellinen suojelualue merelle

Ahtaissa altaissa yleisölle esittäytyvät, ja monesti myös temppuja esittävät delfiinit ja hylkeet kuuluvat luontoturismin nimikkeen alla markkinoitaviin viihdykkeisiin, joissa luonnollisuus on vain kulissia. Altaissa suurilla vesinisäkkäillä on aina puutteelliset tilat ja mahdollisuudet lajityypillisen käyttäytymiseen, eikä temppujen tekeminen ole koskaan lajityypillistä toimintaa.

Delfinaarioiden vastustus – muuallakin kuin Tampereen Särkänniemessä – on johtanut toimintojen muutoksiin, rajoituksiin ja laitosten lakkautuksiin. Yhdysvalloissa suuri matkanjärjestäjä on päättänyt lähteä tukemaan vankeudessa oleville ja esiintyville delfiineille perustettavaa luonnollista elinpiiriä.

Virgin Holidays -matkaoperaattori lähtee yhdessä *US National Aquarium* -organisaation kanssa kehittämään aitoon meriympäristöön sijoittuvaa erityissuojelualuetta nykyisin Baltimoressa sisätiloissa vankeudessa pidetyille delfiineille. Matkanjärjestäjän 300 000 dollarin avustuksen tuella delfiineille perustetaan suojelualue, jonka sijaintipaikaksi tulee mitä ilmeisimmin Florida.

Aivan omaan rauhaansa delfiinit eivät muuta, sillä vuonna 2020 avattavaksi aiotulle suojelualueelle järjestetään delfiinien tarkkailumatkoja turisteille. Valvotuilla retkillä luvataan kunnioittaa merinisäkkäiden hyvinvointia.

Tarve delfinaarioiden sekä valaiden ja hylkeiden allasesittelyjen lopettamiseen tai kehittämiseen on mitä ilmeisin – myös maksavan

yleisön mielestä. Britanniassa tuhannelle asiakkaalle järjestetyssä kyselyssä 95 prosenttia vastaajista esitti matkanjärjestäjille vaatimuksia merinisäkäskohteiden nykyisen kaltaisen toiminnan muuttamisesta eläimille luonnonmukaisemmiksi.
• TravelMole, 18.4.2018. Virgin Holidays invests in dolphin rescue centre; http://www.travelmole.com/news_feature.php?news_id=2031964&c=setreg&region=2

Hait ovat arvokkaampia elävinä kuin kuolleina

Maailman merissä elävien haikalojen määrä on romahtanut viime vuosikymmeninä ryöstökalastuksen ja vesien saastumisen seurauksena. Osansa on myös sillä, että lomakeskusten ja uimarantojen tuntumassa uivia haita tapetaan. Varsinainen haikammo, jonka *Tappajahai*-elokuva sai maailmanlaajuisesti aikaan 1970-luvulla, on nyttemmin laantunut. Tilalle on tullut päinvastainen ilmiö, haiturismi ja muu merien luontokappaleita paikan päällä tarkasteleva matkailutarjonta. Hairetkien tuoma taloudellinen hyöty on oletettua suurempi, osoittaa *Current Issues in Tourism* -lehdessä ilmestynyt Miamin yliopiston tutkijoiden Austin Gallagherin ja Neil Hammerschlagin selvitys.

Tutkimuksessa selvitettiin haiturismin hyötyjä ja haittoja kahdeksalla alueella Pohjois-Amerikassa, Karibianmerellä ja Oseaniassa. Haikalojen tarkkailuun perustuvassa ekoturismissa liikutellaan suuria rahoja. Esimeriksi Bahamasaarten osuus Karibian ekomatkailusta on 70 prosenttia, ja maa saa vuosittain 78 miljoonan dollarin (55 miljoonan euron) matkailutulot. Intian valtamerellä sijaitseva Malediivit kielsi haikalojen pyynnin turvatakseen ekoturismin jatkuvuuden. Hainpyynti toi aikaisemmin 30 prosenttia valtion bruttokansantuotteesta.

Petokalan rahallista arvoa voidaan mitata elävänä tai kuolleena. Gallagher ja Hammerschlag laskevat jokaisen elossa olevan ja siten ekoturismin kohteeksi sopivan mustatäplähain (*Carcharhinus melanopterus*) hinnaksi 73 dollaria (51 euroa) vuorokaudessa. Jos sama haiyksilö tapetaan herkkusuiden arvostaman haineväkeiton takia, kalan hinta on vain 50 dollaria (35 euroa). Taseet ovat vahvasti haiden suojelun ja säilyttämisen puolella. Jos hai elää 15-vuotiaaksi, peto voi tuottaa matkailuelinkeinolle 200 000 dollaria miamilaistutkijat muistuttavat.

Vertailuilla ei ole yhteistä pohjaa

Haikalojen taloudellisen arvon vertailu kalastuksen ja matkailuelinkeinon välillä on synnyttänyt kiivaita keskusteluja ja väittelyjä jo vuosien ajan. Vertailut ovat vaikeita – ja osin mahdottomia ja turhia – koska hailajeja on useita, eri lajien kantojen kestävyys vaihtelee, pyyntimäärät vaihtelevat alueittain ja vuosittain, ja toisaalta haiturismin moniin muotoihin luettavat seikat ovat erilaisia eri tutkimuksissa. Esimerkiksi vuonna 2014 julkaistu kanadalaissveitsiläinen analyysi tyrmää tylysti vuotta aikaisemmin julkaistun vertailun, jossa turismin osoitettiin olevan selvästi tuottoisampi elinkeino kuin haiden kaupallinen pyynti.

Poikkeaviin, jopa satojen miljoonien dollarien eroihin elinkeinojen vuosittaisissa arvioissa päädytään, koska tilastot ja tutkimukset pohjautuvat erilaisiin lähtötietoihin. Haikalojen vuosittaiset pyyntimäärät vaihtelevat suuresti, eikä esimerkiksi YK:n Elintarvike- ja maatalousjärjestön (FAO) tilastoissa ole kaikkea satamiin tuotavaa haisaalista.

Toisaalta ekoturismin nimikkeen alle kirjattavassa haiturismissa on usein mukana kaikki kyseiseen matkailuun liittyvän toiminnan arvo kuten kansainvälisten turistien lennot ja hotellikulut sekä varsinaisella haiden katselun kohdealueella käytettävät rahat. Satamiin tuotujen haikalojen keskimääräisen kilohinnan mukaista kalastuselinkeinon arvoa ja turismin eri muotojen talouksia ei kannata tai ei edes voi suoraan vertailla.

Yhteisiä sääntöjä tarvittaisiin

Toisin kuin eri valtamerialueilla hyvin suosituilla valaantarkkailumatkoilla, haiturismille ei ole vahvistettu yleismaailmallisia sääntöjä. Valasturismissa on esimerkiksi normit siitä, kuinka lähelle suuria merinisäkkäistä alukset saavat purjehtia. Haidentarkkailussa ei vastaavaa säännöstöä ole, ja varsinkin haiden kanssa sukeltamiseen perustuvassa extreme-matkailussa läheisyys on välttämätöntä. Häkkiin suljetun sukeltajan laskeminen veden alle haiden joukkoon on suosittua, ja esimerkiksi Etelä-Afrikan vesillä toiminta on laajentunut ilmeisesti jo liikaakin.

Haiden hyvinvointia valvova ja kalastoa tutkiva *The Atlantic White Shark Conservancy* -organisaatio vaatii pikaisia toimia haiturismin valvontaan ja rajoituksiin. Etelä-Afrikan vesillä valkohaiden (*Carcharodon carcharias*) tarkkailu keskittyy sesonkiin, jolloin suuret petokalat saapuvat alueelle suurina parvina. Tällöin turisteille haiden tarkkailumatkoja tarjoavia yrittäjiä on paljon, eikä toiminnalle ole vahvistettuja pelisääntöjä.

Normeja kaivataan, sillä osa yrittäjistä – varsinkin häkkisukelluksia tarjoavista venekunnista – heittää mereen ruoka-annoksia houkutellakseen haita paikalle. Tällainen toiminta on kiellettyä, mutta valvonta on ulappa-alueilla lähes mahdotonta.

Etelä-Afrikan valkohaiturismi on lisääntynyt niin paljon, että useiden venekuntien lähestymisen katsotaan häiritsevän haita ja muuttavan suurten petokalojen käyttäytymistä. Onkin ehdotettu, että korkeintaan kolme yrittäjää kerrallaan saisi järjestää haipurjehduksia. Mutta toimiluvista päättäminen on vapaassa markkinataloudessa ongelmallista. Ja kuinka voitaisiin valvoa tai rajoittaa niitä yksityisiä venekuntia, jotka lähtevät merelle luvan saaneiden haimatkailun yrittäjien perässä?

Valkohaiden tarkkailu- ja sukellusmatkojen lisääntyminen on tehdyt haiturismista miljoonien arvoista liiketoimintaa, jossa käytetään muun muassa helikoptereita etsimään ja varmistamaan kohde-eläinten löytyminen avomereltä. Toiminta on taloudellisesti niin kannattavaa, että jopa Etelä-Afrikan viranomaiset osallistuvat haimatkojen järjestämiseen. Jopa 2500 dollaria yhdeltä veneretkeltä maksavista haiden tarkkailumatkoista saatuja tuloja viranomainen ilmoittaa käyttävänsä haiden suojelun edistämiseen.

- Brunnschweiler JM & Ward-Paige CA. 2014. Shark fishing and tourism. Oryx 48(4): 486-487; https://doi.org/10.1017/S0030605313001312
- Cisneros-Montemayor AM, Barnes-Mauthe M, Al-Abdulrazzak, Navarro-Holm E & Sumaila UR. 2013. Global economic value of shark ecotourism: implications for conservation. *Oryx*, 47(3): 381–388; https://doi.org/10.1017/S0030605312001718
- Gallagher AJ and Hammerschlag N. 2011. Global shark currency; the distribution, frequency, and economic value of shark ecotourism. Current Issues in Tourism 14(8): 797–812; https://doi.org/10.1080/13683500.2011.585227
- Pollock A. 2018. Shark watching tours? Cage-diving trips? Working group chews on rules for white shark ecotourism. The Cape Cod Chronicle, 11.4.2018; www.capecodchronicle.com/en/5315/orleans/2880/Shark-Watching-Tours-Cage-diving-Trips-Working-Group-Chews-On-Rules-For-White-Shark-Ecotourism-Sharks.htm

Suuretkin hait karttavat sukeltajaa

Rauhallisten delfiinien ja hidasliikkeisten merikilpikonnien tapaan myös suuret ja sulavasti vedessä liikkuvat hait mieluummin väistävät kuin lähestyvät ihmistä. Afrikan itärannikon tuntumassa Mosambikin vesillä toteutetussa 2.5 vuoden seurannassa tutkijat tarkkailijat valashaiden (*Rhincodon typys*) käyttäytymistä näiden kohdatessa ihmisiä samoilla vesillä säännöllisesti järjestettyjen sukellusretkien aikana.

Noin 65 prosentissa valashain ja sukeltajan kohtaamisista suuret petokalat selvästi karttoivat lähestyviä sukeltajia ja lähtivät uimaan poispäin.

Hait eivät osoittaneet tottuvansa sukeltajiin, sillä ihmisten karttaminen säilyi jokseenkin vakiona 2.5 vuoden seurannan aikana. Haiden lyhytaikaiseen käyttäytymiseen kohtaamiset vaikuttivat siten, että liian läheiseen kontaktiin sukeltajan kanssa tultuaan valashait poistuivat kohtaamispaikalta merkittävästi nopeammin kuin tilanteissa, joissa kohtaamiset olivat neutraaleja.

Sukeltajien kohtaaminen rasittaa haita

Monissa ekoturismin kohteissa matkailija hakee jännitystä ja ainutkertaisia luontoelämyksiä tavanomaisen havainnoinnin ja ihailun lisäksi. Yksi tällaisista myös seikkailu- tai extreme-turismiksi luokiteltavista muodoista on sukeltaminen häkkiin suljettuna suurikokoisten tai vaarallisten kalojen tai nisäkkäiden keskelle. Etenkin suurikokoiset hait ovat häkkisukeltajien suosiossa, ja tällaisia palveluja matkailijoille on tarjolla sadoissa kohteissa eri puolilla maailmaa.

Yksi useimmin mainituista ja mainostetuista haisukellusten kohteista on *Neptune Islands*- saariryhmä Australian etelärannikolla. Alue on kuuluisa runsaasta valkohain (*Carcharodon carcharias*) kannasta. Häkkisukellus on oikein toteutettuna ihmisille vaaratonta, ja seikkailun tuottama adrenaliiniryöppy ja pulssin kiihtyminen ovat toivottuja tuloksia.

Valkohaille – huolimatta suuresta koostaan ja pelottavasta tappajahai-maineestaan – sukeltajien vierailu aiheuttaa ongelmia. Monilta villieläimiltä tutut pako- ja karttamisreaktiot muuttavat haiden käyttäytymistä hetkeksi, mutta vierailujen todellista vaikutusta kaloihin on tutkittu vain vähän.

Australialaisen Flinders-yliopiston professorin Charlie Huveneersin johtama kansainvälinen tutkijaryhmä selvitti valkohaiden reaktioita häkkisukeltajiin kiinnittämällä tarkkoja tietoja välittäviä antureita kymmenen Neptune Islands -saaren vesillä turisteja kohtaavan valkohain iholle. Antureilla mitattiin valkohaiden uintinopeutta ja -matkoja, kalojen tekemiä äkillisiä käännöksiä ja haiden aineenvaihdunnan vilkkautta. Lisäksi seurattiin haiden lähtöä kilometrien päähän sukelluspalveluja tarjoavista aluksista.

Yhdeksän päivän ajan seurannassa olleiden valkohaiden energiankulutus lisääntyi häkkisukellustapahtumien seurauksena keskimäärin 61 prosentilla. Vastaava eläinten aktiivisuuden lisääntyminen sukeltajien läsnäolon seurauksena on todettu eri hailajeilla ja muilla merieläimillä muualla tehdyissä selvityksissä. Lisääntynyt aktiivisuus osoittaa käyttäytymisen muutoksia ja kasvanutta energiankulutusta. Sukeltajien vierailut voivat muuttaa haiden ravinnonhakua ja muuta elintärkeää käyttäytymistä.

Neptune Islands -saarten vilkas haiturismi noudattaa alueelle vahvistettuja sääntöjä, joiden mukaan haille ei saa tarjota ravintoa kalojen houkuttelemiseksi alusten ja sukeltajien läheisyyteen. Valkohaiden tutkijat arvioivat häkkisukellusten aiheuttaman energiankulutuksen kasvun – jota sukeltajat eivät mitenkään korvaa ruoalla – olevan kaloille haitallista, koska tuo ylimääräinen energiankulutus on poissa normaalista, ulappavesillä harjoitettavasta saalistuksesta.

Vaikka haiden tarkkailu tai häkkisukeltajien läsnäolo eivät suoraan vahingoita kaloja, toiminnan aiheuttama käyttäytymisen muutos ja energiankulutuksen kasvu voivat olla valkohaille niin haitallisia, että vierailujen määrälle tulisi saada villieläinten hyvinvoinnin turvaavia määrällisiä rajoituksia. Vilkkaimmilla haisukellusalueilla merellä saattaa olla jopa seitsemän häkkisukelluksia tarjoavaa venekuntaa samanaikaisesti.

• Huveneers C, Watanabe YY, Nicholas L Payne NL & Semmens JM. 2018. Interacting with wildlife tourism increases activity of white sharks. Conservation Physiology, 6(1): 1 June 2018, coy019; https://doi.org/10.1093/conphys/coy019

Tiikerihait tekevät pitkiä vaelluksia

Monissa luontomatkailun kohteissa haiden tarkkailuretkillä ja haiden kanssa uimiseen keskittyvillä matkoilla suuria petokaloja houkutellaan paikalle ruokinnan avulla. Tällaisen toiminnan on sanottu muuttavan haiden käyttäytymistä haitallisesti, mutta ainakin osa kriittisestä arvostelusta näyttää olevan liioiteltua.

Floridan ja Bahamasaarten vesillä – jossa haiturismi on hyvin suosittua – toteutetussa kalojen satelliittipaikannukseen perustuvassa seurannassa miamilaistutkijat totesivat suurikokoisten tiikerihaiden (*Galeocerdo cuvier*) tekevän pitkiä uintivaelluksia Golfvirran ja läntisen Atlantin ravinnerikkaille seuduille, joilla ravinnon tarjonta on runsasta. Hetkellisesti turistialusten tuntumaan jäämisellä ja tarjottuun ravintoon turvautumisella ei selvityksen mukaan ole pysyvää vaikutusta tiikerihaiden liikkeisiin ja käyttäytymiseen.

Lyhytaikaisesti tiikerihaiden käyttäytyminen kyllä muuttuu turistivierailujen seurauksena, sillä tiikerihait saalistavat luonnostaan pääasiassa öisin, joten päiväaikaan annettu ravinto muuttaa haiden vuorokausirytmiä. Tiikerihaiden pitkien vaellusten takia samat kalat eivät osallistu jatkuvasti tällaiseen ruokintaan. Näin tiikerihaille lajina ei liene turistivierailuista ainakaan näiltä osin haittaa.

Turistien neuvonta lisää eläinten kunnioitusta

Nopeasti eri puolilla maailmaa yleistyneen haiturismin äärimmäisin muoto lienee seikkailuhenkinen sukellus haiden joukkoon turvallisen häkin sisällä. Tällaiseen extreme-kokemukseen hakeutuvien matkailijoiden ja seikkailijoiden tavoite on hyvin henkilökohtainen halu kokea voimakas adrenaliiniryöppy, ja kokemukseen hakeutuva harvemmin ajattelee tilannetta hain näkökulmasta. Haiturismi kuitenkin väistämättä muuttaa paitsi seikkailijoiden myös haiden elämää.

Sukeltajien ja muiden merille haiden katseluun lähtevien matkailijoiden valmistautumiseen haiden kohtaamiseen tulisi liittyä kunnollinen tietoannos haiden elämästä, petokalakantojen nykytilasta sekä erilaisista vaaroista – ei ainoastaan haiden vaaroista ihmiselle vaan myös ihmisen aiheuttamista riskeistä haikaloille.

Australialaisen Southern Cross University -yliopiston tutkimuksessa selvitettiin pelätyn valkohain (*Carcharodon carcharias*) kanssa häkkisukellukseen osallistuneille turisteille retken aikana tarjottavan haitiedotuksen vaikutusta osallistujien yleiseen käsitykseen ja suhtautumiseen merten suuriin petoihin. Tutkittu ja perusteltu tieto haiden käyttäytymisestä, eri lajien uhanalaisuudesta sekä ihmiskontaktien vaikutuksista kalojen hyvinvointiin muutti selvästi useimpien haituristien suhtautumista.

Oman, hetkellisen shokkikokemuksen lisäksi sukeltajat ja muut retkelle osallistuneet myönsivät henkilökohtaisen hai- ja meritietoutensa niin puutteelliseksi, että kohdekohtaista tiedotusta ja valistusta pidettiin erittäin tarpeellisena ja tervetulleena.

Tutkitun ja konkreettisin esimerkein annetun tiedon ansiosta extreme-matkailijoiden suhtautuminen lukuisiin haimyytteihin ja -pelkoihin muuttui, ja yleinen suhtautuminen petokalojen hyvinvointiin ja suojelutarpeisiin vahvistui sukellusretken järjestäjien tarjoaman tiedotuksen ansiosta.

- Apps K, Dimmock K, Lloyd DJ and Huveneers C. 2017. Is there a place for education and interpretation in shark-based tourism? Tourism Recreation Research 42(3): 327–343; http://dx.doi.org/10.1080/02508281.2017.1293208

Oslob, Filippiinit: Valashait kuin pullasorsia

Luonnonvaraisten eläinten houkuttelu turistien tarkkailtaviksi tai jopa kosketeltaviksi on eri puolilla maailmaa yleistä, vaikka toiminta on useimmiten epäeettistä ja joskus sekä eläimille että ihmisille vaarallista. Yksi äärimmilleen viedyistä tapauksista villieläinten ruokinnasta tapahtuu päivittäin, vuoden ympäri, Filippiineillä Cebun saarella. Oslobin rantakaupungissa aloitettiin vuonna 2011 ihmiselle vaarattoman valashain (*Rhincodon typus*) säännöllinen ruokkiminen kalojen houkuttelemiseksi lähelle rantaa turistien nähtäväksi. Valashaita oli aikaisemmin nähty paikkakunnalla vain ajoittain.

Jopa 12-metriseksi ja yli 20 tonnin painoiseksi kasvava valashai on suurikokoisin hailaji ja samalla maailman suurin kala. Lajia tavataan kaikilla lämpimän ja kuuman vyöhykkeen valtamerillä.

Säännöllinen, jatkuva ruokinta houkuttelee joukoittain valashaita mataliin rantavesiin vuoden jokaisena päivänä, joten eläimistä kiinnostunut turisti saa varmuudella vastinetta rahoilleen saapumalla Oslobiin. Ja tämä varma kohde myös vetää matkailijoita. Vuosittain Oslobissa käy lähes 200 00 turistia.

Villieläinten houkuttelu ruokinnan avulla koetaan ja tiedetään epäeettiseksi, mutta harva turisti ajattelee kokemuksen eettisiä arvoja tai taustoja. Internetin matkailusivustoilla ja matkatoimistojen palautepalstoilla esitetään toki myös epäilyksiä valashaiden ruokinnan oikeutuksesta, mutta enemmistö matkailijoiden kertomuksista lienee ylistäviä. Osallistujien arvioinneissa Oslobin kokemukset saavat usein neljä tai viisi tähteä, eli kokemusta suositellaan varauksetta muillekin luontoturisteille. Suurikokoisten valashaiden tarkkailun lisäksi Oslobissa tarjotaan turisteille mahdollisuutta uida kesyyntyneiden ja vaarattomien haiden joukossa.

Ekoturismin nimissä harjoitettava toiminta Oslobissa rikkoo yleisiä eettisiä normeja, mutta haiden ruokkiminen on täysin laillista. Eläinsuojelijat ja tutkijat ovat vaatineet viranomaisilta ja Filippiinien hallitukselta toimia Oslobin valashaiturismin säätelemiseksi tai ruokkimiskäytäntöjen kieltämiseksi, mutta päätöksiä ei voida tai haluta tehdä ilman tieteelliseen tutkimukseen nojaavaa näyttöä ruokinnan ja turistien kohtaamisen haitoista. Eikä vaadittavaa, luotettava tietoa ole käytettävissä.

Valashaille tarjotaan säännöllisesti suuria määriä katkarapuja ja muuta valaiden vakioravintoa, ja suuri joukko haita on asettunut paikalle varman "saaliin" houkuttelemana. Paikoillaan lojuminen lähellä rantaviivaa on valashaille täysin luonnoton olotila, sillä tyypillisesti laji liikkuu laajalla alueella ja tekee pitkiä vaelluksia.

Kanadalaisten ja filippiiniläisten tutkijoiden selvitys Oslobin valashaiturismin vaikutuksista tarkastelee toiminnan eettisiä ja ekologisia arvoja sekä eläinten käyttäytymisen muutoksia. Luontaisesti ulappavesissä vaeltavan kalan jääminen vakituisesti paikoilleen, elämään vain ruokinnan varassa on muuttanut valashaiden luontaista käyttäytymismallia. Eläinten tulevaisuuden kannalta on kyseenalaista, jos kalojen luontainen ravinnon hankinta muuttuu tai kyky saalistukseen katoaa katkarapujen tarjoilun seurauksena.

Toisaalta täysin ihmisestä riippuvaiseksi tulleiden suurikokoisten haiden tulevaisuus olisi kyseenalainen, jos ruokkiminen lopetettaisiin yht'äkkisesti. Toistaiseksi ei ole tutkittu, miten ruokinnan seurauksena lähes kotieläimiksi kesyyntyneiden valashaiden ja meren luonnontilassa elävien muiden lajitoverien välinen yhteys toimii, eli onko "pullasorsamaisilla" valashailla enää mitään kontaktia vapaasti ulappavesissä eläviin lajitovereihinsa.

Valashaiden tarkkailumatkoille Oslobin osallistuneet turistit tiedostavat toiminnan luonnottomuuden ja epäeettisyyden, mutta halu kohdata suuria haikaloja ajaa eläinten oikeuksien edelle. Tutkimuksessa analysoitiin 947 TripAdvisor -matkailusivustolla julkaistua Oslob-arviointia ja 747 suoraan valasmatkan aikana tehtyä osallistujahaastattelua.

Suuri osa Oslobiin matkanneista turisteista tiedosti ongelmat valashaiden ruokinnan eettisessä puolessa, mutta osittaisesta keinotekoisuudestaan huolimatta kohtaamiskokemuksia pidetään hyvänä ja siksi ruokinta koetaan yleisesti hyväksyttävänä. Osallistumistaan valasturistit perustelivat helppoudella, taloudellisuudella ja usein myös eläinten hyvinvoinnin puolustamisella. Valashaille mahdollisesti aiheutuvista kauaskantoisista haitoista tai vaaroista turistit eivät juuri osaa piitata, koska tällaisesta ei kerrota matkaesitteissä tai turistien julkaisemissa kertomuksissa.

- Goldman JG. 2018. A Whale (Shark) of an Ethical Dilemma. Hakai Magazine, 13.4.2018; https://www.hakaimagazine.com/news/a-whale-shark-of-an-ethical-dilemma/
- Ziegler JA, Silberg JN, Araujo G, Labaja J, Ponzo A, Rollins R & Dearden P. 2018. A guilty pleasure: Tourist perspectives on the ethics of feeding whale sharks in Oslob, Philippines. Tourism Management 68: 264–274; https://doi.org/10.1016/j.tourman.2018.04.001

8

VALASTURISMIN RISTIRIIDAT

Häirintä muuttaa valaiden pakokäyttäytymistä

Pohjoisilla, syrjäisillä vesillä elävien sarvivalaiden (*Monodon monoceros*) suurin uhka on perinteisesti ollut voimakkaiden nisäkäspetojen – etenkin jääkarhun ja miekkavalaan – saalistus, mutta arktisten jäätiköiden nopea ja pysyvä sulaminen on lisännyt ihmisen toimintaa aikaisemmin hyvin luonnontilaisina säilyneillä alueilla. Jatkuvasti lisääntyvä laivaliikenne, merenpohjan öljy- ja mineraalivarojen etsinnät, yhdessä viime vuosina nopeasti lisääntyneen ja jään sulamisen seurauksena yhä kasvavan turistiliikenteen kanssa ovat tuoneet ihmisen valaiden säännölliseksi vieraaksi – ja uhaksi.

Sarvivalaat eivät ole kaupallisen valaanpyynnin kohteita, mutta arktisen alueen alkuperäisasukkailla, *inuiteilla* on oikeus oman elämäntapansa ylläpitämisessä välttämättömään pyyntiin. Ilman tappamisaikomuksiakin ihmisen lisääntynyt läsnäolo on silti hengenvaarallista valaille. Rauhallisilla merillä elämään tottuneille sarvivalaille ei ole kehittynyt mekanismeja, joilla ihmisen aiheuttamaan stressiin tulisi reagoida.

Normaalisti sarvivalas reagoi jääkarhun tai miekkavalaan saalistusuhkaan kahdella tavalla – ensin valas "jäätyy paikalleen", ja sitten nisäkäs pakenee nopeasti sukeltamalla syvyyksiin tai jään alle. Toisin kuin suurikokoisempi miekkavalas, sarvivalas voi pysytellä pitkiä aikoja meren jääpeitteen alla. Sukelluksissa eläimen selviytymismahdollisuudet riippuvat käytössä olevan hapen määrästä ja kulutuksesta.

Kalifornian yliopiston tutkijan Terri Williamsin johtama ryhmän seuranta osoitti, kuinka petoja paetessaan sarvivalaan sydämen lyöntitiheys laskee jopa 3–4 lyöntiin minuutissa, jolloin hapen kulutus on minimissään. Tavanomaisessa sukelluksessa sarvivalas käyttää keskimäärin 52 prosenttia kehonsa happivarastosta, mutta äkillisesti häirittäessä, "jäädy ja pakene" -sukelluksessa happivarannoista kuluu peräti 97 prosenttia. Äkillisen ja yllättävän stressin laukaisema pakoreaktio ja -sukellus voivat koitua sarvivalaalle kohtalokkaiksi.

Kaikenlainen ihmisen toiminta on valaille haitallista, sillä näköhavaintojen ohella vedessä kauas kantautuva melukin laukaisee äkillisiä pakoreaktioita. Grönlannin, Kanadan ja Venäjän pohjoisilla vesillä elää 100 000–150 000 sarvivalasta.

- Williams T M, Blackwell S B, Richter B, Sinding M-HS & Heide-Jørgensen M. 2017. Paradoxical escape responses by narwhals (*Monodon monoceros*). Science 358 (6368): 1328–1331; DOI: 10.1126/science.aao2740.

Valassafarille myös suurkaupungin sydämessä

Ainutlaatuisia elämyksiä tarjoavalle luontomatkalle voi osallistua lähtemättä syrjäisille seuduille. Valaiden tarkkailun näyttävimpiä ja samalla eriskummallisimpia vuosittaisia ilmiöitä on arktisilta vesiltä kuuman vyöhykkeen lämpimiin meriin säännölliset lisääntymisvaelluksensa tekevä harmaavalas (*Eschrichtius robustus*). Nämä suuret valaat vaeltavat vuosittain yli 12 0000 mailin lisääntymisvaelluksen pohjoisilta arktisilta vesiltä etelään, Kalifornianlahden ja Meksikon Baja Californian osavaltion edustan lämpimille vesille.

Edestakainen runsaan 12 000 mailin (yli 20 000 kilometrin) vaellus on pisin minkään nisäkäslajin suorittama säännöllinen vaellus. Näitä suurikokoisia ja hitaasti uivia nisäkkäitä voi ihailla ulappavesiä paremmin Kalifornian toiseksi suurimman kaupungin San Diegon rannoilla.

Harmaavalassesonki ajoittuu joulu- ja huhtikuun välille. Tuolloin San Diegossa voi keskikaupungin tuntumassa suoraan rantakaduilta ja -kallioilta seurata kymmenien, jopa satojen harmaavalaiden kokoontumista ja hidasta uiskentelua. Harmaavalaiden liikkuminen on todellinen näytös, kun suuret valaat sukeltavat minuuttien ajaksi syvyyksiin, ja pintaan palattuaan tekevät joitakin "loikkia" sukeltaakseen taas kymmenien metrien syvyyteen.

San Diegon satamassa ja rannoilla on paljon yrityksiä, jotka vievät täyteen lastattuja veneellisiä turisteja harmaavalaiden keskelle, mutta näytelmää voi hyvin seurata myös suoraan maalta käsin. Alusten seilaamisesta valaiden keskellä ei ilmeisesti ole merinisäkkäille haittaa – tai ainakaan kirjallisuudessa ei ole raportoitu eläinten epänormaaleista reaktioista.

• TravelDailyNews, 27.2. 2018. San Diego Grey Whale Watching – A perfect place to watch the annual whale migration. https://www.traveldailynews.com/post/san-diego-grey-whale-watching-a-perfect-place-to-watch-the-annual-whale-migration

Valasturismi, kalankasvatus ja tuulivoimalat

Matkailun ja muiden elinkeinojen tavoitteet ja edut joutuvat usein kilpailemaan samoista, rajallisista mahdollisuuksista. Kautta maailman sekä luonnonsuojelun että luontomatkailun edustajat ja puolustajat taistelevat esimerkiksi metsätalouden massiivisia hakkuita, kaivostoimintaa, teiden rakentamista ja jokien valjastamista vastaan alueilla, joilla luonnon kauneus ja lajistolliset erityispiirteet ovat ekoturismin perustana. Vastaavaa ristiriitaa on myös merialueella, ainakin Skotlannissa.

Etenkin lahtivalaiden (*Balaenoptera acustorostrata*) tarkkailuun perustuvat laivaretket ovat Skotlannin rannikoilla suosittuja, ja matkojen taloudellinen arvokin nousee useisiin miljooniin puntiin vuodessa. Samoilla rantavesillä on kuitenkin taloudellisesti matkailua tuottoisampia elinkeinoja, joiden kehittämisestä voi olla haittaa valaille ja siten tietysti valasturismille.

Keväällä 2018 suurten merinisäkkäiden suojelua ajava järjestö vetosi Skotlannin poliittisiin päättäjiin, että rannikon kalankasvatuslaitosten suunnittelemat laajennukset – tuotannon kaksinkertaistaminen lähivuosina – eivät toteutuisi. Jo nykyisellään kalankasvatuslaitoksista katsotaan olevan haittaa valaidentarkkailumatkailulle, koska merialtaita suojellaan hylkeiden ja valaiden "ryöstöretkiltä" vedenalaisilla, nisäkkäitä karkottavaa ääntä lähettävillä laitteilla.

Häirintälaitteiden lähettämä äänitaajuus häiritsee nisäkkäiden kommunikointia ja karkottaa hylkeitä ja valaita kala-altaiden läheisyydestä. Turismielinkeinon edustajien mukaan karkotus on niin tehokasta, että lahtivalaat katoavat kauas pois veneretkien ulottumattomiin.

Kala-altaiden lisäksi vedenalaisilla äänilähteillä pidetään valaita loitolla myös merellä toimivien tuulivoimalayksiköiden tuntumasta. Tuulivoimalat ovat kauempana rantaviivalta kuin kalankasvatusaltaat, joten kahden teollisen mittakaavan elinkeinon harjoittama karkotus toimii laajalla merialueella pitäen valaita poissa paitsi kala-altailta ja tuulimyllyiltä myös kaukana veneretkien ulottumattomissa.

Tarkkailuretket valvomattomia ja liian kansoitettuja

Skotlannin rannikoiden suurikokoiset ja harvinaiset merieläimet houkuttelevat paljon ekoturisteja, ja luontomatkailun taloudellinen arvo on erittäin suuri. Luonnon ja villieläinten tarkkailua varten saapuvat turistit tuovat vuosittain 127 miljoonan punnan (eli noin 145 miljoonan euron) vuosittaiset tulot. Taloudellisen arvon takia matkailijamääriä on haluttu kasvattaa, mutta valitettavasti eläintentarkkailu on kasvanut jo eläimistöä häiritseväksi.

Laillisia tai muita sitovia rajoituksia eläinturistien määrille ei ole, mutta lukuisat luonto- ja kansalaisjärjestöt ovat vaatineet maan hallitukselta toimia valvonnan lisäämiseen ja turistimäärien ohjailuun.

Hallituksen alainen *Scottish Natural Heritage* -organisaatio on julkaissut ohjeita merieläinten tarkkailuturismille, mutta ohjeiden noudattamista ei valvo kukaan. Ja yksityisen matkailubisneksen voittoa tavoittelevan luonteen mukaisesti kaikki halukkaat tulijat otetaan mieluusti mukaan retkille. Turistivirran kasvun aiheuttama lähes jatkuva häirintä on haitaksi eläimille, ja siksi 35 järjestön yhteenliittymä, *Scottish Environment Link* vaatii hallitukselta toimia eläinturismin valvonnan ja tarvittavan säätelyn voimaan saattamiseksi.

• Amos I. 2018. Conservationists urge licensing for marine wildlife tours. The Scotsman, 30.6.2018; https://www.scotsman.com/news/environment/conservationists-urge-licensing-for-marine-wildlife-tours-1-4762234

- Paterson K. 2018. Warning salmon farm devices could hit wildlife tourism. The National, 9.5.2018; http://www.thenational.scot/news/16212119.Warning_salmon_farm_devices_could_hit_wildlife_tourism/

9

SUKELLUSTURISMIN ONGELMAT

Sukeltajan pidettävä riittävä etäisyys merieläimeen

Delfiinien, valaiden ja haiden ohella myös suuret merikilpikonnat ovat suosittuja sukelluskumppaneita ja -kohteita luontomatkoilla. Näilläkin yksilökohtaiset erot ovat suuria, mutta selkeitä yleisohjeita ekologisesti kestävään tutustumiseen voidaan antaa. Kansainvälinen tutkijaryhmä seurasi läheltä liemikilpikonnien (*Chelonia mydas*; engl. Green sea turtle) reaktioita sukeltajien läsnäoloon ja läheisyyteen. Liemikilpikonnat ovat erittäin uhanalaisia, suurikokoisia (suurimmillaan 1.5 metrin pituisia ja yli 160 kilon painoisia), trooppisilla ja subtrooppisilla merillä eläviä matelijoita.

Kilpikonnissa tutkijat erottivat kaksi ryhmää: Rohkeat yksilöt sietävät ihmistä lähellään, kun taas arat kilpikonnat pakenevat jo kaukaa sukeltajan havaitessaan. Sukeltaja tai uimari eivät voi etukäteen tietää, millaiseen vastaanottoon meressä uiva eläin on valmis. Seurannassa selvitettiin merikilpikonnien reaktiota – etäisyyttä, jossa eläin pakenee vierasta – lähestyvään sukeltajaan. Havaintoja tehtiin parista sadasta kohtaamisesta, ja selvä enemmistö eläimistä osoitti käytöksellään vieroksuvansa tulijoita. 90 prosentissa kohtaamisista kilpikonna päästi sukeltajan korkeintaan kolmen metrin etäisyydelle itsestään, ennen kuin eläin lähti pakoon.

Ihmisen läsnäolon aiheuttama häirintä voi koitua kilpikonnille kohtalokkaaksi – riippumatta siitä, kuuluuko yksilö rohkeisiin vai arkoihin. Kaikenlainen läheinen kanssakäyminen ihmisten kanssa johtaa merieläinten tottumiseen vieraisiin, ja tällainen normaalin pelkoreaktion heikkeneminen tai katoaminen altistaa kilpikonnia suurten petojen kuten haiden saalistukselle. Ja vaikka hengenvaarallisia petoja ei lähestyisikään, uimarien tai sukeltajien läsnäolo laukaisee jonkin asteista karttamista ja pakoa, jotka kuluttavat raskastekoisten ja hidasliikkeisten kilpikonnien energiaa ja voivat siten heikentää eläinten kuntoa. Nyrkkisääntönä yhdysvaltalaistutkija Lucas Griffinin ryhmä totesi, ettei turistisukeltaja saisi missään oloissa lähestyä merikilpikonnaa kolmea metriä lähemmäs.

- Griffin LP, Brownscombe JW, Gagné TO, Wilson ADM, Cooke SJ & Danylchuk AJ. 2017. Individual-level behavioral responses of immature green turtles to snorkeler disturbance. Oecologia 183(3): 909–917; https://doi.org/10.1007/s00442-016-3804-1

Sukeltajat häiritsevät paitsi eläimiä myös toisiaan

Delfiinien, haiden, kilpikonnien ja muiden merieläinten kanssa sukeltaminen ja snorklaaminen kuuluvat ekoturismin suosituimpiin harrastuksiin. Etuliite *eko* on kuitenkin valitettavan usein harhaanjohtava tällaisessa toiminnassa, koska useinkaan ihmisen toiminta ei ole sopusoinnussa luonnonvaraisten eläinten normaalin käyttäytymisen ja hyvinvoinnin kanssa.

Hyvin varustautuneet ja luontomatkailuun vakavasti suhtautuvat organisaatiot ovat tiedostaneet sukellus- ja snorklausturismin haitat ja vapaaehtoisesti rajoittaneet osallistujamääriä villieläinten kohtaamiseen perustuvilla retkillä. Kaupalliset toimijat pyrkivät kuitenkin maksimoimaan hyötyjään, ja siksi eläinkohtaamisiin päästetään liian paljon ihmisiä.

Esimerkiksi Havaijilla paholaisrauskujen (*Manta*) kanssa sukeltamiseen ja snorklaamiseen perustuville retkille osallistuu päivittäin yli 30 venekuntaa ja yli 300 sukeltajaa. Tällainen vedenalainen "liikenneruuhka" aiheuttaa väistämättä myös ongelmia sekä merieläimille että sukeltajille.

Oregonin valtionyliopiston tutkijan Mark Needhamin johdolla Havaijilla toteutetussa kyselyssä valtaosa rauskujen kanssa sukeltamiseen osallistuneista turisteista kertoi vedenalaisista, liian suuren osallistujaryhmän aiheuttamista ongelmista. Erilaisista sukeltajakumppanien aiheuttamista vaikeuksista tai kiistoista raportoi 56–92 prosenttia sukelluksiin osallistuneista. Sukellusten aikana ilmaantuneita ongelmia olivat esimerkiksi tönimiset, piittaamattomuus kanssasukeltajista sekä vedenalaisen valokuvauksen harrastajien salamavalojen aiheuttama häikäisy.

Ongelmat olivat niin yleisiä ja häiritseviä, että valtaosa sukeltajista ehdotti osallistujamäärien rajoittamista tällaisissa kohtaamisissa. Lisäksi sukellusretkille osallistujat toivoivat matkanjärjestäjiltä opastusta paitsi varsinaiseen sukeltamisen tekniikkaan liittyvissä asioissa myös sukelluskäyttäytymisessä. Haastattelututkimuksessa nousi esiin kymmeniä sukeltajien välisiin asioihin liittyviä ongelmia, mutta rauskuille tai muille merieläimille mahdollisesti aiheutetuista haitoista ei mainittu.

- Needham MD, Szuster BW, Mora C, Lesar L & Anders E. 2017. Manta ray tourism: interpersonal and social values conflicts, sanctions, and management. Journal of Sustainable Tourism 25(10): 1367–1384; https://doi.org/10.1080/09669582.2016.1274319

Lyhytkin video-opastus vähentää vahinkoja

Varsinkin tropiikin kirkkaissa ja monilajisissa vesissä hyvin suosituksi tullut laitesukellus on luontomatkailun suuria vetonauloja, joista aiheutuu matkakohteelle myös harmeja. Varsinkin koralliriutoilla sukeltajat vahingoittavat eliöstöä, sillä vähäinenkin kosketus – matkamuistoksi taitetusta korallinpalasta puhumattakaan – aiheuttaa eliöyhteisölle vahinkoa jopa vuosikymmeniksi. Haittoja voidaan vähentää helposti opastuksella ja tiedon lisäämisellä.

Tutkijat selvittivät koralliriutalla sukeltamaan aikoville suunnatun lyhyen video-opastuksen merkitystä vieraiden vedenalaiseen käyttäytymiseen. Videolla kerrottiin koralleihin koskettamisen pitkäaikaisesta vahingollisuudesta sekä korallien hyvin hitaasta uusiutumisesta, ja tulokset olivat erinomaisia.

Opastukseen osallistuneet sukeltajat koskettelivat koralleja ja aiheuttivat selvästi vähemmän vahinkoa kuin samoissa vesissä sukeltaneet mutta ilman opastusta veden alle menneet kumppaninsa. Oppi meni perille niin miehille kuin naisille, ja sekä eliöstöä vain silmillään ihailleet että vedenalaista valokuvausta harrastaneet sukeltajat käyttäytyivät videon nähtyään luontoa kunni-oittavammin kuin opastukseen osallistumattomat.

Matkalla tarjottu tieto opettaa eläinten biologiasta

Haidentarkkailu- ja haisukellusmatkoille osallistuvat toivoisivat kohdekohtaista koulutusta. Etelä-Australiassa haisukelluksille osallistuneilta kyseltiin turistien tietämystä haikaloista, niiden käyttäytymisestä, elintavoista sekä uhanalaisuudesta ja suojelusta.

Valtaosa osallistujista myönsi tietonsa vajaiksi, ja ohjausta olisi toivottu sekä ennen matkaa että retken aikana.

Vaikka haidentarkkailun ja etenkin haisukellusten päätavoite matkailijoilla on extreme-kokemus, jännitys ja hetkellinen adrenaliiniryöppy, matkan pitkävaikutteisena tuloksena pitäisi olla myös yleisön tieto- ja ymmärrystason nousu valtamerien haiden tilasta ja tulevaisuudesta.

Järjestetyillä, luontoon suuntautuvilla teemamatkoilla ja retkillä toimivien oppaiden ja ohjaajien tärkein tehtävä on huolehtia osallistujien turvallisuudesta. Lisäarvona retkillä on tietysti mahdollisimman myönteisten ja monipuolisten kokemusten välittyminen, ja tähän kategoriaan liittyvät myös ympäröivän luonnon erityispiirteet.

Pehmeillä pohjilla piiloutuvien eläinten valokuvaus ongelmallista

Laitesukellukseen perustuva vedenalaisen luonnon tarkkailu sekä valo- ja videokuvaus ovat yksi toiminnallisen luontomatkailun suosituimpia muotoja. Tunnetumpia sukelluskohteita ovat tropiikin ja subtropiikin rantavesien koralliriutat, joiden lajistollinen monimuotoisuus on erityisen suurta. Sukeltajat voivat vahingoittaa hyvin hidaskasvuisia koralliyhdyskuntia musertamalla vahingossa tai katkomalla tarkoituksella värikkäitä ja kauniita korallirunkoja. Vahinkojen korjautuminen ja yhteisön tervehtymien voivat vaatia vuosien, jopa vuosikymmenien palautumisaikaa ja mahdollisesti alueen rauhoittamista.

Ongelmia sukeltajat voivat aiheuttaa myös pehmeillä hiekka- ja liejupohjilla, vaikka pysyviä rakenteellisia vaurioita ei synnykään. Australialaisen Curtin-yliopiston tutkijan Maarten De Bauwerin johtama asiantuntijaryhmä selvitti Filippiineillä ja Indonesiassa laitesukeltajien vaikutuksia pehmeäpohjaisissa rantavesissä, joissa uimarien kiinnostuksen kohteena olivat pohjan läheisyydessä elävät ja sedimentteihin piiloutuvat kalat ja selkärangattomat eläimet.

Piilottelevien, pehmeään sedimenttiin kaivautuvien ja usein alustansa sävyihin suojavärin ansiosta mukautuvien eläinten tarkkailu ja etenkin valokuvaus edellyttävät pitkäaikaista paikallaan oloa ja usein merenpohjan koskettelua tai kaivamista. Suora kosketus pehmeään sedimenttiin liettää kiintoainesta veteen, ja tämän sedimentin kerrostuminen kasvillisuuden, korallien ja muiden kiinni-istuvien eliöiden pinnoille on näille haitallista.

Seurannan aikana tutkijat tarkkailivat iän, sukelluskokemuksen tai sukupuolen mukaan vaihtelevien sukeltajaryhmien käyttäytymistä ja vaikutuksia liejupohjaisilla rannoilla. Piileskeleviä pohjaeläimiä kuvaavat laitesukeltajat viettivät eniten aikaa kohteissaan ja he myös koskettivat ja samensivat vettä enemmän kuin muut sukellusta harrastavat ryhmät.

Pehmeiden pohjien sukellusretkien ekologisia vaikutuksia on tutkittu hyvin vähän – esimerkiksi koralliriuttojen vastaaviin verrattuina – mutta ongelmia ja haittoja ilmeisesti syntyy. Rantakohteissa tulisikin lisätä tiedotusta sukeltajien toiminnasta ja erityisesti suorasta kosketuksesta tarkkailukohteisiin, jotta harrastajien ja paikallisen eliökunnan yhteiselo voi jatkua häiriöittä.

- De Brauwer M, Saunders BJ, Ambo-Rappe R, Jompa J, McIlwain JL & Harvey ES. 2018. Time to stop mucking around? Impacts of underwater photography on cryptobenthic fauna found in soft sediment habitats. Journal of Environmental Management 218: 24–22; https://doi.org/10.1016/j.jenvman.2018.04.047

10

NORSUJEN HYVÄKSIKÄYTTÖ

Norsuratsastuksille vaaditaan täyskieltoa

Norsujen käyttö ihmisen jokapäiväisissä töissä kuten taakkojen kantajina on perinteinen tapa ihmisen ja eläimen vuorovaikutuksissa. Kuvat kärsässään suuria tukkeja kantavista norsuista ovat kirjoista ja elokuvista tuttuja. Tätä nykyä norsujen työvoima on valjastettu yhä useammin myös turismin palvelukseen. Ilmeisesti kaikissa maissa, joissa afrikannorsua tai aasiannorsua tavataan, eläimiä käytetään turistien kuljetuksiin.

Norsuratsastusten lisäksi suuria nisäkkäitä on valjastettu myös erilaisten temppujen tekijöiksi, eikä ainoastaan sirkuksissa vaan usein myös kaduille ja toreille esiintymään. Kesyt ja kesytetyt norsut ovat pääosin yksityisomaisuutta – ja kallista omaisuutta – ja eläinten hyvinvointi on siten täysin omistajien käsissä.

Lait ja säännöt antavat yleiset suuntaviivat eläinten kohtelulle, mutta ongelmia esiintyy yllättävän paljon – jopa niin paljon, että eläinsuojelujärjestöt ja yhä useammin myös valtiolliset viranomaiset ovat alkaneet vaatia esimerkiksi norsuratsastusten kieltämistä.

Norsujen käyttö turismielinkeinon palveluksessa erilaisissa viihde-esityksissä ja norsuratsastuksissa on yleistä ja suurten nisäkkäiden käyttö on voimakkaassa kasvussa. Valitettavasti turistien suosion taustalla on vakavia eläinten oikeuksien loukkauksia, jopa suoranaista eläinrääkkäystä, josta vieraat harvoin tietävät. Ongelmien tutkiminen ja eläinten huonon kohtelun julkistaminen on kuitenkin jo alkanut muuttaa matkailijoiden asenteita esimerkiksi norsuratsastuksille kielteisiksi.

Aasiassa norsujen kohtelu julmaa
Kolme neljästä ratsastusnorsusta kärsii

Kansainvälinen *World Animal Protection* -suojelujärjestö julkaisi kesällä 2017 laajan katsauksen kuudessa Aasian valtiossa tehdystä norsujen viihde- ja turismikäytön laajuudesta sekä eläinten kohtelusta ja norsujen terveydestä. Tulokset ovat masentavia ja jopa pahimpia pelkoja pahempia. Tutkimuksessa tarkastettiin yhteensä 2 923 aasiannorsun (*Elephas maximus*) elinoloja ja eläinten kohtelua matkailukohteissa Thaimaassa, Sri Lankassa, Nepalissa, Intiassa, Laosissa ja Kambodžassa.

Laajan selvityksen yhteenvetona todettiin, että peräti 77 prosenttia Aasiassa turismin palvelukseen valjastetuista norsuista kärsii huonosta kohtelusta ja hoidon laiminlyönneistä. Selvityksessä olivat mukana lähes kaikki tunnetut turistikohteet, joissa norsuratsastuksia tai norsujen esityksiä tarjotaan matkailijoille. Metsien hakkuiden ja elinympäristöjen pirstaloitumisen sekä eläinten hyväksikäytön (työjuhdaksi vangitsemisen) seurauksena luonnonvarainen aasiannorsun kanta on harvinaistunut, ja tätä nykyä laji luokitellaan erittäin uhanalaiseksi.

Selvästi laajinta ja valitettavasti myös julminta norsujen hyväksikäyttö on Thaimaassa, jolle turismi on sekä paikallista että valtion taloutta ylläpitävä elinkeino. Kansainvälisten turistien määrät ovat kasvaneet kolmanneksella 2010-luvun aikana, ja reilusti yli 30 miljoonaa turistia vieraillee vuosittain Thaimaassa. Norsuilla on tärkeä osuus Thaimaan matkailussa, ja suosituimmissa norsuratsastusten ja -esitysten kohdepaikoissa vierailee turistisesongin aikana tuhansia matkailijoita joka päivä.

Kyselyjen mukaan 40 prosenttia Thaimaaseen matkustaneista turisteista on osallistunut tai aikonut osallistua norsuja käyttäviin esityksiin tai ratsastuksiin. Norsuihin perustuvan turismin taloudellinen merkitys on valtava.

Aasiassa turismin palvelukseen valjastettujen norsujen kohtelu osoittautui odotettuakin julmemmaksi. Norsuratsastuksiin osallistuvat turistit eivät tiedä, että eläinten päivittäin kantamat taakat ovat usein raskaampia kuin eläinsuojelun nimissä sallittaisiin. Pahinta on kuitenkin hyötyeläimiksi pakotettujen norsujen kohtelu silloin, kun vieraat eivät ole toimintaa näkemässä ja todistamassa.

Monet norsut ovat "työvuoron ulkopuolisena aikana" kahlittuina lyhyisiin, usein alle 3-metrisiin ketjuihin, joten massiivisen suuret nisäkkäät eivät pääse juuri lainkaan liikkumaan – luontaisesta lajityypillisestä käyttäytymisestä puhumattakaan.

Eläinten ruokinta ja terveydenhuolto ovat nekin yllättävän pahasti retuperällä, ovathan norsut huoltajiensa arvokkainta ja usein ainoaa omaisuutta. Perinteet ihmisen ylivertaisuudesta ja luontokappaleiden riiston oikeutuksesta elävät valitettavan vahvoina, eivätkä eläinsuojelijoiden tai viranomaisten ohjeet tai vaatimukset mene perille.

Konkreettisia ja varoittavia esimerkkejä norsujen pahoinpitelystä ja huonosta kohtelusta varsinaisten turistikontaktien – esitysten ja ratsastusten – aikana on vähän, mutta sekä epäsuorat todisteet kuten haavat ja eläinten nälkiintyminen ja uupumus että suorat havainnot lyömisestä ja ruoskimisesta ovat levinneet internetin välityksellä kaikkien nähtäville. Järkyttävää videomateriaalia on julkaistu esimerkiksi Intiasta, jossa miesjoukko hakkaa norsua kepeillä lamaannuttaakseen eläimen oman tahdon.

Kovakouraista kuritusta käytetään nuorten norsujen kouluttamisessa ihmisen orjiksi ja myös aikuisilla yksilöillä etenkin kiima-ajan urosten voimakkaiden tunteiden – joskus väkivaltaisuudenkin – taltuttamiseen. Videolla kuvatussa hakkaamistapauksessa ketjuun kahlehdittu norsu lamaannutetaan uuvuksiin, ja jälkikäteen voitiin todeta norsun jalan murtuneen – kuten murtuivat myös hakkaamisessa käytetyt kepit.

Suoria havaintoja kulissien takaisesta norsujen rääkkäyksestä on vain vähän, mutta epäsuorat merkit kuten eläinten ihon haavat sekä aikuisten norsujen psykoottinen, lajille luonnoton käyttäytyminen osoittavat laiminlyöntien ja kaltoin kohtelun olevan yleistä.

Tietämys norsujen kunnosta ja kohtelusta on kuitenkin leviämässä, ja totuuden paljastuminen on jo alkanut vaikuttaa turistien valintoihin ja käyttäytymisen. *World Animal Protection* -järjestön selvitysten mukaan norsuja Aasiassa, etenkin Thaimaassa, kohtaavat matkailijat ovat alkaneet suosia tai vaatia norsuille luonnonmukaisempia oloja.

Vuonna 2017 tehdyssä selvityksessä enää 53 prosenttia haastatelluista matkailijoista piti norsuratsastuksia hyväksyttävänä toimintana. Ratsastusten vastustus on selvästi lisääntynyt edelliseen, kolme vuotta aikaisemmin tehtyyn vastaavaan kyselyyn verrattuna. Norsujen suosio ei ole muuttunut, mutta yhä useammat matkailijat tahtovat nähdä eläimiä niiden luontaisessa ympäristössä.

Uusi aikakausi alkamassa Thaimaan norsuille

Vuosia jatkunut tiedotus- ja painostustoiminta julmuuksiin perustuvaa norsujen turistikäyttöä vastaan alkaa tuottaa tulosta. *World Animal Protection* -järjestö kertoi toukokuussa 2018 Thaimaan Chiang Maissa toimivan *Happy Elephant Care Valleyn* matkailukohteesta, jossa aikaisemmin suositut norsuratsastukset on lopetettu, ja jossa norsuille aletaan järjestää luonnonmukaisia, ja vapaita elinoloja.

Jatkossa turistit pääsevät tarkkailemaan ja ihailemaan norsuja, jotka elävät omien lajityypillisten tapojensa mukaisesti luonnossa. Aikaisemmin turistit ovat voineet osallistua myös norsujen ruokintaan ja kylvettämiseen, mutta uuden käytännön mukaan vieraat pidetään sekä norsuille että ihmisille turvallisen etäisyyden päässä eläimistä.

Turisti haluaa nähdä norsun norsuna

Turistikohteen käytännön muuttamiseen on johtanut paitsi eläinsuojelijoiden painostus myös johtavien kansainvälisten matkanjärjestäjien vetoomus ja selvitys, jonka mukaan yhä suurempi osa turisteista "tahtoo nähdä norsuja norsuina", toisin sanoen ilman rankaisuun perustuvan koulutuksen jälkeistä ratsastus- ja temppuilutoimintaa.

Kohennusta Thaimaan – ja toivottavasti kaikkialla muuallakin – norsujen elinoloihin voi toivoa, sillä sadat matkanjärjestäjät ovat liittyneet eläinoikeuksia edistäviin hankkeisiin. Vuoden 2017 lopulla *World Animal Protection* -järjestö raportoi Bangkokissa järjestetystä kokouksesta, jossa matkanjärjestäjien enemmistö myönsi asiakkaiden (turistien) yhä useammin tahtovan vierailla norsuja eettisesti hyväksyttävin tavoin kohtelevissa kohteissa.

Jotta paikalliset toimijat muuttaisivat perinteisiä käytäntöjä, järjestö on lähtenyt auttamaan norsujen omistajia ja haltijoita niin eläinten hoidossa kuin norsujen oikeuksia kunnioittavan toiminnan rahoituksessa.

- Larsson N. 2017. The dark side of wildlife tourism: thousands of Asian elephants held in cruel conditions. The Guardian. 6.7.2017; https://www.theguardian.com/environment/2017/jul/06/thousands-elephants-exploited-tourism-held-cruel-conditions
- Schmidt-Burbach J. 2017. Taken for a ride. The conditions for elephants used in tourism in Asia. 56 sivua. World Animal Protection; https://www.worldanimalprotection.org.au/sites/default/files/au_files/taken_for_a_ride_report.pdf
- World Animal Protection, 29.5.2018. Admiring wildlife from afar: Thai venue pioneers elephant-friendly transition;
    https://www.worldanimalprotection.org/news/admiring-wildlife-afar-thai-venue-pioneers-elephant-friendly-transition-1
- World Animal Protection, 12.12.2018. Working with local venues to make tourism in Thailand more elephant-friendly; https://www.worldanimalprotection.org.au/news/working-local-venues-make-tourism-thailand-more-elephant-friendly

Intiassa norsujen tuberkuloosi yleistä

Intiassa valtion luonto-, ympäristö- ja metsäasioista vastaavan ministeriön toimeksiannosta laadittu asiantuntijaselvitys osoitti, että turisteja kuljettamaan valjastettujen norsujen kunto ja terveydentila ovat hälyttävän heikkoja. Kulttuurihistoriallisesti arvokkaalla ja turistien suosimalla Amerin linnakkeella, Rajahstanin osavaltion pääkaupungissa Jaipurissa tehdyssä tutkimuksessa selvitettiin 102 kuljetustehtävissä olevan norsun kunto.

Monet turisteja päivittäin kuljettavat norsut ovat iäkkäitä, yli 50-vuotiaita, ja hälyttävän monen terveys on jopa vaarallisen heikko.

Sekä norsuille itselleen että palveltaville ihmisille – niin paikallisille kuin kuljetettaville turisteille – vaaraksi on tuberkuloosi, joka voi tarttua eläimistä ihmisiin. Joka kymmenennen tutkitun norsun todettiin kantavan tuberkuloosia. Näkökyky oli hyvin heikko lähes viidesosalla turisteja kuljettavista norsuista. Sokeutumassa olevat norsut ovat vaaraksi sekä itselleen että ihmisille, eikä tällaisia eläimiä missään tapauksessa saisi pitää aktiivityössä turistien kuljettajina.

Kaikilla Jaipurissa tutkituilla norsuilla todettiin raajoissa liikkumista vaikeuttavia ja ilmeisesti kivuliaita vaivoja. Ihmisen hoivissa ja tiukassa kontrollissa olleilla norsulla havaittiin myös vankeudessa pidettävillä eläimillä – kuten eläintarhan pieniin häkkeihin suljetuilla yksilöillä – yleisiä, jatkuvan stressin aiheuttamia käyttäytymismuutoksia. Yleistä on, että norsut huoju-vat ja heiluttavat pakonomaisesti päätään edestakaisin.

Maallikonkin nähtävissä on selvä Intian eläinsuojelulain rikkomus, sillä lähes joka toiselta norsulta on syöksyhampaat katkottu. Vaikka näyttöä ei olekaan, tutkijat epäilevät syöksyhampaiden päätyneen laittomaan, kansainväliseen norsunluukauppaan.

Verrattuna ihmiseen norsut ovat tietysti suuria ja voimakkaita, mutta rajansa on vahvimmillakin. Suurin norsuille valjastettu taakka on Intian lain mukaan 200 kiloa. Kuormarajaa ei kunnioiteta, ja kaikki Jaipurin turismia palvelevat norsut joutuvat kantamaan liian painavia lasteja useiden turistien yhteisratsastuksissa.

Ministeriön valvonnassa tehdyn asiantuntijatarkastuksen sekä useiden niin paikalliselta yleisöltä kuin turisteilta tulleiden ilmiantojen mukaan turistikuljetuksissa olevia norsuja hakataan ja kohdellaan muuten fyysisesti kaltoin. Pahimmillaan omistajiensa ja ohjaajiensa hakkaamilla norsuilla on todettu raajojen luiden murtumia. Tällaisia ongelmia ei ole osattu odottaa, ovathan kallisarvoiset norsut haltijoidensa arvokkainta omaisuutta ja usein perheiden ainoat toimeentulon takaajat. Perinteet ovat Intiassa vahvoja, eikä eläinten hyvinvoinnin takaaminen valitettavasti kuulu tällaisiin hyveisiin.

Saatujen selvitystietojen ja valitusten perusteella kansainvälisen PETA (*People for the Ethical Treatment of Animals*) -eläinsuojelujärjestön Intian osasto esitti virallisen vaatimuksen norsuratsastuksien täydellisestä kieltämisestä turistikohteissa.

Norsujen kohtelun ongelmat on kyllä tiedostettu turismielinkeinossa. Tätä nykyä jo yli 160 kansainvälistä matkanjärjestäjää on ilmoittanut lopettaneensa matkojen välittämisen norsuratsastuksia järjestäviin kohteisiin.

Matkailuelinkeino on tietoinen kansainvälisestä painostuksesta norsuratsastusten ja -esitysten kieltämiseksi, eikä sen enempää toiminnan harjoittajilla kuin matkoja kohteisiin välittävilläkään pitäisi olla varaa laajoihin boikotteihin tai lakisääteisiin kieltoihin.

Himalajan vuoristovaltio Nepal on yksi Aasiaan suuntautuvan ekoturismin huippukohteista, jolla on houkutuksenaan myös norsuja. Alan yrittäjät vetosivat vuoden 2018 alussa Nepalin hallitukseen, jotta maahan säädettäisiin tarkat ohjeet ja määräykset norsujen käytöstä turismin palveluksessa.

Nepalissa vaaditaan ohjeita norsuratsastuksille

Norsuilla on erityasema Nepalin ja koko maailman tunnetuimpiin lukeutuvan *Chitwanin kansallispuiston* matkailussa. Vaikeakulkuisessa vuoristopuistossa vieraita kuljetetaan norsujen selässä. Eivätkä norsut palvele vain turisteja. Myös kansallispuiston valvojat ja hoitajat kulkevat vaikeissa oloissa kansallispuiston hallinnassa olevien norsujen selässä. Tästä monipuolisesta norsujen käytöstä voi päätellä, että matkanjärjestäjien vakuuttelut eläinten asianmukaisesta hoidosta Nepalissa ovat totta, käyttäväthän luonnonsuojelun ylimmät viranomaisetkin samoja kulkuneuvoja.

Nepalin matkailun edustajien vetoomus hallitukselle myöntää, että norsujen käyttöön liittyy ongelmia ja varmasti myös eläinten hyvinvointia loukkaavaa riistoa. Tarkoilla ja valtakunnallisesti kattavilla ohjeilla ja määräyksillä – joiden toteutumista myös valvottaisiin ja rikkomukset sanktioitaisiin – norsujen käyttöä tulisi voida jatkaa turistien kuljetuksissa.

Hyvin hoidetut, ihmisen hoivissa olevat norsut ovat Nepalille niin luonnon, luonnonsuojelun kuin luontomatkailun ja koko yhteiskunnan talouden turva, matkailuelinkeino vakuuttaa.

- Pandey A. 2018. PETA India calls for ban on elephant rides at tourist destinations. India Today, 24.4.2018; https://www-indiatoday-in.cdn.ampproject.org/c/s/www.indiatoday.in/amp/india/story/peta-india-calls-for-ban-on-elephant-rides-at-tourist-destinations-1219160-2018-04-24
- Tiwari R. 2018. 'Save wildlife tourism, No abuse of elephants in Nepal'. TravelBizNews, 4.2.2018; travelbiznews.com/save-wildlife-tourism-no-abuse-of-elephants-in-nepal/

11

ARKTIS JA ANTARKTIS TURISTIKOHTEINA

Arktiset jäät lähtevät – turistit tulevat

Maailmanlaajuisen ilmastomuutoksen nopean etenemisen näkyvimpiä ja dramaattisimpia merkkejä on pohjoisten jäätiköiden nopea sulaminen. Jo vuosikymmeniä jatkunut ja tarkoin seurantatutkimuksin todistettu jäätiköiden pinta-alan ja tilavuuden pieneneminen sekä mantereiden päällä – Grönlannissa, Pohjois-Kanadassa että Euraasian pohjoisimmissa osissa – että pohjoisnapaa ympäröivien merien kelluvien jäätiköiden kutistuminen vaikuttavat koko planeettamme ilmasto-oloihin.

Muutoksen kärsijöinä on yleisimmin mainittu jääkarhu, jolle suotuisat elinolosuhteet vähenevät jäämassojen huvetessa. Muukin pohjoinen eläimistö on paineessa, kun uusia lajeja siirtyy eteläisiltä alueilta kohti pohjoista, mikä muuttaa ja kiristää lajien välisiä kilpailusuhteita. Oman lukunsa eläimistön stressiin tuo merenkulun, niin rahtiliikenteen kuin turistialusten risteilyjen nopea yleistyminen.

Arktisen alueen ja pohjoisen turismin rajaamisessa ja määrittelyissä on erilaisia käytäntöjä, joista kanadalaistutkija Suzanne de la Barren johtama kansainvälinen asiantuntijaryhmä esitti vuonna 2016 *Polar Research* -tiedelehdessä monipuolisen ja kattavan katsauksen. Pohjoisten napa-alueiden laivaliikenteen volyymeistä ja alustyypeistä on käytössä tarkka viranomaisseuranta, mutta ihmistoiminnan vaikutuksista elävän luonnon hyvinvointiin on vain hajanaisia tietoja.

Jäistä vapautuneiden pohjoisten merialueiden turistiristeilyjen määrä alkoi nousta nopeasti 2010-luvun alussa, ja tätä nykyä jo kymmenet varustamot ja matkanjärjestäjät tarjoavat eri pituisia ja eri kohteisin suuntautuvia risteilypalveluja Jäämerellä, Huippuvuorilla, Grönlannissa ja parhaimmillaan aina pohjoisnavalle saakka. Arktisen turismin jo toteutuneesta kehityksestä ja herkkään pohjoiseen luontoon kohdistuvan matkailupaineen tarpeista ja uhkaavista sekä kestävän matkailun mahdollisuuksista antaa hyvän yhteenvedon kanadalaisen Lakehead Univeristy -yliopiston tutkijan Margaret Johnstonin johdolla *Polar Record* -tiedelehdessä tammikuussa 2017 julkaistu katsaus.

Arktisten alueiden tutkimustoiminnan lisääntyminen on – vanhojen perinteiden mukaisesti – alkanut ja vahvasti myös painottunut ihmisen suorien taloudellisten hyötyjen analyyseillä. Osansa ovat saaneet myös luonnonvaraiset eliöt, joiden tulevaisuuden näkymiä meneillään olevan ilmastonmuutoksen kourissa on selvitelty laajalti. Matkailun mahdollisuudet ja turismin vaikutukset Arktisen alueen luontoon ovat uusi ja tätä nykyä voimistuva tutkimuskohde.

Vuonna 2016 julkaistussa katsauksessa (de la Barre *et al.*) Suomen ja Ruotsin tutkimuspanostus pohjoisen luonnon olosuhteiden ja luonnonvarojen tutkimuksessa todetaan vahvaksi, mutta tuolloin Suomen tiede- ja tutkimuspolitiikasta ei edes mainittu arktisen matkailun kysymyksiä. Sittemmin painopiste on muuttunut, ja Lapin yliopiston, ammattikorkeakoulun ja ammattiopiston yhteisorganisaation, *Matkailun tutkimus- ja koulutusinstituutin* toiminta on kansainvälisestikin korkealle noteerattavaa. Matkailun kehittäminen nostettiin myös hallituksen kärkihankeisiin. Suomen asema arktisen alueen kehittämisen, tut-kimuksen ja hyväksikäytön suuntaajana on nyt vahva, toimiihan maamme *Arktisen neuvoston* puheenjohtajamaana vuosina 2017–2019.

- Bohn D, García-Rosell J-C & Äijälä M. 2018. Animal-based tourism services in Lapland. University of Lapland, Multidimensional Tourism Institute. 14 s. https://blogi.eoppimispalvelut.fi/elma/files/2018/01/Animal-based-Tourism-Services-in-Lapland_Report_2018.pdf
- de la Barre S, Maher P, Dawson J, Hillmer-Pegram K, Huijbens E, Lamers M, Liggett D, Müller D, Pashkevich A & Stewart E. 2016. Tourism and Arctic Observation Systems: exploring the relationships, Polar Research, 35:1, DOI: 10.3402/polar.v35.24980
- Johnston M, Dawson J, De Souza E & Stewart EJ. 2017. Management challenges for the fastest growing marine shipping sector in Arctic Canada: pleasure crafts. Polar Record 53(1): 67–78; https://doi.org/10.1017/S0032247416000565
- Ulkoministeriö. 2017. *Yhteisiä ratkaisuja etsimässä. Suomen puheenjohtajuuskausi Arktisessa neuvostossa 2017–1019.* Ohjelma englanniksi, suomeksi, ruotsiksi, saameksi; https://um.fi/documents/35732/0/Suomen+Arktisen+neuvoston+puheenjohtajuusohjelma.pdf/66a75656-ffa8-4bc8-0efd-207280fbdcb2
- Valtioneuvosto, Työ- ja elinkeinoministeriö. 2017. Hallitus nosti matkailun kasvun jatkumisen kärjekseen; https://valtioneuvosto.fi/artikkeli/-/asset_publisher/1410877/hallitus-nosti-matkailun-kasvun-jatkumisen-karjekseen

Laivaliikenne suurempi riski valaille kuin jääkarhulle

Pohjoisten merialueiden pysyvän jääpeitteen väheneminen ja jokakesäisten sulan veden jaksojen merkittävä piteneminen ovat jo lisänneet laivaliikennettä arktisilla vesillä, ja tämä kehitys kiihtyy vääjäämättä tulevaisuudessa. Liikenteen lisääntyminen tunnustetaan vakavaksi uhaksi pohjoisten seutujen luonnolle, ja etenkin eläimistön hyvinvoinnille. Rahti- ja risteilylaivojen lähestyminen aiheuttaa ihmistoimintaan tottumattomille eläimille stressiä, ja äänet – etenkin vedenalainen, kauas kantautuva melu – häiritsevät elollista luontoa.

Riskit laivaliikenteen aiheuttamista häiriöistä ja vaaroista eläimille tunnustetaan, mutta eri lajien reaktiot laivoihin ja ihmisten läsnäoloon ovat toistaiseksi vähän tutkittuja.

Ensimmäisen arktisen alueen nisäkkäitä koskevan laajan selvityksen laivaliikenteen vaikutuksista julkaisivat kesällä 2018 yhdysvaltalaisen Alaskan yliopiston Arktisen keskuksen tutkijat. Selvityksessä arvioidaan seitsemän nisäkäslajin tilannetta suhteessa laivaliikenteeseen kaikkiaan 80 populaation tai yhdyskunnan elinalueilla luoteisväylän (engl. *Northwest Passage*) sekä Pohjoisen meritien (koillisväylän; engl. *Northern Sea Route*). Tarkastelun kohteina ovat sarvivalas (*Monodon monoceros*), jääkarhu (*Ursus maritimus*), mursu (*Odobenus rosmarus*), maitovalas eli beluga (*Delphinapterus leucas*), grönlanninvalas (*Balaena mysticetus*), norppa (*Pusa hispida*) sekä partahylje (*Erignathus barbatus*).

Yleisenä johtopäätöksenään tutkijat toteavat, että useampi kuin joka toinen (42/80) Arktikumin nisäkäspopulaatio kärsii jollakin tavalla laivaliikenteestä. Suorat ja epäsuorat haittavaikutukset ovat luonnollisesti sitä suurempia, mitä lähempänä tai mitä useammin eläimet kohtaavat aluksia. Erityisen riskialtista nisäkkäille laivaliikenne on lisääntymis- ja vaellusaikoina, jolloin paljon eläimiä kerääntyy suppealle alueelle. Useiden merinisäkkäiden vaellustienä tärkeä Beringin salmi, noin 50 kilometrin levyinen merialue Pohjois-Amerikan ja Aasian (Alaskan ja Venäjän) välillä on paikka, jossa eläinten ja laivojen läheinen kohtaaminen on väistämätöntä.

Nisäkäslajien reaktiot ja herkkyys häiriötilanteissa vaihtelevat suuresti. Laivaliikenteestä vakavimmin kärsii ainoastaan pohjoisilla merillä tavattava sarvivalas, jonka yleisyyden takia kohtaamisia tapahtuu paljon, ja jonka herkkyys häiriöille on suurempi kuin muilla vertailun lajeilla. Vertailun toisessa ääripäässä, muita lajeja vähemmän laivojen ja ihmisten kohtaamisista kärsiväksi osoittautui jääkarhu, jota pidetään yleisesti arktisen alueen ympäristömuutosten ensimmäisenä ja suurimpana uhrina.

Kiinteillä alustoilla, mantereella ja pysyvällä jäätiköllä suurimman osan ajastaan viettävien jääkarhujen riski hyvin läheiseen kontaktiin ja tai törmäykseen laivojen tai ihmisten kanssa on pienempi kuin ulappavesillä elävillä nisäkkäillä. Jääkarhujen stressinsieto on selvityksen mukaan myös vahvempi kuin useimmilla muilla pohjoisilla nisäkkäillä. Vaikka jääkarhu sietää laivaliikennettä kohtalaisen hyvin, lajin tulevaisuuden näkymät ovat juuri niin synkät kuin julkisuudessa usein esitetään. Pysyvästä merijäästä riippuvaisen suurpedon elinolot ovat uhattuina, kun sulan meren alue laajenee ja vuotuinen jäätön jakso pitenee.

- Hauser DDW, Laidre KL & Stern HJ. 2018. Vulnerability of Arctic marine mammals to vessel traffic in the increasingly ice-free Northwest Passage and Northern Sea Route. PNAS (Proceedings of the National Academy of Sciences of the United States of America) 115 (29) 7617–7622; published online July 2, 2018; https://doi.org/10.1073/pnas.1803543115
- Hauser DDW, Laidre KL & Stern HJ. 2018. As Arctic ship traffic increases, narwhals and other unique animals are at risk. The Conversation, 9.11.2018; http://theconversation.com/as-arctic-ship-traffic-increases-narwhals-and-other-unique-animals-are-at-risk-99733

Järjestöiltä ohjeet arktisen turismin toimijoille

Pohjoisille merialueille suuntautuvan risteilyturismin suosion kasvu lisää riskejä sekä matkailijoille että alueen luonnolle. Väistämättömiä – ja useimmiten myös toivottuja – kohtaamisia arktisen luonnon villieläinten ja laivojen välillä on entistä useammin, ja riskit vieraiden aiheuttamiin ja vieraisiin kohdistuviin vahinkoihin ovat lisääntyneet.

Pohjoisille vesille suuntautuvan risteilyliikenteen harjoittajien etujärjestö *Association of Arctic Expedition Cruise Operators* (AECO) on julkaissut kattavat ohjeet tavoista, joilla laivojen ja ihmisten tulee käyttäytyä villieläimiä kohdatessaan tai eläinten elinpiireillä liikkuessaan. Ohjeet perustuvat luonnontieteelliseen tutkimustietoon eri lajien ominaispiireistä. Yksityiskohtaista taustatietoa esitetään mursun, hylkeiden, naalin, poron/karibun, jääkarhun, hylkeiden, valaiden, delfiinien ja pyöriäisten biologiasta, elinolosuhteista ja -vaatimuksista. Pääsääntö on, etteivät vieraat saa häiritä aikaisemmin Arktikumin lähes neitseellisen koskemattomassa luonnossa elämään sopeutuneita eläimiä.

Yksityiskohteisissa ohjeissa esitetään esimerkiksi, etteivät risteilyalukset saa mennä 200 metriä lähemmäs jääkarhuja, ja ettei lintuyhdyskuntia saa häiritä laivojen sireenien äänillä. Jääkarhujen vaarallisuus tunnustetaan, ja siksi ohjeissa on tiedot myös aseiden käytöstä maailman suurimpia maapetoja kohdattaessa. Rauhoitetun jääkarhun ampuminen on sallittua ainoastaan pedon aiheuttaessa hengenvaaraa ihmisille.

YK:n Maailman merenkulkujärjestö (*International Maritime Organization*; IMO) julkaisi vuonna 2018 varustamoille ja muille meriliikenteen toimijoille ohjeet (*Polar Code*) pohjoisilla merialueilla noudatettavista käytännöistä, joissa otetaan alus-

turvallisuuden ja merensuojelun hella huomioon myös herkkä luonto ja ihmistoimintaan sopeutumattomat eläimet.
- AECO, Association of Arctic Expedition Cruise Operators. 2016-2018. *Wildlife Guidelines*; https://www.aeco.no/wildlife-guidelines/
- IMO, International Maritime Organization. 2018. Shipping in polar waters. Adoption of an international code of safety for ships operating in polar waters (Polar Code); http://www.imo.org/en/mediacentre/hottopics/polar/pages/default.aspx

Jääkarhu raateli risteilyopasta Huippuvuorilla ja joutui ammutuksi

Arktisten jäätiköiden ennätyksellinen sulaminen ja jäättömän kauden piteneminen ovat lisänneet pohjoisten merialueiden turismia nopeasti. Katoavaan jäätikkömaisemaan kohdistuvan "viimeinen mahdollisuus -turismin" suurin vetonaula on varmasti mahdollisuus nähdä luonnossa jääkarhu (*Ursus maritimus*), suurin ja vaarallisin Pohjolan petoeläin. Jäätiköiden sulaminen kaventaa jääkarhujen elinmahdollisuuksia, ja siksi lajille soveliaat alueetkin vähenevät. Huippuvuoret on yksi arktisen alueen matkailun tärkeimmistä kohteista, ja näillä Norjalle kuuluvilla saarilla on hyvät mahdollisuudet jääkarhujen kohtaamiseen.

Tätä nykyä jopa ruuhkaisiksi muodostuneita arktisia laivaristeilyjä on jopa satoja viikossa. Monilla risteilyillä luonnon ihailusta suuria summia maksaneet turistit pääsevät käymään myös maissa, ja tällaisilla vierailuilla on ikävä kyllä mahdollisuus tavata ihailtu jääkarhu jopa kohtalokkaalla kosketusetäisyydellä. Vaara tiedostetaan, ja siksi retkien oppaat ovat aseistettuja.

Heinäkuussa 2018 saksalaisen varustamon risteilyllä Huippuvuorille rantautuneen aluksen neljä koulutettua opasta nousi maihin varmistamaan paikan turvallisuus ennen turistien maihinnousua. Normaalisti risteilyoppaiden tai vartijoiden on määrä ampua varoitus- ja pelotuslaukauksia ilmaan, jos jääkarhuja nähdään liian lähellä rantautumispaikkaa. Pedolle kohtalokkaaksi osoittautuneessa tilanteessa vartija ei ollut havainnut jääkarhua, joka pääsi raatelemaan muun muassa päähänsä vakavia vammoja saanutta vartijaa. Tilanteessa mukana ollut toinen vartija ampui jääkarhun kuoliaaksi, ja yllätyshyökkäyksen kohteeksi joutunut opas pelastui.

Tapauksen seurauksena risteilymatkailijat eivät nousseet maihin, mutta ymmärrettävästi vierailijat lähettivät episodista paljon kuvia ja tietoja sosiaalisen median foorumeille. Ekoturistien mielipiteet dramaattisista tapahtumista jakautuivat kahtia.

Osa tapahtuman todistajista tuomitsi uhanalaisen pedon tappamisen ja "korostivat jääkarhun olevan jääkarhu, joka ainoastaan käyttäytyi kuten jääkarhu käyttäytyy". Toiset puolestaan pohtivat risteilyvarustamon turvaohjeiden puutteellisuutta, kun vaaralliseksi tiedettävä peto pääsi raatelemaan henkilökuntaa. Varustamo pahoitteli jääkarhun kohtaloa ja totesi tapauksen olleen yli satavuotisen toiminnan aikana poikkeuksellinen ja ensimmäinen laatuaan.

- AECO. 2018. Arctic Wildlife Guidelines. 17 s. https://www.aeco.no/wp-content/uploads/2018/04/AECO-wildlife-guidelines-1.pdf
- Joseph Y. 2018. Polar pear shot and killed after attacking cruise ship guard. New York Times 29.7.2018; https://www.nytimes.com/2018/07/29/world/europe/polar-bear-shot-cruise-ship.html?partner=rss&emc=rss
- Sundberg P. 2017. Ohjeistusta risteilyturisteille ja matkanjärjestäjille / Guidelines for cruise tourists and cruise operators; https://arktinen-meriliikenne-nyt.info/2017/11/03/ohjeistusta-risteilyturisteille-ja-matkanjarjestajille-guidelines-for-cruise-tourists-and-cruise-operators/

Lisääntyvä turismi uhkaa Etelämantereen luontoa

Koko maapallon luonnon monimuotoisuuden jatkuvan köyhtymisen ihmisen erilaisten toimintojen seurauksena on uskottu keskittyvän vain niihin osiin planeettaamme, joissa väestönkasvu ja ihmisen taloudellinen toiminta ovat voimakkaita. Etelämantereella ja Etelämerellä ihmisen toiminta on ollut varsin niukkaa – harvalukuisen ja tarkkojen sääntöjen mukaan toimivan tiedeyhteisön tutkimushenkilökunnan sekä merikalastuksen osuutta lukuun ottamatta.

Kalastuksen muututtua teollisen mittaluokan toiminnaksi ja etenkin kansainvälisen oikeuden vastaisen valaanpyynnin jatkuminen ovat olleet jo vuosia tunnettuja ja tuomittuja poikkeuksia yleisestä käsityksestä, että maapallon eteläisin osa on säilynyt ekologisesti terveessä kunnossa. Tutkimuksen tehostuminen on kuitenkin valitettavasti muuttanut tuota ihannekuvaa.

Vielä viitisenkymmentä vuotta sitten Etelämantereella kävi vuosittain vain parisataa ihmistä, mutta aluksi yhä useamman valtion tieteellinen tutkimustoiminta ja varsinkin 2000-luvulla nopeasti kiihtynyt turismi ovat kansoittaneet Etelämeren ja Antarktiksen seutuja ennen näkemättömällä tahdilla. Vuoden 2017 tilastojen mukaan Antarktiksella käy vuosittain jo 34 000 ihmistä. Alueen kaikenlaista käyttöä säätelee ja valvoo yksityiskohtainen Etelämantereen sopimus (*Antarctic Treaty*), ja Antarktikselle suuntautuvan turismin ohjailua varten on perustettu oma organisaationsa, *International Association of Antarctica Tour Operators* (IAATO).

Kansainvälisen tutkijayhteisön uusin arvio Antarktiksen mantereen ja Etelämeren luonnosta murtaa valitettavan tylysti käsitykset puhtaasta ja elinvoimaisesta luonnosta tuolla vähän asutetulla alueella. Havainnoilla on suuri globaali merkitys, sillä Antarktiksen ja Etelämeren osuus koko planeettamme pinta-alasta on noin kymmenesosa.

Australialaisen Monash-yliopiston professorin Steven Chownin johdolla toteutetussa tutkimuksessa todettiin ihmisen lisääntyvän läsnäolon jo muuttaneen Antarktiksen luontoa. Selvitys oli laatuaan ensimmäinen yritys selvittää Etelämantereen ja Etelämeren luonnon monimuotoisuuden uhkakuvia koko maapallon seurannalle asetetun luokituksen avulla. Tässä kartoituksessa (engl. *Aichi Targets*) keskitytään vertailukelpoisesti luonnon monimuotoisuudessa 20 eri osioon.

Vastoin yleistä ja aikaisemmin asiantuntijoidenkin toteamaa käsitystä eteläisten seutujen luonnon monimuotoisuudessa on havaittavissa samoja ihmistoiminnan aiheuttamia vaurioita kuin kaikkialla muuallakin kotiplaneetallamme.

Suorien, ihmisen läsnäolosta johtuvien haittojen kuten roskaantumisen ja kemiallisen saastumisen ohella – ja kokonaisuutena varmasti näitä vakavampana – havaitaan erityisesti ilmastonmuutoksen sekä meriveden happamoitumisen kielteiset vaikutukset herkkään antarktiseen luontoon.

Varsinkin 2010-luvun puolivälin jälkeen yleistyneen turismin seurauksista Chown ja kumppanit ovat hyvin huolestuneita, vaikka suoria seurantatuloksia ja vertailuja aikaisempaan on varsin vähän.

Etelämantereen luonnon monimuotoisuus kärsinyt

Käsitykset Antarktiksen luonnon puhtaudesta ja koskemattomuudesta ovat valitettavasti historiaa. Tämän päivän Etelämannerta rasittavat monet ihmisen toimet sekä suoraan että epäsuorasti. Tieteellisten tutkimusasemien määrän ja käytön lisääntyminen aiheuttaa suoraan kuormitusta, vaikka tutkijat pyrkivät elämään alueella sopusoinnussa luonnon kanssa. Suoraa stressiä ja haittaa luonnolle aiheuttaa myös kalastus, jonka volyymit ovat jo pitkään olleet ryöstöpyynnin mitoissa.

Turismi on tuonut uuden stressin, niin suoran häiritsemisen kuin kymmenien tuhansien vieraiden väistämättä jälkeensä jättämien roskien kautta. Epäsuorasti ihmistoiminta rasittaa jäätikköistä mannerta etenkin ilmaston lämpenemisen sekä ilman ja merivirtausten kautta kaukaa teollistuneesta maailmasta tulevien saasteiden kautta.

Antarktiksen luonnon monimuotoisuuden vakavimpana uhkana on elinympäristöjen tuhoutuminen – pääosin jäätiköiden sulamisen takia. Uusimpien selvitysten mukaan kaukana muista mantereista sijaitseva alue on toistaiseksi kärsinyt suhteellisen vähän vieraslajien levittäytymisestä. Riski ihmisen tahattomasti mukanaan kuljettamien lajien ei-toivotusta kotiutumisesta on kuitenkin suuri.

Tutkimuksissa on todettu, että jokaisen Etelämantereella käyneen vieraan kengissä ja varusteiden mukana alueelle kulkeutuu keskimäärin 9.5 kasvin siementä, ja noin puolet tahattomasti kotiutetuista siemenistä kykenee itämään ja kasvamaan Antarktiksella.

Kansainvälisen biodiversiteettisopimuksen (*The Convention on Biological Diversity*) osoittamissa 20 seurantakohteissa Etelämantereen tilaa ei tunneta riittävästi, joten tutkimusta tulisi kiireellisesti lisätä kattavan taustatiedon hankkimiseksi tulevan kehityksen ennustamiseksi ja jotta mahdollisesti ilmaantuvia uhkia osataan ja ehditään torjua ajoissa.

- Chown SL, Brooks CM, Terauds A *et al.* (23 kirjoittajaa). 2017. Antarctica and the strategic plan for biodiversity. PLoS Biology 15(3): e2001656; https://doi.org/10.1371/journal.pbio.2001656

Eläimillä ei vastustuskykyä muualla yleisiin tauteihin

Kauan muusta maailmasta eristyksessä olleen Etelämantereen eläimistön vastustuskyky muualla yleisiin tartuntatauteihin ja muihin vitsauksiin on heikko tai puuttuu täysin. Kulkutauteihin nähden neitseellisen puhtaissa oloissa eläneet pingviinit ja muut Antarktiksen eläimet ovat kohdanneet uuden ja erittäin vaarallisen tilanteen ensin tutkimusmatkailijoiden, sitten tieteellisten tutkimusretkikuntien ja pysyvien tutkimusasemien ja viime vuosina yhä kiihtyvään tahtiin lisääntyvän turismin myötä. Antarktiksen eläimistö on joutunut suoraan kosketukseen muualta tulleiden ihmisten kanssa vasta noin 200 vuotta sitten.

Etelämantereen luonnon haavoittuvuus on toki ymmärretty jo pitkään, ja alueen hyväksikäyttöä, asuttamista ja muuta ihmistoimintaa ohjaava Etelämannersopimus solmittiin vuonna 1961. Tällöin sovittiin Etelämantereen pitämisestä rauhanomaisena alueena, ja muun muassa tieteellisten tutkimusasemien toiminnoille on laadittu ohjeistusta. Lisääntyvän ihmistoiminnan, etenkin turismin, riskiä sopimus ei pysty estämään.

Muualta pääosin ihmisen kantamina tuotujen tautien jäljet näkyvät nykyisin Antarktiksen eläimistössä. Yksittäisiä havaintoja etenkin pingviinien terveydentilasta on tehty 1950-luvulta lähtien, mutta järjestelmällistä seurantaa ei suosituksista huolimatta ole toteutettu. Tutkittua tietoa ihmisen ja eläinten yhteiselon vaikutuksista tarvitaan kipeästi, ja tarve voimistuu jatkuvasti.

Maailmanlaajuisen ilmastonmuutoksen aiheuttama stressi sekä vääjäämättä myös napa-alueille ulottuvan teollisen kemikaalikuormituksen vaikutukset tuntuvat vahvoina myös Etelämantereella. Ja kuten kulkutautienkin kohdalla, pingviineillä ja muilla Antarktiksen eläimillä ei ole vastustuskykyä tällaisia ihmisen aiheuttamia altisteita kohtaan, ja siksi riskit eläinten kunnon ja terveyden vaurioihin ovat suuret.

Etelämantereen pingviinien terveydestä on havaintoja jo vuodesta 1947 lähtien. Monissa selvityksissä kiinni otetuista linnuista on löydetty lukuisia muuallakin yleisiä kulkutauteja, joista osa on suoraan yhdistettävissä ihmisen läsnäoloon tai vaikutukseen. Uusiseelantilaisen Otagon yliopiston tutkijan Wray Grimaldin johtaman tutkimuksen yhteenvedossa mainitaan muun muassa salmonellan, *E.coli* -bakteerin, Länsi-Niilin viruksen ja vesirokon olevan oletettua yleisempää näillä syrjäisillä seuduilla elävillä linnuilla.

Monien tartuntatautien uskotaan päätyneen pingviineille ihmisten läsnäolon ja kosketuksen kautta. Varmasti ihmisten aiheuttamana voidaan pitää vuonna 2006 todettua tapausta, jossa virustauti tappoi yli 400 valkokulmapingviiniä (*Pygoscelis* sp.). Tauti on erittäin tuhoisa, sillä 60 prosenttia tartunnan saaneista pingviineistä kuoli.

- Grimaldi WW, Seddon PJ, Lyver PO, Nakagawa S & Tompkins DM. 2015. Infectious diseases of Antarctic penguins: current status and future threats. Polar Biology 38(5): 591–606; https://doi.org/10.1007/s00300-014-1632-5

Käänteiset zoonoosit riskinä myös Afrikan apinoille
Zoonoosit eli eläimistä ihmisiin tarttuvat taudit ovat vakava ongelma, joka on noussut tietoisuuteen ja otsikoihin esimerkiksi hi-

viruksen (aidsin), ebola-verenvuotokuumeen, zika-viruksen sekä varmasti jokaista maailman ihmistä suoraan uhkaavien lintu- ja sikainfluenssaviruksen kaltaisten, vuosittain kautta maailman leviävien influenssaepidemioiden takia.

Influenssan ja esimerkiksi hengenvaarallisen *Staphylococcus aureus* -bakteerin vaarallisimpien muotojen kehittymisessä on taustalla taudinaiheuttajan muuntuminen ihmisiin ja ihmisten välillä tarttuvaksi muuntautumalla nisäkäs- tai lintu- väli-isännissä. Muuntumisten seurauksena tartuntataudit voivat levitä villieläimistä ihmisiin – ja vastaavasti vitsaukset voivat tarttua ja levitä myös ihmisiistä luonnonvarain eläimiin. Zoonoosien tutkimus on laajaa ja kehittynyttä. Mutta niin kutsuttujen *käänteisten zoonoosien* – ihmisistä villieläimiin tarttuvien tautien laajuus merkitys ovat vielä paljolti arvailujen varassa.

Monet tutkitut tapaukset kuitenkin osoittavat, että ihmiset voivat sairastuttaa luonnonvaraisia eläimiä. Etelämantereen pingviinien tavoin myös esimerkiksi afrikkalaisissa viidakoissa elävät apinat ovat joutuneet ihmisten lähestymisen uhreiksi. Länsiafrikkalaisilla vihermarakateilla (*Chlorocebus sabaeus*) tavatut *Staphylococcus aureus* -tartunnat on varmistettu ihmisistä lähtöisiksi. Ihminen on syypää myös Marokossa tavattavien magottien eli berberiapinoiden (*Macaca sylvanus*) yleiseen terveydentilan heikkenemiseen. Vakavien ihosairauksien sekä luonnottoman lihomisen syyksi on osoitettu ihmisten, etenkin turistiryhmien kohtaamiset ja matkailijoiden apinoille tarjoamat liiat ja vääränlaiset ruoat.

Zoonoosien merkitys ihmisen terveydelle ja vastaavasti käänteisten zoonoosien merkitys ihmisen tuotanto- ja lemmikkieläimille tunnetaan jo varsin hyvin, mutta villissä luonnossa, luonnonsuojelualueilla elävien villieläinten riskit sairastua ihmisten kantamiin tauteihin ovat vasta nousemassa lääketieteen kärkihankkeisiin. Yhteinen terveys (*One Health*) -tutkimusprojektilla tutkijat kautta maailman ovat käynnistämässä lajienvälisten kohtaamisten merkitystä selvittävää tutkimusta, jossa luontokohteisin matkaavien ekoturistien vaikutukset ovat varmasti tärkeällä sijalla.

- Cunningham AA, Daszak P & Wood JLN. 2017. One Health, emerging infectious diseases and wildlife: two decades of progress? Philosophical Transactions B of the Royal Society B 372(1725): 20160167; doi: 10.1098/rstb.2016.0167
- Maréchal L, Semple S, Majolo B, MacLarnon A (2016) Assessing the Effects of Tourist Provisioning on the Health of Wild Barbary Macaques in Morocco. PLoS ONE 11(5): e0155920. https://doi.org/10.1371/journal.pone.0155920
- Senghore TM, Bayliss SC et.al. (yhteensä19 kirjoittajaa). 2016. Transmission of *Staphylococcus aureus* from Humans to Green Monkeys in The Gambia as Revealed by Whole-Genome Sequencing. Applied and Environmental Microbiology 82 (19): 5910–5917; doi: 10.1128/AEM.01496-16

Kiinalaisille määräys: Älä leiki pingviinien kanssa

Kiihtyvän matkailun aiheuttamiin luonto-ongelmiin on onneksi myös herätty – ainakin Kiinassa, joka on Antarktis-turistien lukumäärissä toisena Yhdysvalain jälkeen. Vuonna 2017 noin 5300 kiinalaista osallistui Etelämantereen turistimatkoille. Herkän jäisen mantereen luonnon kunnioitusta korostava Kiinan valtamerien tutkimusorganisaation julkaisema ohje antaa yksityiskohtaisia neuvoja ja määräyksiä Etelämantereen matkailijoille.

Ohjeiden ja määräysten mukaan kiinalaiset matkailijat eivät saa lähestyä tai ruokkia pingviinejä, turistien on kannettava matkalta poistuessaan mukanaan kaikki roskansa ja jätteensä, eikä mitään vaarallisia kemikaaleja saa kuljettaa Etelämantereelle. Määräysten rikkojille on luvassa ankaria rangaistuksia, ja ohjeiden rikkomuksista seuraa matkanjärjestäjille kolmen vuoden toimintakielto. Kestävän ja luontoa kunnioittavan kiinalaismatkailun onnistumista varmistetaan sillä, että matkanjärjestäjien on laadittava kattava raportti jokaisesta retkestä 30 vuorokauden kuluessa Antarktikselta paluun jälkeen.

Kiinalaisten osuus kansainvälisessä luontomatkailussa on noussut voimakkaasti viime vuosina. Kansalaisten kiinnostuksen ohella ekoturismiin on alettu kiinnittää enemmän huomiota myös tieteellisessä tutkimuksessa.

Luontomatkailu on alana varsin nuori varsinkin kehittyvissä maissa, ja Kiinassakin tämän sektorin tutkimus on ollut hajanaista. Kansainvälisen asiantuntijaryhmän yhteenvedon mukaan vain kolmasosa alan kiinalaisesta tutkimuksesta on julkaistu johtaviksi luokiteltavilla foorumeilla, joten tiedon soveltaminen käytäntöön on hajanaista ja vaikeaa. Luontomatkailun käytäntöjen ja vaikutusten – niin taloudellisten, sosiaalisten kuin ekologistenkin – on Kiinassa keskittynyt jättiläispandaan ja linnuston tarkkailuun.

- Cong L, Newsome D, Wu B & Morrison AM. 2017. Wildlife tourism in China: a review of the Chinese research literature. Current Issues in Tourism 20(11): 1116–1139; https://doi.org/10.1080/13683500.2014.948811
- Travel Mole. 2018. China to tourists: Don't play with the penguins in Antarctica. Travel Mole, 12.2. 2018; http://www.travel-mole.com/news_feature.php?news_id=2031013&c=setreg&region=2
- Zhou P. 2017. Tourism in Antarctica. ThoughtCo. Updated 17 March 2017; https://www.thoughtco.com/tourism-in-antarctica-1434567

12

LUONNON TUNTEMUS VÄLTTÄMÄTÖNTÄ

Luonnon rajat on tunnettava

Luontomatkailun suosion kasvu jatkuu, eikä yleisön kiinnostuksella näytä olevan mitään ylärajaa. Luonnon kestävyydellä sen sijaan on rajansa, joka on valitettavasti monin paikoin ylitetty. Luonnon hyväksikäytöstä ja suoranaisesta riistosta luontoa kunnioittavan ekoturismin nimissä on lukuisia esimerkkejä, jotka pakottavat rajoittamaan matkailijoiden pääsyä herkimpiin kohteisiin.

Helpoimmin ja konkreettisimmin luontomatkailun haitat havaitaan eroosioherkillä alueilla, joilla maaperän kuluminen ja kasvillisuuden tuhoutuminen muuttavat maisemaa ja hävittävät niitä arvoja, joiden takia ekoturistit ovat paikalle saapuneet.

Suurten ihmisjoukkojen aiheuttaman eroosion ohella luontomatkailu pilaa ympäristöä myös tapauksissa, joissa huolimattomat ja vastuuttomat turistit roskaavat tai pahimmillaan saastuttavat ympäristöä. Monissa kansallispuistoissa ja muissa suosituissa vaellusreittikohteissa maaston kestävyyttä parannetaan pohjustamalla polkuja kestämään jatkuvaa tallaamista. Näin saadaan eroosio pidetyksi kurissa, mutta samalla menetetään osa siitä "luonnon neitseellisyydestä", jonka takia ekoturistit ovat matkaan lähteneet.

Maaston kuluminen on mitä ilmeisimmin aliarvioitu luonnossa liikkumisen riskitekijä. Esimerkiksi kuivassa kangasmetsässä, jossa kulkeminen on kasvipeitteen avoimuuden ja pohjan laadun takia helppoa, jo 10–25 kulkijan tallaus voi muodostaa pysyvän polun ja vähentää pintakasvillisuuden peittävyyden jopa puoleen.

Fyysisen kulumisen ohella turistien läsnäolo ja liikkuminen aiheuttavat ongelmia luonnon eliökunnalle. Ongelmia on monesti vähätelty vakuuttamalla, että kasvit ja eläimet sopeutuvat ihmisen läsnäoloon ja hetkellisiin häiriöihin. Kulutuksen seurauksena paljon käytettyjen retkikohteiden kasvilajisto muuttuu, ja monet eläinlajit tottuvat ihmisiin. Tottuminen osoittaa, että villieläimet voivat elää ihmisten läheisyydessä, mutta lukuisat esimerkit osoittavat eläinten joutuvan maksamaan tästä totuttelusta korkeaa hintaa hyvinvointinsa kustannuksella.

Kestävän matkailun päämäärien saavuttaminen edellyttää matkakohteiden kantokyvyn turvaamisen lisäksi tiettyjä, luontoa kunnioittavia käyttäytymistapoja vierailta. Kansallispuistot ja monet muutkin suojelualueet on perustettu pääsääntöisesti turvaamaan alkuperäisen luonnon arvoja, mutta useimmat kohteet ovat avoimia myös ihmisille, jopa massaturismille. Matkailijoiden toiveet on pystyttävä täyttämään, mutta ihmisten tarpeet eivät saa määrätä suojelualueiden toimintaa. Useiden kansallispuistojen perustamispäätöksissä on kirjattu luonnonsuojelun ohella virkistyskäytön, opetuksen ja tutkimuksen tavoitteet.

Suojelualueiden infrastruktuurin sekä vierailijoille tarvittavien palvelujen kehittäminen ja ylläpitäminen luonnon kestävyyden turvaten edellyttää tarkkaa tietoa siitä, mitä luontomatkailijat yleensä vierailuiltaan tahtovat. Kaikissa puistoissa ja suojelualueilla on sääntönsä, jotka rajoittavat yksittäisten vierailijoiden tai turistiryhmien toimintaa ja joskus myös kohteessa kerrallaan sallittavien ihmisten määriä.

Koskemattomaksi koettavan, villin luonnon arvoja korostetaan myös sellaisilla luontomatkoilla, joiden päätarkoituksena on muu kuin maisemien ja eliöiden tarkkailu ja ihailu. Esimerkiksi vaellus- ja maastopyöräilyreittien suosiota määrää paljolti luonnon kauneus, eivät matkanteon fyysiset ominaisuudet.

Portugalissa kansallispuistoihin ja vastaaville suojelualueille saapuneiden vieraiden haastattelututkimuksessa kävijät mainitsivat kolme pääasiallista motiivia luonnon helmaan hakeutumiselle: 1) ulkoiluharrastus, 2) toive tavata erityisiä luontoelämyksiä, ja 3) yleiset ympäristöarvot ja -asenteet. Monille luontomatkailijoille villieläinten ja muiden luontokohteiden tarkkailu on mieluisinta samanhenkisten ihmisten ryhmän jäseninä. Luonnonkauneus ja muut esteettiset arvot ovat tärkeitä myös seikkailumatkailijoille, vaikka matkan päätarkoituksena olisikin adrenaliinitasoja nostattavien extreme-kokemusten hankkiminen.

Tieto on kestävän matkailun avaintekijä, niin matkanjärjestäjille kuin turisteillekin. Karibianmerellä sijaitsevassa Dominikaanisessa tasavallassa, *Natural Park Saltos de la Damajagua* -kansallispuistossa turistien haastatteluissa ilmeni, että kävijöiden kokemukset ja tunteet vierailun onnistumisesta riippuivat ratkaisevan paljon siitä, kuinka paljon ja kuinka yksityiskohtaista taustatietoa kävijät olivat saaneet ennen matkaa.

Matkanjärjestäjien tarjoaman ja turistien itse hankkiman taustatiedon merkitys korostuu luontomatkoilla, joilla on jokin tietty, kohdennettu tarkoitus. Kanadassa jokavuotinen, säännöllisesti tapahtuva lohien lisääntymisvaellus on suosittu luontomatkailun kohde monilla jokireiteillä. Ekoturistien saama tai hankkima taustatieto olivat onnistuneen matkan tae sille, että odotukset lohijoilla saattoivat toteutua. Yksittäisten turistien ennakko-odotukset voivat poiketa suuresti toisistaan.

Eteläafrikkalaisen North-West University -yliopiston tutkijat Martinette Kruger ja Melville Saayman erottivat neljä itse asetetuilta tavoitteiltaan toisistaan poikkeavaa ryhmää lohijokien ryhmämatkoilla. Erilaista kokemusta hakevat – ja siksi erilaista taustatietoa tarvitsevat 1) valikoivat, vain yhtä tiettyä, odotettavissa olevaa kokemusta hakevat, 2) paikan rauhaa ja tunnelmaa ihailevat, 3) kokonaisvaltaista, muutakin kuin lohien nousuun liittyvää luontokemusta hakevat ja 4) odottamattomia tapahtumia toivovat matkailijat.

Kullekin matkailijaryhmälle tai toiveensa ennakkoon ilmoittaneelle turistille oikein kohdennettu taustatieto auttaa löytämään odotusten mukaiset kokemukset. Ennakkotieto luultavasti auttaa turistia käyttäytymään kohteessa asianmukaisesti ja sekä itselleen että ympäristölle turvallisesti.

- Kruger M and Saayman M. 2017. An experience-based typology for natural event tourists. International Journal of Tourism Research 19(5): 605–617; https://doi.org/10.1002/jtr.2133
- Marques C, Reis E, Menezes J and Salueiro MdF. 2017. Modelling preferences for nature-based recreation activities. Leisure Studies 36(1): 89–107; https://doi.org/10.1080/02614367.2015.1014928

Erämaatkaan eivät ole täysin koskemattomia

Luontomatkailun käsitteen alla markkinoidaan ja harjoitetaan hyvin monenlaisia toimintoja, mutta yhteistä näille on luonnon mieltäminen keskeiseksi vetovoimatekijäksi. Tiukimmin perinteiseen luonnon itseisarvojen ihailuun perustuvan ekoturismin merkittäviä kohteita ovat erämaa-alueet, joilla jäljet ihmisen toiminnoista ovat mahdollisimman vähäisiä. Tätä nykyä mistään päin maapalloa ei löydy paikkoja, joilla ihmisen suora tai vähintäänkin epäsuora kädenjälki ei näkyisi. Tosielämässä erämaa-käsite onkin muuttunut luonnontieteellisestä enemmänkin kulttuuriseksi, poliittiseksi ja taloudelliseksi termiksi.

Suomessa erämaa-alueita on vuoden 1991 erämaalain (1991/62) mukaan vain Lapissa, jossa lain nojalla säädettyjä ja hoidettuja erämaita on 12 kappaletta. Yleisimmin käytetyn määritelmän mukaan *erämaat ovat laajoja, asumattomia ja tiettömiä alueita, jotka on tarkoitus säilyttää lähes luonnontilaisina.*

Erämaa-alueilla ei ole vakiintuneita kulkureittejä tai yöpymispalveluja, mutta luontaiselinkeinojen harjoittaminen ja virkistyskäyttö ovat sallittuja. Suomen vahvistetut erämaa-alueet ovat: Hammastunturi, Kaldoaivi, Kemihaara, Käsivarsi, Muotkatunturi, Paistunturi, Pulju, Pöyrisjärvi, Tarvantovaara, Tsarmitunturi, Tuntsa ja Vätsäri. Näiden erämaiden yhteinen pinta-ala on 14 891 neliökilometriä.

- Metsähallitus.2018. Lapin erämaa-alueet – Kauas kaikesta; http://www.luontoon.fi/eramaa-alueet
- Saarinen J. 2018. What are wilderness areas for? Tourism and political ecologies of wilderness uses and management in the Anthropocene; Journal of Sustainable Tourism; Published Online, 5.4.2018; https://doi.org/10.1080/09669582.2018.1456543

Luontomatkailun nimissä monenlaista toimintaa

Turismielinkeino kehittyy ja kasvaa nopeasti niin meillä kuin yleismaailmallisesti, ja tässä kehityksessä luontomatkailun suosio on ollut erityisen suurta. Luontomatkailu voi tuntua käsitteenä yksiselitteiseltä – eli liikkumista ja toimintoja luonnon keskellä ja luonnon arvoja hyödyntäen. Tosiasiassa luontomatkailun käsitteen alle mahdutetaan mitä moninaisimpia turismin ja vapaa-ajanvieton muotoja, aidosta luonnossa liikkumisesta ja viihtymisestä erilaisiin seikkailu- ja extreme-tapahtumiin ja moottorikelkkavaelluksiin sekä päätavoitteena konkreettista saalista hakeviin metsästys- ja kalastusmatkoihin. Luontomatkailun käsite onkin eräänlainen sateenvarjo, jonka piiriin voidaan sisällyttää kaikki luonnonympäristöön liittyvä matkailu.

Tiukimmin luontoon ja luonnon arvoihin liittyvää matkailua on ekoturismi, jossa keskeisinä tavoitteina ovat matkailutoimintojen yhdistäminen luonnonsuojeluun ja luonnon itseisarvojen kunnioitukseen. Luontomatkailu-käsitteen moninaisuutta ja vaikeita tulkintoja esittelee ja selvittää kattavasti Lapin yliopiston matkailun apulaisprofessori Outi Rantala *Matkailututkimuksen avainkäsitteet* (2017) -kirjassa.

Suomessakin luontomatkailuun sisällytetään erilaisia muotoja ja toimintoja, eikä kaikkien hyväksymää määritelmää ole. Käyttökelpoinen ja yleisesti noudatettu määritelmä perustuu ympäristöministeriön asettaman työryhmän esitykseen, jossa luontomatkailu jaetaan kolmelle tasolle: 1) Tiukimmin luontomatkailun alkuperäisen sisällön kattaa ekoturismi, 2) Hieman väljemmin määritelmän kriteerit täyttävät matkailutoiminnot, joka hyödyntävät luontoa ja luonnonvaroja konkreettisesti. Tähän kategoriaan kuuluvat esimerkiksi metsästys- ja kalastusmatkailu, maaseutumatkailu, vesistömatkailu, matkailukeskukset sekä mökkeily, 3) Hyvin väljästi käsitettynä luontomatkailuun voidaan sisällyttää kaikki luontoon tukeutuvat matkailun ja vapaa-ajanvieton muodot kuten vierailut kaupunkien lähialueiden virkistysalueilla.

Käsitteiden ja turismin erilaisten toimintojen sijoittaminen tiettyihin kategorioihin on vaikeaa, jopa mahdotonta, koska käsitykset ja perinteet vaihtelevat. Eri maissa ja alueilla luontomatkailuun katsotaan kuuluvaksi hyvin erilaisia toimintoja. Esimerkiksi vaellusretki luonnossa on useimmille luonto- tai ekomatkailua, mutta joskus – kuten Skotlannissa – tällainen patikointi luokitellaan seikkailumatkailuksi.

Luonto- tai ekoturismin käsitteen ja määritelmien moninaisuus vaikeuttaa paitsi alan tutkimusta myös elinkeinon markkinointia sekä kuluttajan – potentiaalisen turistin – matkakohteiden valintoja. Tiukasti luontoa kunnioittavaa kokemusta hakevan kuluttajan on tiedettävä, onko kohteessa tavoitteena hyödyntää luontoa ainoastaan itseisarvona vai kuuluuko kokemukseen konkreettinen luonnonvarojen hyödyntäminen.

Luontoarvot ovat kulttuurisidonnaisia, ja siksi myös luontomatkailun käsite vaihtelee sen mukaan, miten luontoa matkailussa arvostetaan ja arvotetaan. Joissakin kulttuureissa luonto katsotaan osaksi ihmisen todellisuutta tavalla, jossa esimerkiksi luontomatkailukohteita tulee hoitaa ja kehittää paikalliseen kulttuuriin ja ihmisten perinteisiin sopiviksi. Tällaisessa perinteessä luontoa ei kunnioiteta tai haluta säilyttää koskemattomana, omien itseisarvojensa takia.

- Rantala O. 2017. Luontomatkailu. *Teoksessa:* Edelman J & Ilola H (toim.): *Matkailututkimuksen avainkäsitteet,* s. 59–63. Lapland University Press. Rovaniemi.

Eläimet Lapin matkailun selkäranka
Luonto on vahvasti mukana kaikessa Lappiin suuntautuvassa matkailussa, vaikka matkan päätarkoitus olisi vapaa-ajanvietto hiihtokeskuksessa tai saamelaiskulttuuriin perehtyminen. Kyselyjen mukaan eläimet ovat Lapin matkailun tärkeimpiä vetonauloja,

matkan tarkoituksesta riippumatta. Odotetusti ylivoimainen suosikki on poro, mutta myös huskyt, koiravaljakoiden vetokoirat houkuttelevat turisteja pohjoiseen.

Animal Tourism Finland -tutkijaverkoston selvityksen mukaan Lapissa toimi 158 eläimiin perustuvaa matkailuyritystä, joista 53 tarjosi konkreettisesti luonnonvaroja hyödyntävää toimintaa kuten kalastus- ja metsästyspalveluja sekä luonnon koskemattomaksi jättävää villieläinten tarkkailua. Eri puolilla Lappia toimi selvityksen tekoaikaan 42 husky- 34 poro- ja 11 hevostilaa.

Vuosina 2016–2017 Rovaniemellä matkailijoille osoitetussa kyselyssä selvitettiin eläinten osuutta matkustuspäätöksiin sekä turistien käsityksiä eläinten hyvinvoinnin merkityksestä. Suomeksi, englanniksi, saksaksi, espanjaksi, venäjäksi ja mandariinikiinaksi esitettyihin kysymyksiin vastasi 601 yli 20 eri maasta tullutta vierasta. Kaksi kolmasosaa tulijoista (68 prosenttia) vastaajista kertoi eläinten olevan tärkeä syy valita Lappi vierailukohteeksi.

Haastatelluista 83 prosenttia kertoi, että porojen, valjakkokoirien ja muiden eläinten hyvinvointi ja eläinten oikeuksien kunnioittaminen on heille erittäin tärkeää. Eläinten hyvinvoinnista huolestuneiden turistien osuus oli Lapissa samaa tasoa kuin laajassa, koko maanosaa koskeneessa *Eurobarometer*-tutkimuksessa, jossa 89 prosenttia vastanneista ilmoitti kannattavansa EU-tasoista lainsäädäntöä turvaamaan elinkeinotoiminnassa käytettävien eläinten oikeuksia.

Valtaosa matkailijoista toivoi yksityiskohtaista tietoa eläinten hyvinvoinnista suoraan paikallisilta matkailupalvelujen tarjoajilta ja etukäteisinformaatiota matkanjärjestäjien esitteistä ja markkinoinnista.

Suoraan eläimiin perustuvia palveluja ja toimintoja tarjoavien matkailuyritysten osuus Lapin matkailun liikevaihdosta oli 2.4 prosenttia, mutta eläinten merkitys on keskeinen koko elinkeinolle. Eläinten ansiosta myös majoitus- ja ruokailupalveluja tarjoavien ja muiden yrittäjien asiakasmäärät ovat suuria, ja siten epäsuorasti porot, huskyt ja muut eläimet ovat vahva tuki myös näiden toimijoiden toimeentulossa.

- Bohn D, García-Rosell J-C & Äijälä M. 2018. Animal-based tourism services in Lapland. 14 s. University of Lapland, Multidimensional Tourism Institute; https://blogi.eoppimispalvelut.fi/elma/files/2018/01/Animal-based-Tourism-Services-in-Lapland_Report_2018.pdf
- García-Rosell J-C. 2018. Animal-based tourism in Lapland.
  Animal Tourism Finland, 25.3.2018; http://animaltourismfinland.com/results/
- Garcia-Rosell J-C & Äijälä M. 2018. Lapland Tourist's Views on Animals Working in Tourism. 35 s. Multidimensional Tourism Institute, University of Lapland, Rovaniemi.

Luonnontieteellistä asiantuntemusta tarvitaan lisää

Luontomatkailu, ja ennen kaikkea tiukimmin alkuperäisen luonnon arvoihin perustuva ekoturismi, on ollut yksi voimakkaimmin kasvaneista sektoreista kansainvälisessä matkailussa. Suosion myötä matkanjärjestäjillä ja turistikohteilla on tarvetta osoittaa toiminnan ekologista ja yhteiskunnallista kestävyyttä.

Osoittaakseen matkakohteen olevan vierailun arvoinen luonnon monimuotoisuuden ja kauneuden puolesta sekä kohteen kestävyydenkin kannalta tarvitaan tutkittua, puolueetonta tietoa. Tieteellinen tutkimus turismin vaikutuksista on laajaa, ja alalla on lukuisia arvostettuja julkaisusarjoja ja turismiin keskittyviä kirjankustantajia.

Turismin taloudellisia, yhteiskunnallisia ja kulttuurihistoriallisia näkökohtia käsitellään alan julkaisuissa kattavasti, mutta luontomatkailussa ja etenkin ekoturismissa keskeisin muuttuja – elävä luonto – on jäänyt vähemmistöön, osoittaa kiinalaisten asiantuntijoiden katsaus kestävän matkailun laaja-alaisen sateenvarjon alla tehdyistä tutkimuksista ja julkaisuista.

Vastaavaan johtopäätökseen tulivat tutkijat selittäessään Iranin luonnon kestävyyttä. Herkästi ihmisen toimista muuttuvien, haavoittuvien alueiden ja ympäristötyyppien mahdollisuuksia turismin kohdealueina arvioitaessa käytettiin satelliittipaikannukseen ja maankäyttömalleihin sovellettuja tietoja ympäristöoloista.

Pääasiallinen tutkimuskohde oli *Torghabeh Shandiz*in alue. Tausta-analyysissä arvioitiin kaikkiaan 60 muuttujaa luonnon ja yhteiskunnallisten olojen kestävyydestä, ja lopulta valittiin 25 kriteeriä, joiden pohjalta arvioitiin turismin taloudelliset, sosio-kulttuuriset, maankäyttöön liittyvät sekä ympäristövaikutukset.

Luonnon kestävyyttä mittaavat ekologiset mallit osoittivat, että yleisimmin käytössä olevat matkailukohteiden valinta- ja suunnittelukriteerit jäävät usein aliedustetuiksi päätöksiä tehtäessä.

Iranilaistutkimuksessa ympäristötekijät kuten maaperän eroosioherkkyys osoittautuivat ratkaiseviksi arvioitaessa, mille alueelle turismia ei pidä ohjata. Kuivan maan haavoittuvuutta osoittaa se, että jopa 85 prosenttia analysoidusta, turismille potentiaalisesta alasta osoittautui intensiiviselle matkailulle soveltumattomaksi.

- Fadafan FK, Danehkar A & Pourebrain S. 2018. Developing a noncompensatory approach to identify suitable zones for intensive tourism in an environmentally sensitive landscape. Ecological Indicators 87: 152–166; https://doi.org/10.1016/j.ecolind.2017.11.066
- Qian J, Shen H & Law R. 2018. Research in Sustainable Tourism: A Longitudinal Study of Articles between 2008 and 2017. Sustainability 10(3): 590; doi:10.3390/su10030590

Kokonaisvaltaista tutkimusta kaivataan

Turismin akateemisessa tutkimusperinteessä matkailua on käsitelty valtaosin sektorikohtaisesti, tiettyihin osa-alueisiin kerrallaan keskittyen. Suuntaus on kuitenkin muuttumassa, ja turismin, yhteiskunnallisten, taloudellisten ja ekologisten sektorien ominaisuuksia ja matkailun vaikutuksia niihin tutkitaan yhä enemmän toisiinsa liittyvinä kokonaisuuksina. Islannin yliopiston tutkijat selvittivät laajassa selvityksessään turismiin integroitujen kestävyysindikaattorien (*Integrated sustainability indicators for tourism*) toimivuutta ja eri osa-alueiden suhteita.

Hyvistä ja kunnianhimoisista tavoitteista huolimatta integroidun turismitutkimuksen painopiste on uusien, sektorikohtaisten menetelmien kehittämisessä, ja olemassa olevan tiedon kokonaisvaltainen soveltaminen nykyhetken tilanteisiin jää taka-alalle. Matkailun taloudellisia, yhteiskunnallisia ja ympäristövaikutuksia tutkitaan kyllä paljon, mutta eri osa-alueiden integraatiossa on islantilaistutkijoiden mukaan vielä paljon kehitettävää.

Keskeistä olisi sisällyttää matkailututkimuksen kaikille osille suorat yhteydet sekä paikallisten asukkaiden että turistien osallistumiseen kestävän kehityksen mukaisten käytäntöjen jatkuvassa parantamisessa, ei niinkään kuvailla jonkin osa-alueen tiettyä, toivottua päätepistettä.

• Kristjánsdóttir KR, Ólafsdóttir R & Ragnarsdóttir KV. 2018. Reviewing integrated sustainability indicators for tourism. Journal of Sustainable Tourism 26(4): 583–599; https://doi.org/10.1080/09669582.2017.1364741

Turistit vaativat tietoa ja ekologisempaa tarjontaa

Ekologisesti kestävän matkailun tarjontaa tulisi parantaa, sillä ainakin omien vakuutustensa mukaan matkailijat olisivat valmiita muuttamaan lomakäyttäytymistään ympäristölle ystävällisempiin valintoihin. Kansainvälisen TUI-matkanjärjestäjän organisoimassa selvityksessä kaksi kolmasosaa (66 prosenttia) vastanneista, viimeksi kuluneen vuoden aikana lomamatkalla olleista, katsoi kestävän turismin toteutumisen olevan pääasiassa matkanjärjestäjien, ei yksittäisen turistin vastuulla. Kuudessa maassa toteutetun kyselyn yli kolmestatuhannesta vastaajasta keskimäärin 11 prosenttia ilmoitti lomamatkavalintojensa perustuneen ekologisesti kestäville arvoille.

Haastateltujen enemmistö katsoi kestävän ja luontoystävällisen matkailun liittyvän etenkin kuljetus- ja majoituspalveluihin. 84 prosenttia oli sitä mieltä, että jokaisen turistin pitäisi ottaa huomioon omien valintojensa hiilijalanjälki. 68 prosenttia osallistuneista ilmoitti olevansa valmiita muuttamaan käyttäytymistään ympäristölle kestävämpiin valintoihin, jos valinnan varaa parempiin ratkaisuihin tarjottaisiin. Tiedon puute osoittautui ongelmalliseksi, sillä 55 prosenttia haastatelluista valitti asianmukaisen tiedon puutetta.

Kestävän matkailun markkinointi ja tiedotus perustuvat tätä nykyä kuljetusten, etenkin lentoliikenteen, ja majoituksen aiheuttamien ongelmien vähentämiseen. Energian ja veden säästäminen sekä jätteiden tuoton välttäminen ovat kestävyyden tärkeimmät käytössä olevat mittarit, mutta tutkimuksen tekijät ja tulosten analysoijat uskovat tiedotuksen tehostamisen vaikuttavan laajemmaltikin.

Kyselyjen mukaan matkailijoiden tärkeimmät kannustimet kestävän turismin suuntaan ovat ympäristönsuojelu ja eläinten hyvinvointi.

• Tjolle V. 2017. One in ten European tourists now book eco-friendly holidays. TravelMole, 14.3.2017; https://www.travelmole.com/news_feature.php?news_id=2026344

Luonnon tuntemusta ja kunnioitusta lisättävä

Luontomatkailu, ekoturismi, vihreä turismi ja muut ulkoilmakohteisiin ja elävään luontoon keskittyvät matkailun muodot ovat jo vuosien ajan lisänneet nopeasti suosiotaan kaikkialla maailmassa – jopa vaikeimmin tavoitettavilla napa-alueilla, vuoristoissa ja viidakoissa. Lähtökohdiltaan luontomatkailun keskeinen tavoite on saattaa ihmiset kohtaamaan luontoa tavalla, joka kunnioittaa luonnon arvoja, ja samalla tulisi huomioida kohdealueiden alkuperäisen tai pysyvän väestön elinolot ja tarpeet.

Kunnianhimoisena ja usein mainostettuna tavoitteena ekoturismilla on alkuperäisen luonnon suojelu ja säilyttäminen sekä eläinten hyvinvoinnin turvaaminen tai lisääminen, mutta nämä arvot jäävät valitettavan usein matkanjärjestäjien taloudellisten etujen varjoon. Eri puolilta maailmaa on toistuvasti raportoitu luontomatkailun onnistumisten ohella myös tapauksista, joissa sekä luonnonsuojelu- että eläinoikeustavoitteet ovat kärsineet huonosti suunnitellun ja toteutetun ekomatkailun takia.

Kansainvälisen turismielinkeinon todellinen päätöksentekijä on taloudellinen hyöty. Luontoa riistävä matkailu saa jatkua ja laajeta, koska alalla ei ole vahvistettuja sääntöjä, joita toimivaltainen viranomainen pystyisi valvomaan ja joka voisi määrätä sanktioita asianmukaisten käytäntöjen rikkojille, toteavat englantilaisen Oxfordin yliopiston *Wildlife Conservation Research Unit* -yksikön tutkijat *Journal of Sustainable Tourism* -tiedelehden artikkelissaan.

Sitovan säätelyn puuttuessa matkailuelinkeino voi päättää taloudellisin perustein, miten eläimiin suhtaudutaan ja kuinka paljon eläinten oikeuksia voidaan rikkoa. Yksittäinen matkailija tai turistiryhmä ei ole – eikä voi olla – oikea taho päättämään järjestäytyneen matkailuelinkeinon käytännöistä tai ekoturismin vaikutuksista luonnonsuojeluun, brittitutkijat korostavat.

Matkanjärjestäjien ja ekoturismin kohteiden valinnasta päättävien on hankittava käyttöönsä ennen toiminnan aloittamista tarvittavaa biologista, psykologista, sosiologista ja eettistä asiantuntemusta – taloudellisten ja logistiikan faktojen lisäksi – jotta matkailijoiden ja eläinten kohtaamisesta ei aiheudu liian suurta haittaa luonnolle. Nykytilanteessa luontomatkalle lähtöä harkitseva kuluttaja saa käyttöönsä ristiriitaista – ja valitettavan usein väärää tai harhaanjohtavaa tietoa ekoturismin kohteista.

Matkanjärjestäjien informaatiossa ja mainonnassa korostetaan tietenkin kauniita ja houkuttelevia arvoja, ja varsinkin internetin keskustelupalstoilla – usein matkanjärjestäjien sivustoilla – turistit kuvailevat kokemuksiaan innostuneesti. Sykähdyttäviä kokemuksia ja kuvia saaneet vierailijat eivät vain tiedä sitä, että ihailun kohteet eivät useinkaan ole yhtä innostuneita saamastaan huomiosta.

Luontomatkailu tarvitsee uusia normeja, joissa matkojen esittelyn ja markkinoinnin yhteydessä on samalla nähtävissä ulkopuolisen asiantuntijatahon esittely ja erittely kyseisten matkakohteiden eläimistön oletettavista tai odotettavissa olevista reaktioista matkailijoiden läsnäoloon sekä arvioita matkailun vaikutuksista kohdealueiden luonnonsuojelun toteutumiseen. Ekoturistin tehtäväksi jää päättää, millaisiin matkakohteisiin kannattaa lähteä saamaan positiivisia kokemuksia ilman, että luonnon alkuperäiset asukkaat joutuisivat vierailun takia kärsimään.

Yksityiskohtaisia ohjeita ekoturistien ja matkanjärjestäjien yhteisiksi pelisäännöiksi matkailun aiheuttamien luontovahinkojen välttämiseen antaa tuore *Ecotouris's Promise and Peril* -käsikirja. Kirjan monissa luvuissa asiantuntijat korostavat, kuinka tärkeää on hankkia biologisen ja ekologisen taustatiedon ohella myös perusteet paikallisen väestön elintavoista ja edellytyksistä, jotta luonnonsuojelun, turismin ja muun taloudellisen toiminnan edut voidaan yhdistää mahdollisimman turvallisesti ja tehokkaasti.

- Blumstein DT, Geffroy B, Samia DS & Bessa E (Editors). 2017. *Ecotourism's Promises and Perils. A Biological Evaluation.* 185 pp. Springer.
- Moorhouse T, D'Cruze NC & Macdonald DW. 2017. Unethical use of wildlife in tourism: what's the problem, who is responsible, and what can be done? Journal of Sustainable Tourism 25(4): 505–516; https://doi.org/10.1080/09669582.2016.1223087

Turisti ei osaa arvioida eläinten hyvinvointia

Luontomatkailijat valitsevat kohteensa usein eläimistön monipuolisuuden, näyttävyyden ja/tai harvinaisuuden perusteella. Ja juuri näitä seikkoja matkanjärjestäjät mainoksissaan korostavat, unohtaen useimmiten mainita turismin varjopuolista. Ekoturismin ylevä tavoite on edistää ja ylläpitää luonnonsuojelua ja villieläinten hyvinvointia.

Kohteiden omistajat ja valvojat ovat vastuussa luonnon hyvinvoinnista, mutta valitettavasti turistien tuomat valuuttatulot menevät liian usein eläinten hyvinvoinnin edelle. Matkailijat eivät yleensä pysty arvioimaan vierailunsa vaikutuksia kohteen luonnolle. Jos ekoturisti ei ole etukäteen selvittänyt luontokohteiden ominaisuuksia ja vierailujen luonnetta, eläimille aiheutetut haitat jäävät heiltä kokonaan havaitsematta.

Oxfordin yliopiston luonnonsuojelututkimuksen yksikön (*Wildlife Conservation Research Unit*) tutkimuksessa selvitettiin ekoturistien kykyä havainnoida ja tiedostaa vierailujensa vaikutuksia kohdealueiden eläinten hyvinvointiin. Aineistona käytettiin kansainvälisesti suositun TripAdvisor-matkailusivuston internetpalstoja, joilla turistit kertovat sanoin ja kuvin kokemuksistaan. Biologi Tom Moorhousen johdolla tehdyssä tutkimuksessa selvitettiin turistien kokemuksia 24 erilaisessa luontomatkailun kohteessa.

Turismiin valjastetut luontokohteet jaettiin viiteen ryhmään: 1) Villieläinten suojelua varten perustetut alueet, 2) Kohteet, joissa turisti on suorassa kosketuksessa kesytettyjen villieläinten kanssa. Tällaisia luontokokemuksia ovat muun muassa norsuratsastukset sekä kesyjen tiikerien tai leijonien kohtaamiset; 3) Kohteet, joissa villieläimiä pidetään tai kasvatetaan suoraan ihmisen tarpeisiin. Tällaisia kohteita ovat muun muassa krokotiilifarmit, joiden päätarkoituksena on tuottaa lihaa ja nahkoja, ja joihin turistit pääsevät vierailemaan; 4) Vangittujen villieläinten esitykset yleisillä alueilla. Tyypillisiä kohteita ovat hihnaan sidotut, kaduilla kävelevät tai tanssivat karhut tai omistajansa tai turistin olkapäille kiipeävät apinat; 5) Kohteet, joissa turistit pääsevät tarkkailemaan villieläimiä näiden aidossa luonnonympäristössä. Tämän ryhmän kohteita ovat esimerkiksi jääkarhujen katseluun järjestettävät matkat tai afrikkalaisten gorillojen elinpaikoille järjestettävät vaellusretket.

Tutkijat arvioivat kussakin turistikohteessa eläinten hyvinvoinnin ja suojelutarpeen onnistumista. Eläinten hyvinvoinnin arvioinnissa huomioitiin muun muassa ravinnon ja juomaveden saatavuus, eläinten kärsimä kipu tai stressi sekä eläimen mahdollisuus toteuttaa luonnollista, lajityypillistä käyttäytymistä. Suojeluaspektin onnistumista arvioitaessa huomioitiin eläinyksilöiden alkuperä sekä kohteen olosuhteiden mahdollisuus turvata eläinlajin säilyminen esimerkiksi luontaisten elinympäristöjen säilyttämisen tai salametsästyksen estämisen kautta.

Hyvää tarkoittavien tavoitteiden toteutumisessa on suuria eroja luontomatkailun kohteissa. Kuten odottaa sopiikin, varta vasten uhanalaisten tai muuten harvinaisten eläinlajien suojelua varten perustetuilla alueilla sekä eläinten hyvinvointi että suojelutavoite toteutuvat parhaiten. Asteikon toisessa, negatiivisessa ääripäässä ovat kaduilla esiintyvät, kahlehditut villieläimet, joiden kohdalla ei toteudu sen enempää yksilön hyvinvointi kuin eläinlajin suojelutavoitekaan.

Vuosittaisten vierailijamäärien perusteella suosituimpia luontomatkailun kohteita ovat delfiiniuinnit, norsuratsastukset sekä vierailut krokotiili- tai kilpikonnafarmeilla. Tällaisissa ekoturismin nimissä markkinoiduissa luontomatkakohteissa vierailee oxfordilaisten eläinsuojelun asiantuntijoiden mukaan vuosittain yli puoli miljoonaa turistia, ja kaikissa näissä toiminoissa loukataan eläinten hyvinvointia.

Turistien kokemukset eläinten tarkkailusta ja kohtaamisista ovat usein hyvin myönteisiä, vaikka vierailut olisivat tosiasiassa eläimille haitallisia. Esimerkkinä ekoturistien kokemuksen ja eläinten arkitodellisuuden räikeästä ristiriidasta tutkijat mainitsevat varsinkin Thaimaassa mutta myös muualla Kaakkois-Aasiassa suosittujen kesytettyjen tiikerien kohtaamispaikat.

Tällaisesta toiminnasta tunnetuin on *Kanchanaburin Tiger Temple,* buddhalaisen munkkiluostarin tiikeritarha, jossa turistit ovat saaneet ottaa selfiekuvia suurten kissapetojen kanssa. Tuossa luostarissa toiminnan on todettu täyttävän eläinrääkkäyksen tunnusmerkit, ja turistivierailut on lopetettu, ja munkkien eläintenpito on viranomaispäätöksellä kielletty. Dramaattisimpana esimerkkinä tarhan eläintenhoidosta oli 40 tiikerinpennun löytyminen munkkiluostarin pakastimesta.

Kokonaisuutena tiikerivierailuista saa kuitenkin aivan erilaisen kuvan lukemalla turistien internetin keskustelupalstoilla ja matkanjärjestäjien esitteissä esittämiä kuvauksia. Selvityksen aineistossa 82 prosenttia tiikerikohteissa vierailleista kuvaili kokemusta ja kohdetta joko erinomaiseksi tai erittäin hyväksi, ja vain 18 prosenttia esitti huolta tiikerien pitämisestä lajille täysin luonnottomiin olosuhteisiin vangittuina.

Luostarin tiikeritarhan sulkemista juhlittiin – tosin vain hetken – eläinsuojelun voittona, mutta tiikerien kohtelu epäeettinen hyväksikäyttö ei yhden tarhan sulkemiseen loppunut. Vuoden 2017 alussa aivan suljetun tarhan läheisyyteen oltiin avaamassa uutta *Golden Tiger -eläintarhaa,* jonka vetonauloina ovat nimensä mukaisesti tiikerit. Tarha sai nopeassa tahdissa tarvittavat viranomaisluvat, mutta eläinsuojelijat kampanjoivat voimakkaasti kohteen hyväksymistä vastaan.

- Haines G, 1.3.2017. New zoo to open next door to disgraced Tiger Temple – where bodies of 40 cubs were found by Thai police. The Telegraph, 1.3.2017; https://www.telegraph.co.uk/travel/destinations/asia/thailand/articles/thai-zoos-are-grotesque-concerns-over-countrys-latest-tiger-attraction/
- Moorhouse TP, Dahlsjö CAL, Baker SE, D'Cruze NC & Macdonald DW. 2015. The customer isn't always right – Conservation and animal welfare implications of the increasing demand for wildlife tourism. PLoS ONE 10(10): e0138939; https://doi.org/10.1371/journal.pone.0138939
- World Animal Protection. 2016. *Checking out of cruelty*. 36 s; https://www.worldanimalprotection.org/sites/default/files/int_files/pdfs/checking_out_of_cruelty.pdf

Tieto tärkeää vastuullisessa luontomatkailussa

Riittävät ja luotettavat taustatiedot matkakohteesta mahdollistavat turistille maksimaalisen hyödyn ja nautinnon, onpa kohteena massakohteisiin järjestetty chartermatka tai yksinäisen reppumatkailijan luontoretki. Tilatuilla pakettimatkoilla matkanjärjestäjät tarjoavat yleensä perustiedot kohteen palveluista, ja parhaissa tapauksissa myös kuvaukset ja selvitykset paikallisen väestön tavoista ja perinteistä. Vakiintuneissa turistikohteissa on pysyviä opasteita tai opastuskeskuksia, joissa tarjotaan vaadittavat tiedot sekä ohjeet tai määräykset alueella liikkumisesta ja käyttäytymisestä.

Luontomatkailussa on erityisen tärkeää hankkia jo etukäteen tietoa paitsi matkakohteessa mahdollisesti (toivottavasti) tavattavista elämyksistä myös luonnon kestokyvystä ja/tai haavoittuvuudesta. Väärin tai puutteellisin tiedoin vieraaseen luonnonympäristöön lähtenyt ekoturisti voi tahtomattaan aiheuttaa harmia tai jopa pysyvää vahinkoa kohteelle, näin heikentäen sekä alueen hyvinvointia että tulevia matkailumahdollisuuksia. Monet – ja toivottavasti useimmat – luontomatkailijat ovat aiheeseen vihkiytyneitä harrastajia, joille ennakkotietojen hankkiminen on itsestäänselvyys.

Hyvänä esimerkkinä ekoturistien vastuullisuudesta on eteläamerikkalaisen Uruguayn rannikolla sijaitseva, suosittu valaiden tarkkailupaikka. Kohteessa ei ole virallisia oppaita tai informaatiotauluja. Suurista merinisäkkäistä kiinnostuneita matkailijoita kohteessa kuitenkin vierailee paljon, eivätkä kaikki ole erityisesti valmistautuneet juuri tänne tuloon. Haastattelututkimuksessa vain 15 prosenttia valastarkkailupaikalla vierailleista oli etukäteen hankkinut kirjallisuudesta tai inter-netistä tietoa kohteesta tai valaista yleensä.

Kyselyssä käytännöllisesti katsoen jokainen vierailija kuitenkin myönsi, että taustatiedot eläimistä olisivat hyödyllisiä tai välttämättömiä. Vierailijat osasivat kuitenkin käyttäytyä alueella vastuullisesti, vaikka mitään valvontaa tai yksityiskohtaista opastusta ei olekaan. Tutkijoiden 902 tuntia kestäneen tarkkailujakson kuluessa vain kaksi turistia tuhannesta ylitti katselualuetta rajaavan aidan päästäkseen lähemmäs valaita. Tutkijat tulkitsevat tulosta hyvänä esimerkkinä luontomatkailijoiden vastuullisuudesta sekä luonnon kauneuden ja eläinten hyvinvoinnin kunnioituksesta.

- Corral CT, Szteren D & Cassini MH. 2017. Watching wildlife in Cabo Polonio, Uruguay: tourist control or auto-control? Journal of Ecotourism 16(3): 291–299; https://doi.org/10.1080/14724049.2017.1314484

Kunnioituksen ja tiedon puute yleistä ekoturismissa

Luonnon arvoihin perustuvan matkailun olettaisi jo lähtökohtiensa takia toimivan niin ekologisesti kuin yhteiskunnallisesti kestävällä pohjalla. Näin ei kuitenkaan läheskään aina ole, ja varsinkin kehittyvissä yhteiskunnissa vallitsevat käyttäytymistavat voivat olla pahasti ristiriidassa luontomatkailun ihanteiden kanssa.

Ekoturismin kehittämiselle on asetettu muun muassa Intiassa suuria toiveita niin paikallisen kuin valtakunnallisen kehityksen moottorina – ja tietysti nopean väestönkasvun ja infrastruktuurien muutosten paineissa myös luonnon arvojen säilyttäjänä. Tavoitteiden toteutumista estävät tai hidastavat monet pinttyneet tavat ja tottumukset, joista matkailijoiden on vaikea luopua edes tarkimmin suojelluissa luontokohteissa.

Yksi Intian tunnetuimmista luontomatkailun kohteista on maan kansalliseläimen bengalintiikerin (*Panthera tigris tigris*) tarkkailukierrosten ansiosta hyvin suosittu *Rajiv Gandhin kansallispuisto* Karnatakan osavaltiossa. Ainutlaatuisten luontoarvojen säilyminen on vaakalaudalla turismin lisääntymisen seurauksena. Massaturismiksi kohonneiden tiikerimatkojen aiheuttama suora häiriö karkottaa suuria kissapetoja pois vakiintuneilta elinpaikoiltaan, ja konfliktit ihmisten ja tiikerin kohtaamisissa ovat yleistyneet.

Ongelmien syyt tunnetaan ja myös tiedostetaan. Kansallispuistossa vierailleille turisteille osoitetuissa kyselyissä ja suorissa maastohavainnoissa tutkijat ovat todenneet ekoturismin nimissä puistoon saapuvien ihmisten käyttäytyvän usein vastuuttomasti.

Vastuuttomasti – ja laittomasti – käyttäytyvät turistien ohella myös luontosafarien järjestäjät, oppaat ja kuljetuksista huolehtivat henkilöt. Vakavia loukkauksia sääntöjä ja ennen kaikkea villieläimiä kohtaan on raportoitu muun muassa luontosafareilla

Karnatakan osavaltion *Nagarhole National Park* -kansallispuistossa. Osavaltion metsä- ja luontoasioista vastaavan ministeriön organisoimille maastoauto- ja bussiretkille osallistuu ainakin sata turistia joka päivä.

Eläinsuojelusäädöksiä ja hyvää matkailutapaa vastaan toimitaan toistuvasti, jotta turistivieraat pääsevät lähelle eläimiä. Rikkomuksina mainitaan esimerkiksi oppaat ja kuljettajat, jotka ajavat metsäteillä villieläinten kuten leopardien perässä, vain parin metrin etäisyydellä.

Kauempana oleskelevia eläimiä saatetaan "herätellä" paremmin nähtäville ja edustavampiin kuvausasentoihin paitsi voimakkailla äänillä – huutamalla tai auton äänimerkeillä – myös fyysisesti heittelemällä eläimiä kivillä tai puukalikoilla. Vaikka eläinsafarit ovat osavaltion viranomaisten vastuulla, määräyksiä ei noudateta.

Virallisissa ohjeissa korostetaan melun välttämistä – esimerkiksi puhumaan eläimen läheisyydessä vain kuiskaamalla – ja etäisyys villieläimiin on pidettävä aina vähintään 30 metrissä. Matkailijoiden toiveet houkuttelevat kutenkin rikkomuksiin, ja sääntöjä joustavasti venyttävä kuljettaja tai opas voi odottaa retken jälkeen kohtalaista tippiä "kerran elämässä" -kuvan tai selfien ottaneilta vierailta.

Intia on nopeasta talouskasvustaan huolimatta edelleen kehittyvä yhteiskunta, jossa esimerkiksi luonnon- ja ympäristönsuojelun merkitystä ei tiedosteta. Monet Rajiv Gandhin kansallispuistoon saapuneet turistit myöntävät, ettei oikeista ja asianmukaisista käyttäytymistavoista ja -säännöistä ole tarjolla riittävästi tietoa. Intiassa – niin kaupungeissa kuin maaseudullakin – esimerkiksi jätehuolto on jokseenkin olematonta. Roskaamista ei pidetä sopimattomana, eivätkä kansallispuistojen ja muiden erityisalueiden kävijät osaa luopua pinttyneistä tavoistaan suojelualueillakaan.

Roskaamisen ohella esimerkiksi merkityiltä reiteiltä poikkeaminen on yleistä, mikä kuluttaa luontoa – varsinkin kun vieraat katkovat puita ja keräilevät kasveja, vaikka tällainen on suojelusäännösten mukaan kiellettyä. Kokemukset Intian parhaiten hoidettuihin suojelualueisiin lukeutuvassa Rajiv Gandhin kansallispuistossa osoittavat, että luontokokemuksia hakeville matkailijoille on järjestettävä enemmän ja tarkempaa tietoa ja taustaa suojelun merkityksestä sekä käyttäytymistavoista, jotka turvaisivat suojelualueen ja sen luontoarvojen säilymisen ja kestävän käyttömahdollisuuden myös tuleville sukupolville.

Luontomatkailun yleistyminen ja ennen kaikkea luonnon kunnioituksen puute on jopa uhka bengalintiikerin hyvinvoinnille. Pahimmillaan turistien käyttäytyminen on häiritsevää ja tiikerisafareista on tullut niin meluisia gaalatilaisuuksia, että luontomatkailua tulisi rajoittaa tai ääritapauksissa kokonaan kieltää.

Karnatakan osavaltion luonnonsuojelun kehittämistä käsitelleessä viranomaisten, elinkeinoelämän edustajien, etujärjestöjen ja luonnontutkijoiden yhteiskokouksessa helmikuussa 2017 entinen Intian ympäristöministeriön metsäasioista vastaava johtaja Dilip Kumar esitti turismin kieltämistä tiikerien asuinalueilla. Luonnosta kiinnostuneille tulisi vapaan tai tiikerin katseluun suuntautuvan ohjatun matkailun tilalle retkeilyreittejä sekä eläintiloille suuntautuvia matkoja.

Tilapäinen turistien vierailukielto asetettiin Wyanadin kansallispuistossa (*Wayanad Wildlife Sanctuary*) Keralan osavaltiossa vuoden 2018 alussa, kun maasto-olosuhteet olivat pitkän kuivuusjakson jälkeen vaaralliset. Ilmeisen metsäpalovaaran lisäksi valtiollisen luonnonsuojelulain nojalla määrätyn kiellon perustana viranomaiset korostivat alueen täydellistä rauhoittamista, jotta ihmiset eivät häiritse eläimiä niiden ollessa tavallista enemmän liikkeellä huvenneiden vesi- ja ravintovarojen etsinnöissään.

Pakon edessä vaeltelevien eläinten ja vierailevien turistien kohtaamisia pidettiin liian vaarallisina molemmille osapuolille näinä poikkeuksellisina aikoina.

Ekoturismin nousun myötä – ja ilmeisesti myös tavoitteena hillitä yhä kasvavia vierailijamääriä – Karnatakan metsähallinnosta ja suojelualueista vastaavat viranomaiset korottivat vuonna 2017 kansallispuistoihin ja suojelualueille matkaavilta perittäviä pääsy- ja palvelumaksuja. Hinnoissa on jako intialaisten vieraiden ja ulkomaalaisten turistien välillä.

Ulkomaisilta turisteilta perittävät maksut ovat 2–4 kertaa korkeampia kuin kotimaisten vieraiden vastaavat maksut. Useimpiin puistoihin on sisäänpääsymaksu, ja lisäksi voidaan periä maksuja muun muassa valokuvausmahdollisuuksista ja muista palveluista. Luontoelämyksiin pääsy ei ole ainakaan ulkomaiselle ekoturistille rahasta kiinni, sillä turistille kansallispuistoon tai erityissuojelualueelle pääsy maksaa 1800 rupiaa (noin 20 euroa) ja intialaiselle vastaavasti 550 rupiaa eli vajaa seitsemän euroa.

- Perinchery A. 2017. Tourist safaris disturb Kabini's wildlife, warn experts. The Hindu, 19.8.2017; http://www.thehindu.com/sci-tech/energy-and-environment/tourist-safaris-disturb-kabinis-wildlife-warn-experts/article19524861.ece
- Pinjarkarl V. 2018. Ecotourism plans: Forest ministry, NTCA sound note of caution. Times of India, 16.5.2018; https://timesofindia.indiatimes.com/city/nagpur/ecotourism-plans-forest-in-ntca-sound-note-of-caution/articleshow/64181764.cms?from=mdr

- The New Indian Express, 14.4.2018. Entry of tourists in Wayanad Wildlife sanctuary banned from Feb 15 to April 1. www.newindianexpress.com/states/kerala/2018/feb/14/entry-of-tourists-in-wayanad-wildlife-sanctuary-banned-from-feb-15-to-april-15-1773268.html
- The Times of India, 26.2.2017. Eco-tourism needs to move away from tigers; https://timesofindia.indiatimes.com/city/bengaluru/eco-tourism-needs-to-move-away-from-tigers/articleshow/57350541.cms?from=mdr
- The Times of India, 25.10.2017. Eco-tourism in Karnataka set to get costlier; https://timesofindia.indiatimes.com/city/mysuru/eco-tourism-in-karnataka-set-to-get-costlier/articleshow/61229920.cms?from=mdr

Luontosuhteessa sukupolvien välisiä eroja

Kiinalaisten matkailijoiden osuus kansainvälisessä turismissa on noussut viime vuosina ilmeisesti nopeammin kuin minkään muun kansalaisuuden osuus. Aineellisen elintason kohoaminen sekä poliittisten raja-aitojen kaatuminen ovat nostaneet kiinalaiset monen suositun matkakohteen suurimmaksi kävijäjoukoksi. Eri kulttuureista tulevien matkailijoiden tarpeet ja toiveet on tärkeää tuntea, tunnistaa ja huomioida turistikohteiden tarjonnassa. Luontomatkailussa on tärkeää huomioida kiinalaisten matkailijoiden ikäjakauma.

UNESCOn Maailmanperintökohteisiin lukeutuvalla Wulingyan – alueella tehdyssä tutkimuksessa haastateltiin luontokohteen kävijöiden kiinnostuksen aiheita ja matkan valintaperusteita. Varttuneiden ja nuorten ikäluokkien välillä havaittiin huomattavia eroja.

Yleinen käsitys on, että kiinalaisilla on erittäin vahva side ja kunnioitus koskemattomaan luontoon: *Tian ren he yi* – eli luonnon ja ihmisten ykseys – on perinteisen kiinalaisen luontosuhteen kulmakivi, joka ohjaa etenkin varttuneiden kiinalaisturistien matkailua tänäkin päivänä.

Nuorten ikäluokkien asenteet ovat sen sijaan muuttuneet "länsimaisemmiksi" siten, että yksittäiset vetonaulat ja houkutukset nousevat ykköstavoitteeksi ja matkakohteiden valintakriteereiksi. Tällaisia matkan suunnittelua ja toteutumista ohjaavina tekijöinä ovat ekoturismissa eläimet, varsinkin harvinaisuudet tai erityisen näyttävät lajit.

- Gao J, Zhang C & Huang Z. 2018. Chinese tourists' views of nature and natural landscape interpretation: a generational perspective. Journal of Sustainable Tourism 26(4): 668–684; http://dx.doi.org/10.1080/09669582.2017.1377722

13

TURISTEJA ON NEUVOTTAVA

Luontoa kunnioittava pääsee mukaan kokemuksiin

Vaikka turistien aiheuttamista häiriöistä on julkaistu paljon tietoja, yhteiselo alkuperäisen luonnon edustajien ja vierailijoiden välillä on mahdollista. Edellytyksenä aidoille luontokokemuksille on, että vieraat tuntevat villieläinten elintavat ja vaatimukset ja kunnioittavat eläinten hyvinvointia – vaikka omat kokemukset jäisivät varovaisen lähestymisen takia hieman vajaiksi-kin. Onnistuneen luonnontarkkailuretken järjestetyissä on usein avuksi, jos paikalliset oppaat ja asiantuntijat ovat mukana suunnittelemassa ja ohjaamassa tapahtumia.

Keinot molemmille osapuolille – luonnon villieläimille ja ekoturisteille – myönteiseen, kestävään luonnon yhteisten resurssien (*the common pool of resources*) kokemukseen tunnetaan. Luonnon yhteisten resurssien hyödyntäminen liitetään liian kuitenkin usein vain konkreettisten, aineellisten luonnonvarojen kuten malmivarojen louhimiseen, metsäpuuston hakkuisiin tai kalastukseen ja metsästykseen.

Yhteisten luonnonvarojen hyötykäyttöä on myös luonnon tarkkailu esimerkiksi villieläinsafareilla tai lintutornien bongausvierailuilla. Aineettoman hyödyntämisen ei pitäisi kuluttaa luonnonvaroja, mutta ihmisen läsnäolo ja toiminta luonnossa voivat aiheuttaa odottamattomia ongelmia hyvistä tavoitteista ja valmisteluista huolimatta.

Konkreettisen esimerkin hyvässä tarkoituksessa käynnistetystä ekoturismin, luonnonsuojelun ja paikallisen väestön hyvinvoinnin lisäämisen yhteishankkeesta antaa eteläisessä Afrikassa, Namibiassa sijaitsevan *Anmiren kylän* kehittämishanke. Hyvin käynnistyneen luontomatkailun volyymin kasvu toi mukanaan eri puolilla maailmaa massaturismin kohteissa havaitut epäkohdat, joiden seurauksena luonnon rauha ja eläinten hyvinvointi alkoivat kärsiä. Heikentyneiden luontokokemusten myötä matkailijoiden määrät vähenivät, ja samalla alkuperäinen tarkoitus kyläläisten osallistumisesta ja vaurastumisesta karisi samassa suhteessa.

Useimmat kirjallisuudessa kuvatut esimerkit ekoturistien, matkailuelinkeinon ja alkuperäisen luonnon välisistä ristiriidoista on kuvattu Afrikasta, Etelä-Amerikasta Amazonian sademetsistä ja Australian Suurelta valliriutalta, joissa alkuperäisen luonnon arvot tunnetaan ja tunnustetaan poikkeuksellisiksi ja ainutlaatuisiksi. Suuren julkisuuden ja massiivisen markkinoinnin ansiosta matkailijamäärät ovat alun perin pienimuotoiseksi aiotuissa ekoturismin kohteissa kasvaneet massaturismin mittoihin.

Samanlaisia ongelmia tavataan kuitenkin kaikkialla, vaikka matkailijamäärät olisivat pienempiä kuin suosituimmissa ja eniten esillä olevissa kohteissa. Meillä Suomessa ekomatkailun suosio kasvaa ja turismia kehitetään ja markkinoidaan kansainvälisesti luonnon puhtaudella, rauhalla ja koskemattomuudella. Ainakin toistaiseksi suomalainen luontomatkailu on pysynyt mittakaavoiltaan hallinnassa, eikä muualta kuvattuja negatiivisia esimerkkejä onneksi ole. Varovaisuuteen on kuitenkin aihetta mitä ilmeisimmin tulossa olevan suosion kasvun myötä.

Suomen luontoa vastaavissa olosuhteissa Uudessa-Seelannissa ongelmiin on herätty ja tartuttu, ja saarivaltiossa saadut kokemukset turistien ja villin luonnon kohtaamisista toimivat sellaisinaan varmasti meilläkin. Avain kestävään luontoturismiin on luonnon kunnioittaminen ja toiminnan pitäminen oikeassa suhteessa ympäristön kantokykyyn. Massaturismin menetelmät ja toimintatavat eivät sovi ekoturismiin.

- Papen U. 2005. Exclusive, Ethno and Eco: Representations of Culture and Nature in Tourism Discourses in Namibia. *Teoksessa:* Jaworski A and Pritchard A (toim.), *Discourse, Communication and Tourism*, ss. 80–97. Channel View Publications.
- Shelton EJ and Higham J. 2007. Ecotourism and wildlife habituation. *Teoksessa:* Higham E (toim.), *Critical Issues in Ecotourism. Understanding a Complex Tourism Phenomenon*, ss. 270–286. Elsevier.

Neuvonta lisää kunnioitusta eläimiä kohtaan

Nopeasti eri puolilla maailmaa yleistyneen haiturismin äärimmäisin muoto lienee seikkailuhenkinen sukellus haiden joukkoon turvallisen häkin sisällä. Extreme-kokemukseen hakeutuvien matkailijoiden ja seikkailijoiden tavoite on hyvin henkilökohtainen halu kokea voimakas adrenaliiniryöppy, ja kokemukseen hakeutuva harvemmin ajattelee tilannetta hain näkökulmasta. Haiturismi kuitenkin väistämättä muuttaa paitsi seikkailijoiden myös haiden elämää.

Sukeltajien ja muiden merille suurten petokalojen katseluun lähtevien matkailijoiden valmistamiseen haiden kohtaamiseen tulisi liittyä kunnollinen tietoannos haiden elämästä, petokalojen nykytilasta sekä erilaisista vaaroista – ei ainoastaan haiden vaarallisuudesta ihmiselle vaan myös ihmisen aiheuttamista riskeistä haikaloille.

Australialaisen Southern Cross University -yliopiston tutkimuksessa selvitettiin pelätyn valkohain kanssa häkkisukellukseen osallistuneille turisteille retken aikana tarjottavan haitiedotuksen vaikutusta osallistujien yleiseen käsitykseen ja suhtautumiseen näihin merten suuriin petoihin. Tutkittu ja perusteltu tieto haiden käyttäytymisestä, eri lajien uhanalaisuudesta sekä ihmiskontaktien vaikutuksista kalojen hyvinvointiin muutti selvästi useimpien haituristien suhtautumista.

Oman, hetkellisen shokkikokemuksen lisäksi sukeltajat ja muut retkelle osallistuneet myönsivät henkilökohtaisen hai- ja meritietoutensa niin puutteelliseksi, että kohdekohtaista tiedotusta ja valistusta pidettiin erittäin tarpeellisena ja tervetulleena. Tutkitun ja konkreettisin esimerkein annetun tiedon ansiosta extreme-matkailijoiden suhtautuminen lukuisiin haimyytteihin ja -pelkoihin muuttui, ja yleinen suhtautuminen petokalojen hyvinvointiin ja suojelutarpeisiin vahvistui sukellusretken järjestäjien tarjoaman tiedotuksen ansiosta.

- Apps K, Dimmock K, Lloyd DJ and Huveneers C. 2017. Is there a place for education and interpretation in shark-based tourism? Tourism Recreation Research 42(3): 327–343; http://dx.doi.org/10.1080/02508281.2017.1293208

Barbadoksella koulutusta siipisimpun pyyntiin

Merenalaisen luonnon vetovoimaan luottavassa, Atlantin valtameren ja Karibianmeren rajoilla sijaitsevassa Barbadoksen saarivaltiossa ymmärretään ympäristön kestävän hyväksikäytön periaatteet. Maailman pienimpiin valtioihin lukeutuvalla, Pienten

Antillien saariryhmään kuuluvalla saarella on aloitettu varsinkin sukelluksesta kiinnostuneiden ekoturistien koulutus, johon kutsutaan mukaan harrastajia kaikilta tasoilta vasta-alkajista ammattilaisiin.

Koulutusjakson ohjelmassa ovat muun muassa korallien suojelu sekä tulevaisuuden erikoisuudeksi nouseva siipisimpun (*Pterois volitans*) tunnistus ja pyynti. Siipisimppu on alun perin kotoisin Intian valtamerestä, mutta on tätä nykyä levittäytymässä lämpimissä merissä eri puolilla maailmaa hälyttävän nopeasti.

Vieraslaji tuhoaa uusille alueille kotiuduttuaan merten alkuperäistä eläimistöä. Barbadoksella ekoturisteille – muiden sukellusharrastajien ohella – opetetaan simpun biologiaa ja käyttäytymistä sekä keinoja tämän myrkyllisyytensä takia vaarallisen kalan pyyntiin. Simppu on vaarallinen vain, jos kalan terävät piikit koskettavat ja haavoittavat ihoa.

Pyydystettynä ja oikeaoppisesti käsiteltynä simppu on erinomainen ruokakala, josta povataan turistipaikkojen uutta kulinaarista houkutusta – varsinkin, jos kalan käyttäjät ovat itse osallistuneet luonnonsuojelutyöksi katsottavaan haittalajin pyyntiin.

Ekoturismin periaatteiden mukaisesti Barbadoksella on oivallettu ympäristön kaikinpuolinen kunnioittaminen, ja siksi sukellusmatkailijoille paitsi selitetään roskaamisen haitoista heitä myös patistetaan aktiiviseen rantojen puhdistustyöhön.

Matkailuelinkeinon suorat, voittoa tavoittelemattomat ja luontoa auttavat kampanjat ovat tuttuja myös Yhdysvaltain eteläisimmän osavaltion Floridan eteläkärjessä sijaitsevalla, 190 kilometrin pituisella *Florida Keys* -saariketjulla. Täällä *Tourism Cares* -organisaation hallinnoima hyväntekeväisyysjärjestö järjestää vapaaehtoisvoimin muun muassa linnustonsuojelualueiden kunnostusta ja tarkkailupaikkojen kehittämistä, korallien suojelutyötä, rantojen puhdistamista sekä luonnonkasvillisuuden hoitoa maisemien kauneuden ylläpitämiseksi.

Lisäksi järjestö avustaa huomattavilla rahallisilla panoksilla paikallista väestöä hurrikaanien ja muiden luonnonmullistusten aiheuttamien vahinkojen korjaamisessa.

- Giglio VJ, Luiz OJ, Chadwick NE & Ferreira CEL. 2018. Using an educational video-briefing to mitigate the ecological impacts of scuba diving. Journal of Sustainable Tourism 26(5): 782–797; https://doi.org/10.1080/09669582.2017.1408636
- Incentive Travel & Corporate Meetings, 11.5.2018. Barbados dives into eco-tourism fins first; https://www.incentivetravel.co.uk/news/venuesevents/44474-barbados-dives-into-eco-tourism-fins-first
- Karantzavelou V. 2018. Travel professionals help restore coral and clean up debris in the Florida Keys. TravelDailyNews International, 14.5.2018; https://www.traveldailynews.com/post/travel-professionals-help-restore-coral-and-clean-up-debris-in-the-florida-keys

Eläinten ohella myös turisteja syytä seurata ja valvoa

Luonnossa liikkujat häiritsevät eläimistöä jo läsnäolollaan, mutta liikkumisen ja melun vaikutukset voimistavat vieraiden aiheuttamaa haittaa. Eri eläinlajien sietokyky häiriöitä vastaan vaihtelee, ja ilmeisesti kaikilla lajeilla on ainakin lisääntymisaikoina erityisen suuret vaatimukset häiriöttömyyteen. Kestävän ja luontoa kunnioittavan ekomatkailijan onkin tunnettava eri lajien ja erilaisten yhteisöjen vaatimuksia, jotta yhteiselo tai vierailut onnistuvat.

Monilla suojelualueilla on tutkittu eläinlajisto tarkoin, mutta turistien ja muiden vierilevien ihmisten määristä ja liikkeistä ei ole samanlaista tietoa. Seuranta olisi kuitenkin tarpeen, ja onneksi tähän on hyvät tekniset mahdollisuudet.

Yhdysvaltain metsähallinnon ja Pohjois-Carolinan valtionyliopiston tutkijat käyttivät riistakameroita luonnonsuojelualueilla vakiintuneiden vaellus- ja maastopyöräilyreittien varsilla. Infrapunakamerat vangitsivat kuviin sekä jalkaisin että polkupyörillä liikkuneet polkujen käyttäjät varsin tarkasti. Parhaisiin tuloksiin päästiin sijoittamalla kamerat puunrunkoihin 1–2 metrin etäisyydelle polun reunasta, suunnattuna 20 astetta pääasialliseen kulkusuuntaan. Kulkijat saatiin kuviin luotettavasti, kun ihminen liikkui korkeintaan 8 kilometrin tuntinopeudella.

Automaattisen kameraseurannan luotettavuutta tutkijat vertasivat suoriin laskentoihin. Tavanomaisella vaelluspolulla käytettävään tahtiin liikkuneet kävelijät kamera tallensi keskimäärin 82 prosentin tarkkuudella, ja vastaavasti 75 prosenttia maastopyöräilijöistä saatiin kuviin. Parhailla kameratyypeillä kävelijöistä 97 prosenttia ja pyöräilijöistä 86 prosenttia saatiin kuvatuiksi ja lasketuiksi. "Oheistuloksena" saatiin tietysti kuvia ja tietoja myös villieläimistä ja niiden liikkeistä.

Seurantatulosten perusteella amerikkalaistutkijat suosittelevat suojelualueilla muutenkin käytössä olevien riistakameroiden käyttöä myös turistien ja muiden kulkijoiden seurantaan. Menetelmällä saadaan helposti ja kustannustehokkaasti tietoa, jonka avulla reitistöjä voidaan suunnitella ja hoitaa mahdollisimman hyvin eläinten hyvinvointia turvaavin tavoin.

• Miller AB, Leung Y-F & Kays R. 2017. Coupling visitor and wildlife monitoring in protected areas using camera traps. Journal of Outdoor Recreation and Tourism 17: 44–53; https://doi.org/10.1016/j.jort.2016.09.007

Opasteet tarpeen, vaikka "luonto puhuu puolestaan"

Luontomatkailijat ovat yleensä hyvin valmistautuneita ja tietoisia siitä, mitä vierailukohteessa on odotettavissa. Laajoissa matkailukohteissa yksittäisten matkailijoiden toiveet ja tavoitteet vaihtelevat. Osa erityispiirteistä voi kiinnostaa vain suppeaa harrastajajoukkoa, ja muille tällainen kohde on ainoastaan pikaisesti huomioitavaa taustaa matkalla omiin kiinnostuksen kohteisiin. Mutta tällöinkin aito ekoturisti tahtoo tietää taustoja, joten opasteita tarvitaan reittien varsille.

Länsi-Australiassa, Intian valtameressä sijaitsevassa *Shark Bayn* maailmanperintökohteessa tehdyssä kyselytutkimuksessa vierailijat korostivat opastuksen ja kohteiden yksityiskohtien suojeluperusteiden merkitystä. Alueen tärkein suojeluperuste ja ainutlaatuisuus on maapallon vanhimpiin elollisiin muotoihin kuuluvissa stromatoliiteissa. Nämä ovat tuhansia vuosia sitten syanobakteerien toiminnan kautta syntyneitä kivimuodostumia.

Nyt suojelualueella nähtävät muodostumat ovat geologisesti katsoen nuoria, mutta stromatoliittien tieteellinen arvo juontaa kauas menneisyyteen. Stromatoliitteja pidetään maapallon vanhimpina elävän luonnon muodostumina, jollaisia alkoi syntyä jo miljoonia vuosia sitten.

Muinaisuuteen liittyvien rakennelmien lisäksi Shark Bay tarjoaa myös mahdollisuuden tutustua rikkaaseen merieläimistöön. 2.2 miljoonan hehtaarin laajuiseen maailman-perintökohteen eläimistön vetonauloina on muun muassa delfiinejä, valaita ja haita.

Vaikka itse maailmanperintökohteesta on saatavilla paljon tietoa, yksityiskohtaista esittelyä stromatoliiteista ja niiden syntyhistoriasta kaivattaisiin paljon enemmän kuin on tarjolla. Uuden tekniikan mahdollisuuksista Shark Bayn kävijät toivoivat mobiililaitteille kehitettäviä opas- ja tiedotuspalveluja.

Mitään varsinaisia palvelurakenteita tai -toimintoja ei välttämättä kaivata, joten turistien toiveiden täyttäminen olisi mahdollista varsin helposti ja edullisesti ilman infrastruktuurin muutoksia.

- McGuiness V, Rodger K, Pearce J, Newsome D & Eagles PF. 2017. Short-stop visitation in Shark Bay World Heritage Area: an importance–performance analysis. Journal of Ecotourism 16(1): 24–40; http://dx.doi.org/10.1080/14724049.2016.1194850

Luonnon tuntemus on kaiken a ja o

Vuoden 2018 huhtikuussa Indonesian Yogyakartassa järjestetty *2018 Asia-Pacific Rainforest Summit* -kokous painotti luonnonsuojelun ja paikallisen väestön etujen yhteneväisyyksiä, joiden varaan ekoturismin kasvu voidaan rakentaa – ja jota ilman matkailukysynnän odotettavissa olevaa kasvua ei voida tyydyttää luontoa tuhoamatta.

Indonesiassa on yli 6 000 kylää, jotka sijaitsevat joko jo vahvistetuilla luonnonsuojelualueilla tai näiden välittömässä läheisyydessä. Matkailupotentiaalin hyödyntäminen edellyttää, että kyläläiset tuntevat kotiseutujensa luonnon ominaisuudet ja erityispiirteet – etenkin monimuotoisen luonnon lajit suurista puista ja nisäkkäistä aina pieniin selkärangattomiin eläimiin ja mikro-organismeihin saakka.

Vain luonnon rakenteen ja toiminnan ymmärtäminen voi varmistaa sen, että väestö kunnioittaa ja säilyttää luontoa, esimerkiksi pidättäytymällä sademetsien hakkuista ja salametsästyksestä.

Vastavuoroisesti luonnon alkuperäisten arvojen vaalimisesta väestö voi saada elantonsa turismin palveluksessa.

Miljoonien, jopa kymmenien miljoonien luonnonharrastajien ja -ihailijoiden vyöry aikaisemmin koskemattomaan luontoon ei voi perustua massaturismiin, sillä luonto ei kestä suuria joukkoja, olivat varotoimet ja valmistelut kuinka päteviä tahansa. Ekoturismi on pienten ihmisjoukkojen matkailua, eivätkä tiukimmin suojellut erityisalueet voi tyydyttää kysyntää, Indonesian tavoiteohjelmat korostavat.

Ekoturismin kohteisiin pitää pystyä vahvistamaan päivä-, kuukausi- tai vuosikohtaiset matkailijamäärien maksimit, ja tällaisten rajoitusten säätäminen on vaikeaa. Jos kysyntää matkailijoiden saapumiselle – ja samalla matkailutuloille – on, kasvaa kylien houkutus haalia yhä enemmän vieraita.

Nousussa olevan ekoturismin on pystyttävä välttämään monien kaupunkien suosion myötä ilmaantuneet "yliturismin" vaarat. Viranomaisten ja paikallisten päättäjien kuten kylänvanhinten on pystyttävä yhdessä sopimaan pelisäännöistä luonnon ja ihmisten hyvinvoinnin kestävän tulevaisuuden turvaamiseksi.

- Center for Forest Research. 2018. 3rd Asia-Pacific Rainforest Summit; https://www.cifor.org/asia-pacific-rainforest-summit-2018/aprs-2018-as-it-happened/
- Hang C. 2018. In ecotourism, trotting the globe to help protect it; Forest News, 18.5.2018; https://forestsnews.cifor.org/56287/in-ecotourism-trotting-the-globe-to-help-protect-it?fnl=en

Luontomatkailun kehittäminen vaatii lisää tietoa

Vuosi vuodelta lisääntyvä innostus luontomatkailuun vaatii jatkuvia panostuksia palvelujen kehittämiseen. Investointeja hankaloittaa kuitenkin luotettavan ja yksityiskohtaisen tiedon puute matkailijoiden tarpeista ja toiveista. Tämä puute on Suomessa tunnistettu ja tunnustettu, ja valtion budjettivaroin toteutettiin vuosina 2016–2018 kokonaisvaltainen projekti nimeltä *Uudet keinot metsä- ja vesialueiden kestävän virkistys- ja matkailukäytön kehittämiseksi ja turvaamiseksi* (VirKein 2016–2018).

Hankkeen käytännön toteutuksesta vastasivat valtion ympäristö- ja luontoasioista vastaavat Luonnonvarakeskus (LUKE) ja Suomen ympäristökeskus (SYKE) sekä Itä-Suomen yliopisto. Asiantuntijoita oli mukana myös muun muassa *VisitFinland* -matkailuorganisaatiosta ja Metsähallituksesta.

Palvelujen käytössä tulee jatkossa erotella luontomatkailun volyymi sekä talous- ja työllisyysvaikutukset muusta matkailusta. Ekoturismin sekä muun luonto-, erä- ja virkistysmatkailun yksilöityjen tarpeiden tyydyttäminen edellyttää nykyistä tarkempaa tiedon keruuta ja tilastointia niin koti- kuin ulkomaisten matkailijoiden määrissä. Tarkkaa tilastointia ja seurantaa tarvitaan paitsi matkailijoiden palvelujen kehittämisessä myös luonnonympäristön hyvinvointia turvaavien toimien suunnittelussa ja ympäristönhoidossa.

Asenteet luontomatkailua kohtaan vaihtelevat, ja ainakin osa metsänomistajista karsastaa järjestäytyneen matkailuelinkeinon tunkeutumista omille mailleen. Ristiriitaa voi syntyä esimerkiksi metsänhoidon ja hakkuiden toteutuksessa. Metsänomistajalla on tietysti oikeus päättää hakkuista omilla maillaan, vaikka toimenpiteet olisivat maisemallisten muutosten takia luontomatkailulle haitallisia.

Monivuotisen tutkimusprojektin aikana on haettu keinoja eri osapuolten etujen yhdistämiseksi. Tätä varten tarvitaan säännöllisiä kokoontumisia ja yhteissuunnittelua, ja jatkossa tulisi kehittää metsänomistajille hakkuista luopumisesta maksettavia korvauksia.

Yhteistyö matkailu ja metsäsektorin välillä on välttämätöntä kehitettäessä luontomatkailua kestävälle pohjalle. Kestävyyden saavuttamisessa on monia vaikeuksia, korostaa Luonnonvarakeskuksen luontomatkailuun ja luonnon virkistyskäyttöön erikoistunut professori Liisa Tyrväinen lukuisissa puheenvuoroissaan ja julkaisuissaan. Mutta ongelmia aiheuttaa jo itse luontomatkailu-käsitteen sisältö.

Luontoturismiksi hyväksytään yhtä hyvin patikointi kansallispuistossa kuin Lapin erämaiden moottorikelkkasafarit tai matka vuokramökille luonnon helmaan omalla autolla ajellen. Alan kehittämisessä on panostettu paljon kansainvälisten matkailijoiden toiveisiin, mutta kotimaisia, alan ympärivuotisen kysynnän turvaavia matkailijoita ei saa unohtaa.

- Konu H, Tyrväinen L, Pesonen J, Tuuletie S, Pasanen K & Tuohino A. 2017. Uutta liiketoimintaa kestävän luontomatkailun ja virkistyskäytön ympärille – Kirjallisuuskatsaus. Valtioneuvoston selvitys- ja tutkimustoiminnan julkaisusarja 45/2017: 1–133; http://julkaisut.valtioneuvosto.fi/bitstream/handle/10024/79836/45_VIRKEIN_.pdf .

- LUKE (Luonnonvarakeskus), 19.1.2018. Luontomatkailun ja virkistyspalvelujen kestävään kasvuun tarvitaan sektorille räätälöityjä toimenpiteitä; https://www.luke.fi/uutiset/luontomatkailun-ja-virkistyspalvelujen-kestavaan-kasvuun-tarvitaan-sektorille-raataloityja-toimenpiteita/

- Metsähallitus. 2018. Kansallispuistot ja retkeilyalueet tärkeitä paikallistaloudelle; http://www.metsa.fi/kayntimaarat

- Mäntymaa E, Ovaskainen V, Juutinen A & Tyrväinen L. 2018. Integrating nature-based tourism and forestry in private lands under heterogeneous visitor preferences for forest attributes. Journal of Environmental Planning and management 61(4): 724–746; https://doi.org/10.1080/09640568.2017.1333408
- Mäntyranta H. 2018. Study prods nature tourism to move forward – not even its popularity in exact figures is known. Finnish Forest Association; https://www.smy.fi/en/artikkeli/study-prods-nature-tourism-to-move-forward-not-even-its-popularity-in-exact-figures-is-known/
- Tyrväinen L. 2017. Minä väitän: Luontomatkailussa on merkittävää kasvupotentiaalia Suomen taloudelle, mutta se vaatii pohdittuja panostuksia ja laajempaa yhteistyötä. Maj ja Tor Nesslingin Säätiö, Ympäristödialogeja-blogi, 91.2017; https://www.nessling.fi/blogi/mina-vaitan-luontomatkailu-tyrvainen/
- Ympäristöministeriö, 31.8.2017. Ministeri Tiilikainen: Metsäluonnon monimuotoisuuden vahvistamiseksi 10 miljoonaa euroa lisää; http://www.ym.fi/fi-FI/Ajankohtaista/Tiedotteet/Ministeri_Tiilikainen_Metsaluonnon_monim(44328)

14

LUONNON TALOUS HYÖDYTTÄÄ MYÖS IHMISEN TALOUTTA

Kansallispuistot tärkeitä luonnolle ja taloudelle
Virkistyskäyttö edistää myös luonnonsuojelua

Päätarkoituksenaan luonnon suojelemiseksi perustetut ja ylläpidetyt kansallispuistot ovat avoimia myös virkistyskäytölle, jonka tarpeisiin puistoihin rakennetaan opastus- ja palvelupisteitä ja reittejä. Virkistyskäyttö on tärkeä osa viime vuosina paljon julkisuudessakin käsiteltyjä ekosysteemipalveluja. Panostukset kansallispuistojen ja muiden vastaavien suojelualueiden hoitoon ja kehittämiseen auttavat samalla alkuperäisen luonnon suojelua ja hyvinvointia, vaikka investoinnit ja infrastruktuurin rakentaminen tehtäisiin virkistyskäytön tarpeisiin.

Kansallispuistojen ja suojelualueiden kehittämiseen ohjataan varoja sitä todennäköisemmin, mitä arvokkaammaksi alueet koetaan luonnon hyvinvoinnin, ihmisten virkistyskäytön ja matkailuelinkeinon kannalta. Suojelualueiden yhteiskunnallisen merkityksen keskeisenä mittarina pidetään kansallispuistojen kävijämääriä, joista on eri maissa vaihtelevia tietoja.

Kokonaiskuva eurooppalaisten kansallispuistojen vuosittaisista vierailijamääristä sekä virkistys- ja ekoturismimatkojen taloudellisesta arvosta osoittaa suojelualueiden olevan miljardiluokan toimintaa.

Euroopan komission tutkimuskeskuksen tutkijan Philipp Schägnerin johdolla vuonna 2016 julkaistussa selvityksessä laskettiin maanosamme kansallispuistojen kävijämääriä ja taloudellista merkitystä eri maista kootuilla, yhteensä 205 puiston tiedoilla. Kävijämäärien ja -profiilien perusteella voidaan arvioida kansallispuistojen ja muiden vastaavien suojelualueiden tarvetta sekä puistojen ja niiden lähialueiden saamaa taloudellista hyötyä.

Tutkimuksessa arvioidaan nykyisten kansallispuistojen virkistyskäytön perusteella suojelualueiden tulevaa käyttöä ja tarvetta 26 valtion alueilla eri puolilla Eurooppaa. Lisäksi arvioitiin kävijäprofiilien perusteella muun muassa parhaita sijoituspaikkoja uusille kansallispuistoille.

Kansallispuistot ovat erittäin suosittuja virkistyskäytön ja luontomatkailun kohteita. Selvityksen mukaan eurooppalaisissa kansallispuistoissa vierailee vuosittain yli kaksi miljardia kävijää. Luontomatkailijat ja -ihailijat ovat taloudellisestikin tärkeä tulonlähde kansallispuistojen ja niiden lähialueiden yhteisöille. Puistojen kävijöiden kulutuskäyttäytymistä on arvioitu 244 eri mittarin mukaan. Tulosten perusteella Euroopan kansallispuistot tuottavat nettotuloina vuosittain noin 14.5 miljardia euroa.

- Schägner JP, Brander L, Maes J, Paracchini ML & Hartje V. 2016. Mapping recreational visits and values of European National Parks by combining statistical modelling and unit value transfer. Journal of Natural Conservation 31: 71–84; https://doi.org/10.1016/j.jnc.2016.03.001

Turismitulot mahdollistavat suojelustatuksen

Väestönkasvun, kiihtyvän kaupungistumisen ja ihmisen muiden toimintojen vaatiman infrastruktuurin rakentaminen sekä luonnonvarojen käyttö uhkaavat monin tavoin kansallispuistojen ja muiden tiukasti suojeltujen alueiden rauhoitusstatuksen säilyttämistä. Suojelualueen kustannuksia ja toisaalta puiston myötä saatavien tulojen taloudellisia ja yhteiskunnallisia vaikutuksia on laskettu Saksan vanhimmassa ja tunnetuimmassa kansallispuistossa, Baijerin metsän kansallispuistossa (*Nationalpark Bayerischer Wald*).

Ernst Moritz Arndt Universität -yliopiston tutkija Marius Mayer esittää lähtökohdaksi kaksi kysymystä: 1) Onko kansallispuiston ylläpito taloudellisesti perusteltua, ja 2) Voiko kansallispuistoon liittyvä matkailu tuottaa riittävästi tuloja kattamaan puiston ylläpidon kustannukset? Tilasto- ja haastattelutietoihin perustuvien analyysien mukaan kansallispuiston ylläpito on taloudellisesti ja yhteiskunnallisesti kannattava useimmilla tutkituilla osa-alueilla.

Valtakunnallisen mittakaavan analyysissä kansallispuiston ylläpidon kustannuksista saatiin noin puolet katetuiksi puistoon liittyvillä tuloilla kuten turismin hyödyillä. Eteläsaksalaista kansallispuistoa voi luonnehtia alueellisesti tärkeäksi talouden kehittäjäksi, jossa puistosta saadut tulot kattavat helposti ylläpidon kustannukset. Taloudellisista hyödyistä turismi on selvästi tärkein. Matkailutulojen osuus on yli 60 prosenttia suojelualueen tuomista taloudellisista hyödyistä.

• Mayer M. 2014. Can nature-based tourism benefits compensate for the costs of national parks? A study of the Bavarian Forest National Park, Germany. Journal of Sustainable Tourism 22(4): 561–583; https://doi.org/10.1080/09669582.2013.871020

Ekoturismi menestyy myös talousmetsissä

Luontomatkailun ja luonnon aineellisten hyödykkeiden hyväksikäytön vastakkaisuudesta kiistellään paljon etenkin metsätalouden harjoittamisen eri muodoissa. Laajat, yhtenäiset ja suurilla koneilla suoritettavat hakkuut muuttavat maisemia niin perusteellisesti, ettei luonnon ihailulle jää juuri mitään jäljelle. Kestävän metsätalouden menetelmin puustoa voidaan kuitenkin hakata talousmetsistä tavoilla, jotka eivät pilaa luontoarvoja edes kriittisen ekoturistin silmissä.

Metsätalouden suunnittelulla on tärkeä osuus eri käyttötarkoituksien yhteen sovittamisessa, ja suunnittelun ja toteutuksen onnistuminen on puolestaan riippuvaista metsäomistajien asenteista ja metsätietämyksen tasosta. Meillä Suomessa yhteispeliä on kehitetty ja hyvistä tuloksista päästään jo nauttimaan.

Hyviä tuloksia metsätalouden ja ekoturismin yhteen sovittamisessa on saatu myös Meksikossa, jossa metsäomistajille suunnattujen kyselyjen avulla on hankittu pohjatietoa omistajien ja paikallisen väestön toiveista ja vaatimuksista niin metsien hakkuiden kuin luontomatkailun edistämisen suhteen.

Pueblan osavaltion metsäomistajien asenteita selvittäneessä tutkimuksessa todettiin paikallisen väestön suhtautuvan suopeasti metsien käyttöön luontomatkailukohteina, jos paikalliset olosuhteet ja edut huomioidaan. Hakkuiden pitäminen kevyinä ja maisemaa liiaksi muuttumattomina takaa metsäluonnon arvojen säilymisen, ja turismin puolestaan katsottiin luovan työtilaisuuksia ja tuloja väestölle.

Turismia palvelevien, metsäluontoon liittyvien töiden katsottiin luovan uusia ansaintamahdollisuuksia etenkin naisille, joille ei

syrjäisillä seuduilla ole ollut juurikaan kodin ulkopuolisia työpaikkoja.
- Rodríguez-Piñeros & Mayett-Moreno Y. 2015. Forest owners' perceptions of ecotourism: Integrating community values and forest conservation. AMBIO 44(2): 99–109; https://doi.org/10.1007/s13280-014-0544-5

Matkailuelinkeinon yhdistettävä voimansa

Luontomatkailua ei voi olla ilman luontoa, eikä ekoturismi vedä ilman kuuluisia, harvinaisia tai muuten erityisiä kohteita kuten uhanalaisia eliölajeja tai ainutlaatuisia ekosysteemejä. Luontomatkailun osuus koko turismielinkeinosta on erittäin suuri Australiassa, jossa etenkin *Suuri valliriutta* sekä eliölajeista koalat ja kengurut ovat usein tärkein peruste matkustaa jopa tuhansia kilometrejä "Down Under".

Luonto ja luonnon nähtävyydet otetaan kuitenkin liian usein itsestäänselvyyksinä – lahjoina, joita kukin toiminnan harjoittaja voi itsenäisesti hyödyntää. Luontoarvoja heikentävien elinkeinojen etujärjestöt ja näitä tukevat tahot ovat sen sijaan yhdistäneet voimansa useissa hankkeissa, jotka vaarantavat tai voivat pahimmillaan lopettaa luontomatkailun edellytykset. Matkailun menetystä tärkeämpää on tietysti se, että ihmisen toimien vaikutuksesta menetetään ehkä pysyvästi luonnon monimuotoisuus ja ajetaan uhanalaisia lajeja sukupuuttoon.

Luonnon tuhoutumisen ongelmiin – ja ekoturismin edellytysten karisemiseen – ollaan vasta heräämässä. Suuren valliriutan suojelun tehostamista on vaadittu kansainvälisellä painostuksella. UNESCO on patistellut Australian hallitusta toimiin, tai muuten valliriutan status maailmanperintökohteena voidaan jopa purkaa.

Samoille linjoille patistetaan matkailuelinkeinoa. Jos kaikki miljardiluokan turistibisnestä harjoittavat yhdistävät voimansa luonnonsuojelun – ja samalla myös oman etunsa – puolustamiseen, päättäjien on otettava näkemykset huomioon.

Valliriutan suurin uhka on maailmanlaajuinen ilmastonmuutos, jonka vaikutuksesta jopa yli 90 prosenttia riutan koralleista on kärsinyt vuosina 2015–2017. Mutta maalta tuleva kuormitus voi olla paikallisesti paljon globaalia kuormitusta pahempaakin. Turismielinkeinoa on patisteltu yhteisrintamaan muun muassa aluetta muuttavaa suurta hiilikaivosta sekä uusia satamia ja laivaväyliä vastustamaan.

Valtiollinen ohjelma toimii vain, jos sitä noudatetaan

Ekoturismin monet rinnakkaiset tavoitteet saattavat joutua kilpailemaan keskenään. Luontomatkailun ytiminä ovat useimmiten lakisääteiset, yhteiskunnan omistamat ja hallinnoimat kansallispuistot ja muut suojelualueet. Näiden tavoitteena on suojella eliölajistoa ja maisemia myös tuleville sukupolville turvaamalla samalla paikalliselle alkuperäisväestölle mahdollisuuden ylläpitää perinteisiä elinkeinojaan ja asua suojelualueilla tai niiden välittömässä läheisyydessä.

Ekoturismin suosion huiman nousun myötä elinkeinon yksityiset, monesti kansainväliset, järjestäjät tähtäävät kuitenkin enemmän lyhyen aikavälin taloudelliseen menestykseen kuin luonnon pysyvään säilyttämiseen.

Päätavoite eli luonnon säilyminen on varmasti kaikille yhteinen, mutta käytännön keinot ovat usein ristiriitaisia. Esimerkiksi luontosafareistaan ja kansallispuistoistaan maailmankuulussa Keniassa valtion ja yksityisten edut tuntuvat jatkuvasti riitelevän. Jo vuonna 2002 maahan vahvistettiin kansallinen ekomatkailun ohjelma, jonka tarkoituksena oli saattaa kaikki Keniassa toimivat matkailualan toimijat osallistuman ja noudattamaan säädettyjä kestävän kehityksen periaatteita. Kymmenessä vuodessa vain kourallinen yrittäjiä oli täyttänyt *Ecotourism Kenya* -organisaation kautta vahvistetut velvoitteet.

Pelkkä tavoiteohjelma – miten kunnianhimoinen tahansa – ei riitä turvaamaan luontoa ja alkuperäisväestön oikeuksia ekoturismin kasvaessa, jos matkanjärjestäjät eivät noudata ohjeita, ja jos yhteiskunnalla ei ole keinoja tai halua valvoa ja edellyttää säädösten noudattamista.

- Kihima BR. 2016. Limits and paradoxes in the development of ecotourism in Kenya: implications on the sustainability of the natural environment. Tourism Recreation Research, 41(1); 80–88; http://www.tandfonline.com/doi/full/10.1080/02508281.2016.1122305

Suomen kansallispuistoissa yli 3.1 miljoonaa kävijää vuonna 2017

Suomen luonnon ja luonnonsuojelun suurta merkitystä osoittaa kansallispuistojen, retkeilyalueiden ja muiden ulkoilu- ja virkistyskäyttöön tarkoitettujen alueiden suosio. Vuonna 2017 Metsähallituksen hallinnoimissa, valtion mailla ja vesillä sijaitsevissa luontokohteissa vieraili yli 6.7 miljoonaa kävijää.

Suomessa on 40 kansallispuistoa, joiden yhteinen vierailijamäärä oli yli 3.1 miljoona kävijää, ja valtionmaille perustetuilla retkeilyalueilla kävi vuoden aikana noin 240 000 tilastoitua vierasta. Lisäksi valtion hallinnoimilla alueilla on historiallisia ja muita erityiskohteita, ja kaikkiaan näissä kohteissa vieraili vuoden 2017 aikana yli 6.7 miljoonaa kävijää.

Kansallispuistojen ja muiden suojelualueiden ylläpito kustannetaan valtion budjettivaroista, mutta suojelu- ja ulkoilualueet ovat myös merkittäviä tulonlähteitä. Laskelmien mukaan jokainen kansallispuistoon tai suojelualueisiin investoitu euro tuottaa 10-kertaisen kansantaloudellisen hyödyn.

Vuoden 2017 aikana Suomen 40 kansallispuiston vieraiden taloudellinen vaikutus oli 206.5 miljoonaa euroa. Kansallispuistojen työllisyysvaikutus oli vuoden aikana kaikkiaan 2055 henkilötyövuotta. Valtion retkeilyalueiden kokonaistulovaikutus oli 109 miljoonaa euroa ja 116 henkilötyövuotta. Huomattavimmat paikallistaloudelliset nettohyödyt saatiin Pallas-Ounastunturin, Urho Kekkosen, Kolin, Oulangan sekä Pyhä-Luoston kansallispuistoista.

Kävijämäärien perusteella suosituin suojelualueemme on Pallas-Yllästunturin kansallispuisto, jossa vieraili vuonna 2017 yhteensä 553 000 kävijää. Urho Kekkosen kansallispuistossa vieraili 335 000 ja pääkaupunkiseudun luontohelmenä markkinoitavassa Nuuksion kansallispuistossa noin 319 000 kävijää. Valtion retkeilyalueista suosituin oli Evon retkeilyalue noin 61 000 kävijällään. Valtion ulkoilualueisiin luettavista historiakohteista suosituin oli Aulangon luonnonsuojelualue, jossa vieraili vuoden 2017 aikana noin 412000 kävijää.

Kansallispuistojen ja muiden suojelualueiden luonnonsuojelullista, korvaamattoman suurta taloudellista arvoa ei voi euroissa mitata, ja sama pätee luontokohteiden merkitykseen kävijöiden henkiseen ja fyysiseen hyvinvointiin. Kävijäkyselyjen mukaan yli 80 prosenttia kansallispuistoissa ja muissa luonto- tai historiakohteissa vierailleista kokee käynneistään myönteisiä terveysvaikutuksia.

Aktiivinen hoito luonnon säilymisen edellytys

Kansallispuistot ja monet muut suojelualueet on perustettu alkuperäisen luonnon monimuotoisuuden (*biodiversiteetin*) tai maiseman erityisarvojen säilyttämiseksi. Juuri "neitseellinen luonto" onkin suuri vetovoimatekijä maamme matkailulle, niin koti- kuin ulkomaisille turisteille.

Luonnon hyvinvoinnin ja edustavuuden säilyttäminen matkailun suosion kasvaessa on kuitenkin ongelma monin paikoin, kun vieraiden aiheuttama kulutus, roskaaminen ja häiriöt alentavat alkuperäisen luonnon arvoja. Luontomatkailun ja luonnonsuojelun läheistä yhteyttä korostetaan julkilausumissa, mutta käytännön tutkimusta ja konkreettisia sovellusohjeita on vähemmän.

Suomen luonnossa Lapin matkailukeskusten ja suurten kansallispuistojen kävijätutkimusten yhteydessä on selvitetty turismin aiheuttamaa painetta ja kehitetty menetelmiä laaja-alaisen ja kestävän kehityksen periaatteita noudattavan yhteistyön keinoista. Konkreettisia esimerkkejä matkailukeskusten luontovaikutuksista ja keinoista turismin aiheuttamien haittojen vähentämiseen on kattavasti tarkastelu Metsäntutkimuslaitoksen ja Oulun yliopiston tutkijoiden artikkelissa *Matkailututkimuksen lukukirja* -teoksessa (Tyrväinen, Tolvanen & Tuulentie, 2013).

Kestävän matkailun ylläpito on hyvin haasteellista, sillä erilaisista kulttuureista tulevien vieraiden käsitykset ja perinteet vaihtelevat suuresti, ja monet meille itsestäänselvyytenä pidettävät käyttäytymismallit pitää kädestä pitäen ohjeistaa turisteille.

- EcoClub, 6.12. 2017. Ecotourism Companies Protest against Forest Destruction in Sweden. https://ecoclub.com/headlines/reports/1127-171206-ecotourism-companies-protest-forest-destruction-in-sweden

- OPEN LETTER: Protect all remaining high conservation value forests; https://drive.google.com/file/d/1LiworUnASbAP0QE52ZaXF3icff-pGYrXu/view
- Konu H, Tyrväinen L, Pesonen J, Tuuletie S, Pasanen K & Tuohino A. 2017. Uutta liiketoimintaa kestävän luontomatkailun ja virkistyskäytön ympärille – Kirjallisuuskatsaus. Valtioneuvoston selvitys- ja tutkimustoiminnan julkaisusarja 45/2017: 1–133; http://julkaisut.valtioneuvosto.fi/bitstream/handle/10024/79836/45_VIRKEIN_.pdf
- Metsähallitus. 2018. Kestävän luontomatkailun periaatteet: http://www.metsa.fi/kestava-luontomatkailu
- Metsähallitus. 2018. Kansallispuistot ja retkeilyalueet tärkeitä paikallistaloudelle; http://www.metsa.fi/kayntimaarat
- Mäntymaa E, Ovaskainen V, Juutinen A & Tyrväinen L. 2018. Integrating nature-based tourism and forestry in private lands under heterogeneous visitor preferences for forest attributes. Journal of Environmental Planning and management 61(4): 724–746; https://doi.org/10.1080/09640568.2017.1333408
- Mäntyranta H. 2018. Study prods nature tourism to move forward – not even its popularity in exact figures is known. Finnish Forest Association; https://www.smy.fi/en/artikkeli/study-prods-nature-tourism-to-move-forward-not-even-its-popularity-in-exact-figures-is-known/
- Tyrväinen L, Tolvanen A & Tuulentie S. 2013. *Näkökulmia matkailualueiden ympäristökysymyksiin.* Teoksessa: Veijola S. toim,): Matkailututkimuksen lukukirja, s. 146–159. Lapin yliopistokustannus, Rovaniemi.

Suuren valliriutan kohtalolla globaali ulottuvuus

Luonnon tarjoamat niin kutsutut ekosysteemipalvelut ulottavat alkuperäisen luonnon säilyttämisen ja hyvinvoinnin edut kaikkeen elolliseen koko maapallolla. Yksi vakuuttavimmista ja parhaiten tutkituista tai arvioiduista ihmisen vaurioittamista ekosysteemeistä on Australian rannikoita reunustava Suuri valliriutta, joka on planeettamme laajin ja monimuotoisin koralliyhdyskunta.

Valliriutan tila on heikentynyt jo vuosien ajan, ja tätä nykyä paljain silmin havaittava koralliyhdyskuntien vaaleneminen ja kokonaisten rakenteiden kuoleminen voidaan varmuudella liittää maailmanlaajuisen ilmastonmuutoksen voimistamaan meriveden lämpenemiseen sekä mantereelta mereen johdettavien jätevesien vaikutuksiin.

Australian kansallisen ilmastontutkimuselimen (*Climate Council of Australia*) vuonna 2017 julkistama uusin kokonaisesitys Suuren valliriutan tilasta antaa hälyttävän kuvan ekosysteemin tilasta ja kehityksestä. Raportissa valliriutan tilan heikkenemisen taloudellisiksi kokonaiskustannuksiksi lasketaan tähtitieteelliset triljoona dollaria. Suuri valliriutta on yksi kansainvälisen matkailuelinkeinon kulmakivistä, ja ekosysteemin tilan heikkeneminen aiheuttaa turismille korvaamattomia tappioita.

Raportti laskee Suuren valliriutan kokonaishyödyn nousevan seitsemään miljardiin dollariin vuodessa. Riutan työllistävä vaikutus, pääosin matkailussa ja sen sivuelinkeinoissa, on noin 70 000 vakituista työpaikkaa. Jos ilmastonmuutoksen ja meriveden saastumisen ja muiden ihmisen toimien – mukaan lukien turismin aiheuttama roskaantuminen ja kulutus – nykymeno jatkuu, Australian matkailuelinkeino menettää vuosittain ainakin miljardin dollarin tulot ja 10 000 työpaikkaa katoaa.

Suuri valliriutta on nimensä veroisesti ylivoimaisesti kookkain – ja samalla arvostetuin ja tutkituin – maailman merissä sijaitsevista koralliriutoista. Ekosysteemityyppinä koralliriutat ovat varmaankin monelle yllätykseksi varsin laajalle levittäytyneitä ja yleisiä. Koralliriuttoja on yli sadan valtion vesillä, ja useimmat ovat tavalla tai toisella matkailukohteita.

Kaikkiaan maailman koralliriuttoihin perustuvan turismin taloudellinen arvo nousee vuosittain ainakin 36 miljardiin dollariin. Noin kolmasosalla koralliriutoista on järjestettyä matkailutoimintaa. Vuosittain koralliriutoilla vierailee noin 70 miljoonaa matkailijaa, joiden toiminta on jatkuvana uhkana koralliyhteisöjen herkälle luonnolle.

Korallien haavoittuvuus kyllä tunnetaan, ja matkailuelinkeino on jo kauan kehittänyt menetelmiä ja tapoja hyödyntää riuttojen luonnonvaroja kestävän kehityksen periaattein. Korallien haavoittuvuuden ja suurten matkailijamäärien takia monet – ehkä useimmat – koralliekosysteemit kärsivät ihmisen toimien takia.

Alaa hallitsevat suuret matkanjärjestäjät ovat kehittäneet elinkeinon sosiaalista vastuuta (*Corporate Social Responsibility*) korostavia ohjeita, joiden myönteisiä tuloksia nähdään varsinkin majoitus- ja kuljetussektoreilla. Sen sijaan koralliriutoille suuntautuvan matkailun tärkein houkutin – ja olemassaolon perusta – korallien muodostaman yhteisön koskematon luonto on jäänyt ohjeistuksessa taka-alalle niin järjestäytyneen turismin kuin yksittäisten matkailijoiden toiminnoissa.

- Climate Council of Australia. 2017. Climate Change: A Deadly Threat to Coral Reefs. 36 pages; https://www.climatecouncil.org.au/uploads/6d266714311144e304bcb23bde8446f9.pdf
- Spalding M, Burke L, Wood SA, Ashpole J, Hutchison J and zu Ermgassen P. 2017. Mapping the global value and distribution of coral reef tourism. *Marine Policy* 82: 104–113; https://doi.org/10.1016/j.marpol.2017.05.014

Ekoturisminkin varauduttava ilmastonmuutokseen

Lakisääteinen ja osapuolten välisin sopimuksiin perustuva suojelualueiden perustaminen on tärkein väline alkuperäisen luonnon eliökunnan ja maisemien säilyttämiseksi yhä kiihtyvään tahtiin muuttuvassa maailmassa. Suojelulla, rauhoituksilla ja tarkoin määritellyillä luonnonvarojen käyttörajoituksilla voidaan varsin hyvin turvata kasvi- ja eläinlajien hyvinvointia – mikäli päätöksiä ja säädöksiä noudatetaan. Mutta luonnonsuojelun uhkana on tekijöitä, joita ei voida hallita paikallisilla ja tapauskohtaisilla päätöksillä tai sopimuksilla.

Tärkein ja kaikkialla maailmassa kaikkiin suhteisiin vaikuttava tekijä on ilmastonmuutos, jonka vaikutukset luonnon eliökuntaan – ja myös ihmisen hyvinvointiin – ovat monin paikoin jo nyt nähtävissä, ja tulevaisuudessa muutokset ovat ennusteiden mukaan laajoja, monin paikoin jopa dramaattisia.

Luonnonsuojelun kannalta tärkein ilmastonmuutoksen vaikutus on lajistollinen muutos, joka aiheutuu eläin- kasvi- ja mikrobilajiston lajityypillisten elinolosuhteiden muutoksista. Suuret kasvillisuusvyöhykkeet, joiden varaan kaikkien elävien olentojen muodostamat ravintoverkot perustuvat, siirtyvät lämpötila- ja sadeolojen muuttuessa. Osa suurvyöhykkeistä saattaa kadota kokonaan.

Luontoon ja luonnon tarkkailuun perustuvan ekoturismin mahdollisuudet ovat luonnollisesti täysin sidoksissa kulloisenkin aikakauden olosuhteisiin. Muuttuvan maailman eliölajistoa nykyisin vahvistetuilla suojelualueilla ja luontomatkailun kohteissa voidaan vain arvailla ja ennustaa.

Kasvillisuusvyöhykkeiden ja ekosysteemien rakenteen suuria linjoja voidaan mallien perusteella hahmotella, ja tällaisia ennusteita olisi tehtävä tärkeillä ekoturismin kohdealueilla matkailuelinkeinon ja siten myös paikallisen väestön tulevaisuuden takeeksi. Koko maapalloa ja eri erityisalueita kuten arktisia ja antarktisia meriä ja jäätiköitä koskevia malleja on julkaistu paljon, mutta yksittäisillä ekoturismin kohdealueilla ilmastonmuutokseen varautuvaa tutkimusta on tehty suhteellisen vähän.

Mallia tulevaisuuteen varautumisesta voi ottaa esimerkiksi Jordaniassa sijaitsevan, luontomatkailuun keskittyvän *Danan Biosfäärialueen* luonnonolojen kartoituksesta ja tulevien muutosten ennakoinnista. Nykyolojen selvitys osoitti, että tietämys ilmastonmuutoksen mahdollisista tai todennäköisistä vaikutuksista on vajavaista, joten luonnonsuojelun tai luontomatkailun sopeutumiskeinojen valintaakaan ei voida tehdä ilman kattavia jatkotutkimuksia.

- Jamaliah MM & Powell RB. 2018. Ecotourism resilience to climate change in Dana Biosphere Reserve, Jordan. Journal of Sustainable Tourism 26(4): 519–536;Pages 1-18
https://doi.org/10.1080/09669582.2017.1360893

15

PAIKALLISVÄESTÖN ETU TURVAA ELÄIMIÄ

Paikallista väestöä on tuettava suojelualueilla

Lakisääteinen eliölajien rauhoittaminen tai alueiden määrääminen suojelualueiksi eivät välttämättä turvaa alkuperäisen luonnon arvoja. Viime vuosina paljon julkisuutta saaneet tapaukset etenkin afrikkalaisten kansallis- ja luonnonpuistojen salametsästyksestä tulkitaan useimmiten kansainvälisten, järjestäytyneen rikollisuuden liigojen toiminnaksi. Näin varmasti onkin, mutta myös paikallinen väestö käyttää suojelualueiden luonnonvaroja määräysten vastaisesti.

Alkuperäisväestön osuutta Tansanian länsiosassa sijaitsevan *Ugallan riistansuojelualueen* suojelu- ja rauhoitusmääräyksien rikkomuksiin selvittivät Open University of Tanzania- ja Oxford University -yliopistojen tutkijat suorilla haastatteluilla sekä tarkoin kohdennetuilla pienryhmäohjauksilla. Rikkomukset ovat varsin tavallisia.

Useampi kuin joka neljäs (28 %) Ugallan alueen vakituisista asukkaista myöntää osallistuneensa laittomaan metsästykseen. Viidesosa (20%) väestöstä on kaatanut suojelualueelta puuta, vaikka kaikenlaiset hakkuut ovat kiellettyjä. Määräysten rikkomuksiin väestöä ajavat toimeentulopaineet sekä etenkin tunne siitä, että rauhoituksilla ajetaan ainoastaan ulkopuolisten – ja etenkin ulkomaalaisten – kävijöiden toiveita ja tarpeita. Paikallisväestö tuntee itsensä eristetyksi, unohdetuksi ja petetyksi.

Jotta luonnonsuojelu todella onnistuisi, paikallisväestö on saatava suojelulle myötämieliseksi. Keinoja tähän on. Selvityksessä Ugallan asukkaille esitetyistä mahdollisuuksista noin joka kuudes ilmoitti voivansa luopua laittomuuksista, jos vastineeksi paikallisväestölle annetaan maata viljeltäväksi sekä ottamalla paikallisia asukkaita aktiivisesti mukaan suojelutyöhön esimerkiksi palkattuina riistanvartijoina tai valvojina.

Paikallisväestöllä paras asiantuntemus ja kokemus

Luonnonsuojelun onnistumisen edellytyksenä on, että toimenpiteiden kohteet ja kohteiden vaatimukset tunnetaan. Tällaisen tiedon hankkiminen edellyttää usein pitkäaikaista tieteellistä tutkimusta ja vuosikausien seurantoja, joiden toteutus on kallista ja erityiskoulutettua henkilökuntaa vaativaa. Vastaavaa tietoa saataisiin usein helpommallakin – ja heti käyttöön, jos paikallista väestöä osattaisiin ja haluttaisiin kuunnella ja käyttää asiantuntijoina.

Survival International -järjestön katsaus nosti esiin kahdeksan malliesimerkkiä heimotason tietämyksen arvosta ja käyttökelpoisuudesta luonnon suojeluun liittyvissä kysymyksissä.

Eri puolilta maailmaa kerätyt tapaukset osoittavat esimerkiksi heimojen ja kylien kykyä ja halua säädellä metsästystä eläinlajien kantojen kestävällä tavalla, aktiivisia toimia eroosion kuluttaman tai muuten käyttökelvottomaksi muuttuneen maaperän tai metsäpohjan ennallistamiseksi tai valikoivaa kitkemistä alueelle vieraiden kasvilajien valloituksen pysäyttämiseksi.

- Survival International, 21.4.2018. Earth Day: Eight amazing facts that prove tribal people are the best conservationists; https://www.survivalinternational.org/news/11667
- Wilfred P, Milner-Gulland EJ and Travers H. 2017. Attitudes to illegal behaviour and conservation in western Tanzania. Oryx, Published Online 05 September 2017; https://doi.org/10.1017/S0030605317000862

Suosittu turistikohde voi olla paikallisille vahingollinen

Kestävän matkailun, jollaista luontoturismin pitää kaikissa muodoissaan olla – keskeisiin tavoitteisiin ja vaatimuksiin kuuluu matkakohteen paikallisen väestön etujen huomioiminen ja asukkaiden ottaminen aktiivisesti ja kiinteästi mukaan toimintaan. Jos väestölle tarjotaan mahdollisuuksia osallistua mielekkäällä ja taloudellisesti hyödyttävällä tavalla, myös turistien palvelu helpottuu, matkailijoiden mahdollisuus saada onnistuneita elämyksiä kasvaa, ja mikä tärkeintä, luonnonsuojelulliset tavoitteet voidaan saavuttaa.

Ekoturismin kohteen suosio – eli runsas kävijämäärä – ei välttämättä hyödytä sen enempää paikallista väestöä kuin luontoakaan, jos matkanjärjestäjät ainoastaan kuljettavat vieraat kohteeseen, täyttävät näiden minimitoiveet ja vievät turistit pois.

Suurin toivein perustettuja luontomatkailun kohteita on varmasti kaikissa maanosissa, samoin hankkeiden onnistumisia ja epäonnistumisia. Afrikka on ekoturismin "El Dorado" – maanosa, jonka monipuolinen ja eksoottinen eläimistö sekä maisemat ovat toiveiden täyttymys monelle luonnon ihailijalle. Läntisen Afrikan Ghanassa suosituin ja arvostetuin luontomatkailun kohde on *Kakumin suojelualue*, jonka vaikutusta paikallisen väestön oloihin ja luonnonsuojeluasenteisiin tutkittiin väestölle, matkanjärjestäjille sekä luontomatkailijoille suunnatuilla kyselyillä.

Kestävän matkailun tavoitteita ei ole saavutettu Kakumissa. Haastattelujen ja kyselyjen perusteella paikallinen väestö katsoo saavansa luontomatkailusta hyvin vähän hyötyä, mutta vastapainona suurten ihmisjoukkojen kulkeminen ja oleskelu alueella koetaan haitalliseksi ja epämiellyttäväksi. Siinä, missä paikallisväestö tuntee itsenä syrjäytetyksi, Kakumin suojelualueen turismia edistetään, koska toiminnasta on merkittävää taloudellista hyötyä Ghanan valtiolle sekä yksityisille matkanjärjestäjille.

Paikallisten asenteiden muuttaminen – ja samalla luonnonsuojelun turvaaminen – edellyttäisi paikallisväestön läheisempää huomioimista ja ottamista mukaan konkreettiseen toimintaan, ei vain passiiviseksi sivustakatsojaksi.

- Cobbinah PB, Amenuvor D, Black R & Peprah C. 2017. Ecotourism in the Kakum Conservation Area, Ghana: Local politics, practise and outcome. Journal of Outdoor Recreation and Tourism 20: 34–44; https://doi.org/10.1016/j.jort.2017.09.003

Valtioiden panostus eläinten suojeluun vaihtelevaa

Matkailun ja matkailijoiden panos ja vaikutus luonnon hyvinvointiin eivät riipu yksin matkanjärjestäjien tai yksittäisten turistien toimista. Keskeisen tärkeitä vaikuttajia ovat valtiot ja yhteisöt sekä niiden valmiudet ja päätökset yhteisen luontoperinnön vaalimisessa. Tällä saralla kehittyvien valtioiden (aikaisemmin kehitysmaiden) osuus on aivan ratkaiseva, osoittaa kattava selvitys suurikokoisten eläinten (*megafaunan*) tilasta eri puolilla maailmaa.

Megafauna-käsitteen alle lasketaan kuuluvan kaikki painoltaan vähintään 15-kiloiset petoeläimet (*karnivorit*) sekä yli 100-kiloiset kasvinsyöjäeläimet eli *herbivorit*. Tutkijat selvittivät megafaunan tilaa kaikkiaan 152 valtion alueilla, ja eläimistön tilaa verrattiin kunkin valtion todellisiin panostuksiin luonnon suojelu- ja hoitotöissä. Yleisenä johtopäätöksenä voidaan todeta, että aktiiviset toimet ovat paremmin hoidossa kehittyvissä kuin kehittyneiksi luokitelluissa, rikkaissa valtioissa.

Tulosten perusteella laaditussa suureläimistön suojelun indeksissä (*Megafauna Conservation Index*) tutkijat jaottelivat maailman valtiot eläimistön suojelun suhteen keskimääräistä parempiin toimijoihin ja keskimääräistä heikompiin suorittajiin. Valtion menestys indeksin mukaan ei ole riippuvaista maantieteellisestä sijainnista tai valtion taloudellisesta tilasta (bruttokansantuotteen määrästä). Yli- ja alisuorittajia löytyy sekä rikkaista että köyhistä valtioista.

Suurten linjojen yleistyksenä voidaan todeta, että 90 prosenttia Pohjois- ja Keski-Amerikan valtioista ja 70 prosenttia Afrikan valtioista on onnistunut keskimääräistä paremmin megafaunan suojelussa ja hoidossa. Vähemmän kunniakkaan alisuorittajien kastin listalla on 52 prosenttia Aasian valtioista ja 21 prosenttia Euroopan valtioista.

Parhaat toimijat Afrikassa

Megafauna Conservation Index -listan kärjessä on neljä afrikkalaista valtioita (Botswana (#1), Namibia (#2), Tansania (#3) ja Zimbabwe (#5) sekä yksi valtion Aasiasta, Bhutan (#4). Paras kehittyneiden teollisuusmaiden edustaja on Norja, jonka sijoitus on listan kuudentena.

Luonnonsuojelua ja alkuperäisen eliöstön hyvinvointia ja turvallisuutta voidaan – ja pitää – edistää valtioiden taloudellisilla panostuksilla, mutta näiden vastapainoksi on muistettava suojelun ja luonnon hoidon olevan myös valtioille tuottoisia investointeja.

Laajan tutkimuksen mukaan valtiot saavat tuloja luonnon ja villieläinten suojelusta sitä enemmän, mitä suurempia satsauksia suojelutyöhön on käytetty.

Taloudellisen panos–tuotos -vertailun huippuesimerkkinä on Botswana. Etelä-afrikkalaisen valtion taloudelliset ja yhteiskunnalliset panostukset luonnonsuojeluun ja luontoturismin kehittämiseen muodostavat merkittävän osuuden valtion tuloista. Määrätietoisella työllä aikaansaatu taloudellinen menestys on kuitenkin valitettavasti vaatinut myös oman hintansa – ja se hinta on luonnolle kielteinen.

Monilla afrikkalaisilla eläinsafareilla – myös Botswanassa – turisteja kuljetaan näkemään norsuja ja muita suuria villieläimiä, jotka on usein tuotu turisteilta piilossa olevien aitausten rajoittamille alueille varmistamaan maksavien asiakkaiden onnistunut retkikokemus. Vaikka kohdealueet olisivat laajoja ja jokseenkin luonnontilaisia, norsujen ja muiden "nähtävyyseläinten" lajinmukaiseen käyttäytymiseen ja hyvinvointiin ei tällaisissa turistirysissä ole panostettu asianmukaisesti.

Organisoidut luonto- ja eläintentarkkailumatkat voivat tarjota ekoturisteille juuri sellaisia kokemuksia ja elämyksiä, joista vieraat maksavat, mutta varsinaisten pääosan esittäjien eli villieläinten tarpeita ei aina huomioida. Lyhyellä tähtäimellä keinotekoisesti luonnonmukaisilta näyttävät eläinsafarit voivat olla hyvin toimivia, mutta pitkällä aikavälillä eläinten tarpeiden unohtaminen tai syrjiminen matkailijoiden tarpeiden hyväksi saattaa molemmat osapuolet – niin villieläimet kuin turismielin-keinonkin – kärsimään.

- Duffy R. 2014. Interactive elephants: Nature, tourism and neoliberalism. Annals of Tourism Research 44: 88–101;
http://www.sciencedirect.com/science/article/pii/S0160738313001242

- Lindsey PA, Chapron G, Petracca LS, Burnham D, Hayward MW, Henschel P, Hinks AE, Garnett ST, Macdonald DW, Macdonald EA, Ripple WJ, Zander K & Dickman A. 2017. Relative efforts of countries to conserve world's megafauna. Global Ecology and Conservation 10: 243–252; https://doi.org/10.1016/j.gecco.2017.03.003

Tansaniassa sekä luonnonsuojelu että kylät hyötyvät

Luontomatkailun kehittäminen vaatii usein taloudellisia panostuksia, joita tekevät kohdealueiden ulkopuoliset toimijat, ja näissä oloissa paikallinen väestö saattaa jäädä sivustakatsojaksi. Jos väestölle ei ole turismista hyötyä, asenteet luonnonsuojeluun ja turistien tavoittelemien villieläinten hyvinvointiin ovat vähäisiä. Mutta jos paikallinen väestö pääsee aktiivisesti osallistumaan luonnonvarojen suojeluun ekoturismin toteutuksessa, suojeluasenteet muuttuvat ja ihmiset voivat luopua aikaisemmista, suojelulle haitallisista asenteistaan ja tavoistaan. Tällaisesta *win-win* -toteutuksesta on saatu erinomaisia kokemuksia Tansaniassa, jossa kahden aikasemmin vastakkaisen leirin edut yhdistyvät.

Turismi on Tansanian pääelinkeino, joka tuo vuosittain yli kuuden miljardin dollarin valuuttatulot ja edustaa 13 prosenttia maan bruttokansantuotteesta. Matkailu työllistää suoraan ja epäsuorasti yli kaksi miljoonaa kansalaista. Ekoturismin tärkeimpiä vetonauloja on suurin yhtenäinen savannialue *Serengetin kansallispuistossa*, jossa vieras voi tavata ja tarkkailla muun muassa maailman mittavimpia suurten nisäkkäiden vaelluksia. *Ngorongorin kansallispuistossa* puolestaan on pinta-alaa kohti laskettuna enemmän suuria petoeläimiä kuin missään muualla, ja *Tarangire* on kuuluisa runsaasta norsukannastaan.

Ekoturismin mahdollisuuksia on valitettavasti rokottanut salametsästys, jossa on kansainvälisten rikollisliigojen ohella myös paikallisia toimijoita. Luonnonsuojelun ja luonnon monimuotoisuuden uhkana on myös laillinen ihmisen taloudellinen toiminta. Peruuttamatonta tuhoa luonnolle ja villieläimille aiheuttaa kaivostoiminta. Hiljaisempaa ja usein korjattavissa olevaa vahinkoa tuottaa karjanhoito. Afrikan ruohostoille vieraat nautaeläinten laumat kuluttavat kasvillisuutta enemmän kuin luonnon uusiutumiskyky sallisi.

Päätösvalta keskushallinnolta kyläyhteisöille
Sekä luontoa, luonnonsuojelua että paikallisten kyläyhteisöjen hyvinvointia ja taloutta on pystytty kohentamaan hankkeilla, joissa alkuperäisen luonnon suojelun vastuita ja luontoturismin tuomia hyötyjä on ohjattu suoraan paikalliselle väestölle. Kun kyläyhteisöt saavat leijonanosan ekoturismin tuomasta taloudellisesta hyödystä, väestö on valmis luopumaan nautakarjasta.

Tansaniassa kokeiluun valitut kylät ovat sitoutuneet varaamaan tai jättämään hallinnassaan olevia maa-alueita luonnonsuojelun tarpeisiin ehdolla, että valtaosa alueelle suuntautuvan turismin tuloista jää paikalliselle väestölle. Kylien hallinnassa olevat – ja sopimuksen mukaan alkuperäisen luonnon suojelulle varatut maa-alat – toimivat puskureina kansallispuistoille ja muille erityissuojelualueille ja turvaavat villieläinten hyvinvointia ja liikkumisen mahdollisuuksia. Tätä nykyä tällaisia yhteistoimin suojeluviranomaisten ja kyläläisten kanssa ylläpidettäviä alueita on 19. Nämä luontoa kunnioittavat hankealueet kattavat jo seitsemän prosenttia Tansanian maa-alasta, ja lisäksi 19 vastaavaa uutta aluetta on suunnitteilla.

Kyläläisten saamista hyödyistä ja uudelleen suunnatun taloudellisen toiminnan sosiaalisista vaikutuksista ei ole vielä seurantatutkimuksia, mutta väestö tuntuu olevan ratkaisuihin tyytyväistä. Luonnon hyväksi koituva hyöty sen sijaan on jo mitattavissa villieläinkantojen voimistumisena.

Tarkimmin on tutkittu *Randilen Wildlife Management Area* -yhteistyöalueen eläimistöä. Hyvin nopeasti alueen suojelustatuksen parannuttua on havaittu esimerkiksi kirahvien (*Giraffe camelopardis*) ja kärsäantilooppien eli dikdikien (*Madoqua kirkii*) määrän selvästi lisääntyneen. Villieläinkantojen voimistumisen on mahdollistanut nautakarjan vähentyminen tai karjanhoidon lopettaminen alueilla.

- Lee DE & Bond ML. 2018. Quantifying the ecological success of a community-based wildlife conservation area in Tanzania. Journal of Mammalogy 99(2): 459–464; https://doi.org/10.1093/jmammal/gyy014

Uusi elinkeino voi aiheuttaa kateutta väestössä

Yhteiskunnallisen suunnittelun tärkeys luonnonsuojelun ja luonnon hyväksikäytön kokonaisuudessa on tunnustettu, mutta käytännön tasolla eri tavoitteiden ja toiveiden yhteen liittäminen on vaikeaa. Ekoturismia on tuettu ja edistetty vetoamalla matkailun taloudellisiin hyötyihin suojelualueiden väestölle luomalla uusia työmahdollisuuksia. Kirjallisuudessa on kuitenkin valitettavan paljon esimerkkejä siitä, että odotukset ovat olleet epärealistisia, koska ekoturismin laajoja yhteiskunnallisia vaikutuksia ei ole osattu huomioida.

Pahimmillaan ekoturismi voi lisätä taloudellista ja sosiaalista eriarvoisuutta paikallisessa väestössä, mikä lisää väistämättä eripuraa ja kateutta ja johtaa mahdollisesti epäsosiaaliseen käyttäytymiseen.

Yhdysvaltalaisen Duke-yliopiston tutkijan Xavier Basurton johdolla Meksikon Baja Californian osavaltiossa tehdyssä tutkimuksessa kerättiin aineistoa perinteisen kalastuselinkeinon tilastoista sekä paikalliset olot tuntevien asiantuntijoiden haastatteluilla. Tutkimuksen lähtökohtana oli verrata sosiaalimyönteisten (*prosocial*) ja -kielteisten (*antisocial*) asenteiden vallitsevuutta kahdella suojelualueella sekä kahdella vertailualueella.

Suojelluilla alueilla väestön asenteet olivat sekä myönteiseen että kielteiseen suuntaan selvästi jyrkempiä kuin ei-suojelluilla vertailualueilla. Parhaan lopputuloksen saaminen kaikkia osapuolia tyydyttävällä tavalla edellyttää paljon tavanomaista käytäntöä monipuolisempaa taustatiedon hankintaa ja käyttöä. Huomioitavia näkökohtia on haettava biologian ja ekologian ohella ainakin sosiaalipsykologian, antropologian ja taloustieteen alueilta.

- Blumstein DT, Geffroy B, Samia DSM & Bessa E. 2017. Creating a research-based agenda to reduce ecotourism impacts on wildlife. In: Blumstein D, Geffroy B, Samia D, Bessa E. (Editors), *Ecotourism's Promise and Peril. A Biological Evaluation*, pp. 179–185. Springer; https://doi.org/10.1007/978-3-319-58331-0_11
- Basurto X, Blanco E, Nenadovic M & Vollan B. 2016. Integrating simultaneous prosocial and antisocial behavior into theories of collective action. Science Advances 2(3): e1501220; DOI: 10.1126/sciadv.1501220

Ekoturismi riistää paikallisväestöä Tansaniassa
Maasai-heimojen oikeudet ulkomaisille yrityksille

Paikallisen alkuperäisväestön perinteiset luonnon hyväksikäyttötavat ovat sopusoinnussa ympäristön kantokyvyn kanssa, eivätkä tällaiset ihmisen toiminnat ja läsnäolo estä tai haittaa alkuperäisen luonnon suojelua. Alkuperäisväestön asiantuntemuksen valjastamisesta luontomatkailun hyväksi on saatu paljon myönteisiä kokemuksia eri maanosissa, etenkin Afrikassa. Mutta valitettavasti Afrikasta raportoidaan myös vastakkainen, erittäin ikävä esimerkki paikallisväestön ja kansainvälisen matkailuteollisuuden ristiriidoista.

Tansanian maailmankuulut kansallispuistot ovat ekoturismin näyttävimpiä kohteita, ja puistoissa sekä niiden välittömässä läheisyydessä on myös aktiivisesti toimivia paikallisväestön kyliä sekä liikkuvaa paimentolaisväestöä. *Ngorongoron* alueelta raportoidaan kuitenkin ikäviä kiistoja paimentolaisuuteen perustuvien maasaiheimojen ja kasvavan turismin välillä. Runsaasta ja monipolisesta eläimistöstään kuuluisilla alueilla luonnon hyväksikäyttöoikeudet on valtion toimesta myyty kansainvälisille matkailuyrityksille, jotka ovat estäneet – ajoittain väkivaltaisesti ja poliisivoimien avustuksella – maasaita käyttämästä perinteisiä vesilähteitä ja parhaita laidunmaita.

Vuonna 2018 julkaistussa, australialaisen Oakland Institute -tutkimuslaitoksen julkaisemassa *Losing the Serengeti* -raportissa kuvaillaan järkyttäviä tapauksia, joissa kansainväliset, pääosin Yhdysvalloista ja Yhdistyneistä Arabiemiraateista kotoisin olevat matkailuyritykset ovat häätäneet maasait asuinalueiltaan ja estäneet paimentolaisten elinkeinon harjoittamisen.

Eettisesti arveluttaviin tekoihin on ollut vaikea ulkopuolisten puuttua, koska Tansanian hallitus on myynyt alueiden käyttöoikeudet yrityksille. Pahimpien väärinkäytösten tultua julkisiksi hallitus on perunut yritysten laajimpia käyttöoikeuksia, mutta vahvalla koneistollaan matkailuelinkeino pitää maasait edelleen syrjässä ikiaikaisesti hallitsemiltaan alueilta.

Maasaiheimojen vaikeudet alkoivat jo 1900-luvun puolella, kun kansainvälinen matkailuteollisuus alkoi nopeasti laajeta ja kasvattaa volyymejään itäisessä Afrikassa. Turismituloista riippuvainen Tansanian hallitus suosi turismia alkuperäisväestön kustannuksella ja pakotti esimerkiksi maasaikyliä muuttamaan parhailta nähtävyysalueilta muualle.

Vastineeksi maasait saivat alueita esimerkiksi Ngorongoron luonnonsuojelualueelta. Mutta jo vuosikymmenen ajan turismin paine on kasvanut edelleen, ja tämän seurauksena maasait on ajettu ahtaalle – ja pahimmassa tapauksessa pakotettu luopumaan perinteisistä elinkeinoistaan.

- Mittal A & Fraser E. 2018. *Losing the Serengeti. The Maasai Land that was to Run Forever.* 46 pp. The Oakland institute; https://www.oaklandinstitute.org/sites/oaklandinstitute.org/files/losing-the-serengeti.pdf

16

EKOTURISMIN RAHALLISET ARVOT

Paikallisille maksu turistien näkemistä villieläimistä

Matkailun, luonnonsuojelun ja paikallisen väestön toimeentulomahdollisuuksien optimaaliseen yhdistämiseen on päästy kaakkoisaasialaisessa Laosissa, jossa kokeiltiin uutta, taloudellista korvausmenetelmää. *Nam-Et-Phou Louey* -suojelualueella toteutetussa mallissa paikallisille asukkaille maksettiin rahallista korvausta sitä enemmän, mitä useampia luonnonvaraisia eläimiä alueelle saapuneet turistit vierailunsa aikana näkivät. Varat korvauksiin saatiin turistien maksamista retkimaksuista.

Sopimukseen liittyi myös väestön sitoutuminen luonnon kunnioittamiseen ja säilyttämiseen. Kohdealueella sijaitsee yhdeksän kylää, joissa on yhteensä hieman yli 5 000 asukasta. Paikallisella väestöllä on lupa liikkua suojelualueilla ja käyttää rajoitetusti – tarkoin määritellyin ehdoin – puiston luonnonvaroja.

Alueella aikaisemmin tavallinen – tosin luvaton – metsästys saatiin sopimuksen avulla kuriin, kun väestön ei tarvinnut turvautua laittomuuksiin elantonsa hankkimiseksi. Sopimuksen kunnioittamista varmistettiin sillä, että jokaisesta suojelualueella havaitusta metsästykseen viittaavasta näytöstä seurasi kyläläisille maksettavien korvausten vähennyksiä.

Kyläläisille sopimuksen noudattaminen takasi varmoja tuloja, sillä paikallisille asukkaille maksettiin tietty summa jokaisesta suojelualueella vierailleesta turistista. Lisäksi korvausta korotettiin jokaisesta luontomatkailijoiden vierailunsa aikana havaitsemasta villieläimestä. Väestön pysymistä kaidalla tiellä varmistettiin salametsästystä koskevilla sanktioilla. Kyläläisille vuosittain maksettavaa korvaussummaa alennettiin 25 prosentilla, jos yksikin salametsästystapaus varmistettiin. Kahden salakaadon seurauksena olisi ollut 50 prosentin vähennys, ja kolmen tai useamman metsästysrikkomuksen seurauksena korvaukset olisi evätty kokonaan.

Sopimuksesta pidettiin kiinni varsin hyvin. Ensimmäisenä vuotena viisi kylää sai täydet korvaukset, mutta kahdessa kylässä todettiin yksi salametsästystapaus, ja kylän korvaussummasta vähennettiin neljännes, ja kahdessa muussa kylässä salakaatoja oli kaksi, minkä seurauksena väestölle maksettiin vain 25 prosenttia kertyneistä korvauksista.

Nelivuotisen kokeilun aikana luontoturistien kohtaamien villieläinten yksilö- ja lajimäärät kasvoivat, eikä salametsästäjiä saatu kiinni tai merkkejä salakaadoista havaittu. Kokeilualueen ulkopuolella, muuten luonnonoloiltaan vertailukelpoisella ja yhtenäisin säännöin suojellulla seuranta-alueella sen sijaan salametsästys lisääntyi kolminkertaiseksi.

Kyläläisille ekoturistien vierailut olivat taloudellisesti merkittäviä. Nelivuotisen kokeilun aikana suojelualueelle järjestetyillä retkillä turistit (kahden hengen ryhmissä) maksoivat matkastaan 150 dollaria henkeä kohti. Jokaista ryhmää kohti kylille jaettavaa tuloa kertyi keskimäärin 115 dollaria (yhteensä noin

12 000 dollaria), ja suojelualueen hoitoon ja ylläpitoon kerättiin keskimäärin 3.1 dollaria.

Turistien retkien aikana käyttämien palvelujen maksuja hoidetaan yhä useammin mobiililaitteilla modernin teknologian levittäytyessä nopeasti myös kehittyvissä maissa, osoittaa intialaistutkija Sagar Singh Himalajalla tekemässään tutkimuksessa.

Mobiilimaksamisen ansiosta valuutan vaihtoihin ei ole tarvetta, ja rahat ohjautuvat varmasti ilman välikäsiä juuri heille, joille maksut on tarkoitettukin.

- Eshoo PF, Johnson A, Duangdala S & Hansel T. 2018. Design, monitoring and evaluation of a direct payments approach for an ecotourism strategy to reduce illegal hunting and trade of wildlife in Lao PDR. PLoS ONE 13(2): e0186133; https://doi.org/10.1371/journal.pone.0186133
- Singh S. 2017. Mobile money for promoting conservation and community-based tourism and ecotourism in underdeveloped regions. Tourism Recreation Research 42(1): 108–112; http://dx.doi.org/10.1080/02508281.2016.1251011

Suojelualueet taloudellisestikin hyvin tuottoisia

Lakisääteisen suojelun keinon luonnontilaisina säilytettävien alueiden päätarkoituksena nähdään biologisen lajiston, elottomien muodostumien sekä maisemallisten arvojen säilyttäminen mahdollisimman koskemattomina. Luonnon arvojen säilyttämisellä on itseisarvonsa lajistollisen geeniperimän monimuotoisuuden säilyttämisessä, mutta tärkeäksi tavoitteeksi on hyvin usein asetettu myös ihmisen hyvinvointia ja taloutta palvelevien niin kutsuttujen ekosysteemipalvelujen turvaaminen.

Ekosysteemipalveluja ovat esimerkiksi vesistöjen veden laadun turvaaminen ravinnevalumien säätelyn kautta, kasvillisuuden merkittävä osuus tulvasuojelussa, selkärangattomien eläinten sekä lintujen tarjoama viljelykasvien pölytys sekä viime vuosina yhä tärkeämmäksi koettu maailmanlaajuisen ilmastonmuutoksen hillitseminen biomassaan sitoutuvan ilmakehän hiilen ansiosta. Luontaisten palvelujen lisäksi suojelualueilla on lähes poikkeuksetta myös suoraan ihmisen taloutta palveleva positiivinen vaikutuksensa.

Luonnon suojelemisen ja luonnonvarojen käytön rajoitusten ja taloudellisen toimeliaisuuden ja työllisyyden välille viritellään usein vastakkainasetteluja, mutta ristiriitoja ei välttämättä ole. Maailman luonnonsuojelussa – Amazonian sademetsäalueen tärkeyden ansiosta – usein keihäänkärjeksi kohotettu Brasilia saa luonnonsuojelupanostuksistaan hyvin merkittävää taloudellista voittoa, osoittaa brasilialais-yhdysvaltalainen tutkimus.

Suojelualueiden merkitystä sekä paikalliseen että valtakunnalliseen talouteen selvitettiin taustaksi paitsi luonnonsuojelun myös erilaisten elinkeinojen harjoittamisen kannalta. Yhteiskunnallisten päätöksentekijöiden sekä yritysten vastuuhenkilöiden tarpeita arvioineessa sekä erityisesti myös paikallisten asukkaiden tarpeita korostaneessa ja huomioineessa analyysissä suojelualueen perustamiseen ja ylläpitoon panostetun rahan tuotto arvioitiin erittäin korkeaksi.

Taloudellisten mallilaskelmien mukaan Brasiliassa luonnonsuojelualueisiin investoitu dollari tuottaa yhteiskunnalle seitsemän dollaria. Vahvistettujen suojelualueiden taloudellinen tuotto nousee koko Brasiliassa vuosittain yli 1.3 miljardiin dollariin, ja suojelualueet tarjoavat yli 43 000 pysyvää työpaikkaa.

Suojelualueiden taloudellisesta hyödystä valtaosa saadaan niin kutsuttujen luonnon ilmaispalvelujen kuten viljelykasvien pölytyksen, maaperänsuojelun, vesitalouden säätelyn ja ilmastonmuutoksen hillinnän kautta, mutta lisääntyvän luontomatkailun tuomat tulot ovat nousemassa yhä tärkeämmäksi kannustimeksi ylläpitää kattavaa ja hyvin hoidettua suojelualueverkostoa.

• Souza TVSB, Thapa B, de Oliveira Rodrigues CG & Imori D. Economic impacts of tourism in protected areas of Brazil. Journal of Sustainable Tourism, Published Online 02 January 2018; https://doi.org/10.1080/09669582.2017.1408633

Luonnon ihailu tuottavaa myös USA:ssa

Ekoturismin – luontoa kuluttamattoman ja ainoastaan tarkkailuun ja kuvaamiseen perustuvan luonnonvarojen aineettoman käytön – yhteyttä luonnonsuojelun lisäksi myös paikallisen väestön työllisyyteen ja talouteen korostetaan etenkin köyhissä, kehittyvissä maissa. Mutta luontoretkien – muidenkin kuin kalastus- ja metsästysmatkojen – taloudellinen merkitys ja työllisyysvaikutus on huomattava rikkaimmissakin maissa kuten Yhdysvalloissa.

Viimeisimpien tilastotietojen mukaan Yhdysvaltain eteläosien 13 osavaltion alueella luontoa kuluttamattoman ekoturismin taloudellinen vaikutus yltää vuosittain ainakin 55 miljardiin dollariin. Vuosittain yli 70 miljoonan luontomatkailijan tarvitsemat palvelut ovat myös huomattava työllistäjä.

Katsauksen laatineet Michiganin ja Mississippin valtionyliopistojen tutkijat korostavat luontoa kuluttamattoman matkailun merkitystä ja kannustavat päättäjiä kehittämän tällaisia kestävän kehityksen mukaisia toimintoja, joissa ei ole samanlaisia ongelmia ja eturistiriitoja kuin esimerkiksi metsästys- ja kalastusmatkailussa.

• Poudel J, Munn IA & Henderson JE. 2017. Economic contributions of wildlife watching recreation expenditures (2006 & 2011) across the U.S. south: An input-output analysis. Journal of Outdoor Recreation and Tourism 17: 93–99; https://doi.org/10.1016/j.jort.2016.09.008

Kala on arvokkain sukelluskohteena

Luonnonvarojen taloudellista arvoa määriteltäessä suorat, perinteiset kuluttamisen muodot eivät ole läheskään koko totuus. Villieläinten katseluun perustuva turismi on malliesimerkki luonnon monista arvoista, ja tällä rintamalla ei-kuluttava hyötykäyttö ylittää usein moninkertaisesti saaliiseen perustuvan käytön arvon. Oppikirjaesimerkkinä on ekoturismiin sekä taloudellisesti että poliittisesti panostava pieni Palaun saarivaltio Tyynessämeressä.

Palaun saaria ympäröivien koralliriuttojen runsas haikalojen kanta houkuttelee niin paljon matkailijoita, että jokaisen elävän hain taloudellisen arvon lasketaan olevan ainakin 17 kertaa suurempi kuin ihmisen ruokapöytiin pyydettynä.

Jättirauskujen (*Manta*) joukossa uiminen on viime vuosina kohonnut ekoturismin suosikkiasteikon huipulle. Rauskuturismin arvoksi maailmanlaajuisesti lasketaan 140 miljoonaa dollaria, kun erikoisherkkuna pidettävien rauskujen pyynti ihmisen ruokapöytiin on arvoltaan "vain" 5 miljoonaa dollaria.

Uusimman vertailun merenelävien aineettoman arvon ja pyynnin suhteista teki Kalifornian yliopiston tutkijan Ana Sofia Guerran johtama yhdysvaltalaisten asiantuntijoiden ryhmä. Kalifornian rannikon vesissä elävä jättihylkyahven (*Stereolepis gigas*) on sukeltajien ja luonnon ihailijoiden tavoitelluimpia kohteita. Tämä pituudeltaan jopa 2.5-metrinen ja 250 kiloa painava kala on ollut aikoinaan suurta herkkua, mutta liikakalastuksen seurauksena ja kannan heikennyttyä laji on Kaliforniassa rauhoitettu.

Kansainvälisen luonnonsuojeluliiton (IUCN) listoilla laji on luokiteltu äärimmäisen uhanalaiseksi. Sivusaaliina jättihylkyahvenia joutuu kuitenkin pyydyksiin, ja nämä kalat saa käyttää tai myydä ruokakaloiksi. Tällaisen pyynnin taloudellinen arvo on vuosittain vain reilut 12 000 dollaria. Sen sijaan sukellusturismin kohteena laji on yksi arvokkaimmista.

Tutkijoiden tekemien haastattelujen perusteella sukellusturistit olisivat valmiita maksanaan vuosittain yhtensä 2.3 miljoonaa dollaria mahdollisuudesta tavata jättihylkyahven. Kalifornian rannikon sukellusturismin kokonaisarvoksi lasketaan 160–320 miljoonaa dollaria.

• Guerra AS, Madigan DJ, Love MS & McCauley DJ. *2018*. The worth of giants: The consumptive and non-consumptive use value of the giant sea bass (*Stereolepis gigas*). Aquatic Conservation: Marine and Freshwater Ecosyst*ems 28(2): 296–304;* DOI: 10.1002/aqc.2837

Ekoturismin taloushyödyt valuvat ulkopuolisille

Ekoturismin merkitystä luonnonsuojelun edistäjänä ja samalla paikallisen väestön hyvinvoinnin lisääjänä korostetaan usein, mutta käytännön tasolla tällaisesta eri osapulia hyödyttävästä toiminnasta on myös vastakkaisia, kielteisiä esimerkkejä. Kirjallisuudessa on julkaistu paljon tapauksia, joissa luontomatkailun lisääminen on vahingoittanut suojelun kohteita esimerkiksi eläimiä häiritsevän toimeliaisuuden takia. Turistien tuoman rahan päätyminen paikallisiin tarpeisiin on sekin usein kyseenalaista.

Intian ja Bangladeshin rajamailla, suurten Ganges- ja Brahmaputra- jokien laajan suistoalueen mangrove-ekosysteemit –

maailman laajimmat alallaan – ovat Intian kansalliseläimen bengalintiikerin (*Panthera tigris tigris*) tärkein elinalue, josta on tullut myös suosittu ekoturismin kohde. Mangrovealueella sijaitsevalla *Sundarban Biosphere Reserve* -suojelualueella tehty kartoitus osoitti, että ekoturismin varaan luodut odotukset ja lupaukset ovat jääneet valtaosin lunastamatta.

Turismin voimakas kasvu on lisännyt alueen kävijämäärää, mutta vieraiden myötä lisääntynyt taloudellinen toimeliaisuus on jakautunut erittäin epätasaisesti ja epäoikeudenmukaisesti. Vain noin kolmasosa Sundarbanin väestöstä kertoi hyötyneensä suoraan tai edes epäsuorasti ekoturismista. Kaikkia osapuolia hyödyttävän *win-win* -tilanteen sijasta ekoturismin hyödyt ovat valuneet alueen ulkopuolelle, paljolti jopa ulkomaisille matkailualan toimijoille. Paikallinen väestö on pettynyt lupauksiin, sillä alueen köyhimmät kylät ja asukkaat ovat saaneet turismin tuomasta vauraudesta vähiten ostosten, sijoitusten tai työpaikkojen tuomaa hyötyä.

Pettymyksiä on koettu myös luonnonsuojelun saralla. Lisääntyneen turismin myötä alueen roskaantuminen, suoranainen saastuminen sekä eliölajiston köyhtyminen ovat selvästi nähtävissä. Sekä paikalliset asukkaat että suojelujärjestöt ja -ammattilaiset ovat leimanneet ekoturistit "ulkopuolisiksi" ja herkälle luonnolle haitallisiksi vieraiksi.

- Ghosh P & Ghosh A. 2018. Is ecotourism a panacea? Political ecology perspectives from the Sundarban Biosphere Reserve, India. GeoJournal 83(1): 1–22; https://doi.org/10.1007/s10708-018-9862-7

Ilves 1000 kertaa arvokkaampi vapaana kuin tapettuna

Suurpedot ovat eläinten tarkkailuun keskittyvän ekoturismin vetonauloja kaikkialla. Eläinten tarkkailu ja samojen otusten metsästys tai pyynti ovat usein vastakkaisia luonnon hyväksikäytön muotoja, jotka kilpailevat keskenään niin taloudellisissa arvioissa kuin yhteiskunnallisissa ja kansalaisten henkilökohtaisissa arvostuksissa. Luonnon hyödyntäminen ja hyväksikäyttö luonnonvaroihin koskematta, vähentämättä tai varantoja tuhoamatta on paljon vaikeammin rahallisesti arvotettavissa kuin suora aineellinen hyväksikäyttö.

Yhteismitallisia vertailuja on kuitenkin tehty, ja usein luonnonvarojen jättäminen koskemattomiksi – vain aineettomasti ihailtaviksi – on taloudellisesti kannattavampaa kuin konkreettinen, aineellinen hyödyntäminen. Maailman kuuluisimpiin luontokohteisiin lukeutuvassa Yhdysvaltain Yellowstonen kansallispuistossa on useita suurpetoja, joiden takia miljoonat turistit matkaavat suojelualueelle. Ilvekset ovat yksi suurista houkuttimista, joiden kannattaa antaa elää luonnossa.

Panthera -suojelujärjestön tutkijan LM Elbrochin johdolla *Yellowstonen kansallispuistossa*, Wyomingin osavaltion koillisosassa tehdyssä vertailussa jokaisen luonnossa vapaana elävän ilvesyksilön arvo matkailun vetonaulana arvioitiin vähintään 308 000 dollariksi. Samaan aikaan Wyomingissa ansoilla pyydystetyn ja turkin takia tapetun ilveksen keskimääräinen arvo oli noin 315 dollaria (130 dollaria osavaltiolle metsästysluvan maksuina ja 185 dollaria turkin myyntituloina). Elävä ilves oli lähes tuhat kertaa arvokkaampi kuin metsästetty kissapeto. Ilves on vain yksi Yellowstonen ja koko osavaltion turismin vetonauloista, mutta matkailu on Wyomingin toiseksi suurin teollisuudenala, joka tuotti esimerkiksi vuonna 2016 noin 3.2 miljardia dollaria.

Ilvesesimerkki osoittaa, että aineellisen, suoran hyödyntämisen ja aineettoman, luonnonvaroihin kajoamattoman hyötykäytön vertailuissa arvot eivät ole yhteismitallisia. Mutta jo yksin rahallisten tuottojen perusteella luonnonsuojelu voi olla selvästi kannattavin vaihtoehto. Nykyiset luonnonsuojelun ja luonnon hyväksikäytön normit ja säädökset eivät tutkijoiden mielestä ota riittävästi huomioon luonnonvarojen kokonaisvaltaisen hyödyntämisen mahdollisuuksia ja luonnon aineettomien arvojen kulttuurisia merkityksiä.

- Elbroch Contrasting bobcat values. Biodiversity and Conversation 26(12): 2987LM., Robertson L., Combs K, Fitzgerald J. 2018. –2992; https://doi.org/10.1007/s10531-017-1397-6

Seychellit vaurastuu merta suojelemalla

Intian valtamerellä, noin 1600 kilometriä Afrikan itäpuolella sijaitsevan Seychellien saarivaltion pinta-alasta 99 prosenttia on merta, ja saarten rantavedet ovat kala- ja nisäkäslajistoltaan hyvin monimuotoiset. Kalastus ja turismi ovat saarivaltion pääelinkeinot, joiden palveluksessa on noin puolet kansalaisista. Ekoturismia kehitetään valtion ohjauksessa tuomaan kaivattuja valuuttatuloja – ja lyhentämään noin 500 miljoonan dollarin valtion velkoja. Osan veloistaan Seychellien tasavalta saa maksetuksi lahjoituksilla, joiden vastineeksi valtio on sitoutunut muodostamaan kaksi laajaa suojelualuetta.

21 miljoonan dollarin lahjoitus tulee yhdysvaltalaiselta *The Nature Conservancy* -säätiöltä. Yksityisistä lahjoittajista huomattavan panoksen antoi näyttelijä Leonardo di Caprio, jonka säätiö lahjoitti suojeluhankkeeseen miljoona dollaria. Suojelusäännöksillä rajoitetaan ammattimaista kalastusta ja ohjataan turismia luontoa kunnioittaviin käytäntöihin.

Pinta-alaltaan 210 000 neliökilometrin (81 000 neliömailin) laajuiset suojelualueet vahvistetaan *Aldabra-* ja *Amirantes* -nimisten saarten ympärille. Aldabran atolli kuuluu UNESCO:n Maailmanperintökohteisiin, joka on kuuluisa satojen tuhansien yksilöiden vahvuisista jättiläiskilpikonna- delfiini- ja jättiläisrauskukannoistaan. Näillä vesillä elää myös dugongeja (*Dugong dugon*), uhanalaisia, sireenieläimiin lukeutuvia nisäkkäitä, joita kansanomaisesti kutsutaan "merilehmiksi".

- Ma, A. 2018. A tropical island is promising to save thousands of turtles and dolphins for $21 million off its national debt. Business Insider Nordic, 23.2.2018; http://nordic.businessinsider.com/seychelles-protecting-marine-life-in-deal-to-pay-off-national-debt-2018-2?r=US&IR=T

Talousmetsäkin sopii luontomatkailuun

Järjestäytynyt luontomatkailu valtion metsissä vaatii lupia

Monimuotoinen ja puhdas luonto on ekoturismin perusedellytys, jota monet taloudellisen hyödyntämisen muodot heikentävät tai jopa kokonaan estävät. Metsätaloudelliset hakkuut koetaan usein luontoarvoja vähentävinä, ja luontomatkailun mahdollisuuksia haittaavina. Mutta ainakin suomalaisessa järjestelmässä uskotaan, että hyvin hoidettuna metsätalous – myös taloudelliseen voittoon tähtäävät hakkuut – ja luonnon virkistyskäyttö sekä esteettisiin elämyksiin perustuva matkailu voidaan yhdistää.

Valtion maa-, metsä- ja vesialueiden omistuksesta ja hoidosta vastaava Metsähallitus on solminut yhteistyösopimukset satojen matkailu- ja virkistystoimintaa harjoittavien yritysten ja toimijoiden kanssa. Yhteistyö- ja käyttösopimuksen solmimisessa yrittäjät sitoutuvat noudattamaan Metsähallituksen vahvistamaa ympäristöjärjestelmää ja kestävän kehityksen tavoitteet täyttäviä toimintamuotoja.

Keskeisenä kestävän luontomatkailun vaatimuksena kansallispuistoissa ja muilla suojelualueilla on pitää ympäristön kuormitus mahdollisimman vähäisenä. Käytännössä tämä tarkoittaa jätteiden synnyn vähentämistä, jätteiden kierrätystä sekä asiakkaiden – luonnossa liikkuvien – omatoimista sitoutumista pitämään ympäristö siistinä.

Toiminnanharjoittajien sitoumusten vastapainona Metsähallitus takaa, että monikäyttömetsissä metsätaloutta harjoitetaan tavoilla, jotka ottavat huomioon virkistyskäytön ja luontomatkailuyrittäjien tarpeet. Kaikki valtion metsien hakkuut ja hoitotyöt toteutetaan luonnonvarasuunnitelmissa vahvistetuin menetelmin ja volyymein, jotka mahdollistavat metsien erilaisten käyttömuotojen rinnakkaisen toiminnan.

Valtion metsä- ja vesialueiden luontomatkailun pelisäännöt ja vaatimukset on kirjattu 6-kohtaiseen ohjelmaan, joka esittää täsmälliset vaatimukset ja lupaukset luontomatkailun ja luonnonsuojelun yhteisten tavoitteiden toteutuksista. Normiston kattavuutta kuvaa vakuutus, että Suomessa Metsähallituksen luontopalvelujen toimintamuodot ja yhteistyö yrittäjien kanssa täyttävät myös UNESCO:n Maailmanperintökohteiden kestävän matkailun periaatteet.

Kaupallinen ja järjestetty luontomatkailu valtion mailla edellyttää aina sopimusta toiminnan harjoittajien ja Metsähallituksen välillä. Poikkeuksena säätelyyn on Suomen erityislaatuinen ja laaja jokamiehenoikeus, jonka periaatteen mukaan luonnossa saa liikkua ja toimia ilman lupia tai sopimuksia.

Ruotsin matkailualalta vetoomus metsien suojeluun

Pohjoisten havumetsien luontoarvot ovat kunniassaan myös Ruotsissa, jossa turismielinkeinon edustajat esittivät 6.12.2017 huolensa viimeisten jäljellä olevien luonnontilaisten metsien kohtalosta. Kaikkiaan 56 matkailun, ekoturismin ja palvelujen yritystä julkaisivat yhteisen, avoimen kirjeen ruotsalaisille metsäteollisuusyrityksille vanhojen metsien hakkuiden lopettamiseksi ja ikimetsien pysyväksi suojelemiseksi. Avoimen kirjeen viesti oli osoitettu kolmelle suurelle metsätalousyritykselle – Sveaskog, SCA sekä suomalais-ruotsalainen Stora-Enso – joiden jo toteuttamia tai suunnittelemia vanhojen metsien hakkuukohteita kirjeessä arvosteltiin.

Vetoomus vanhojen, mahdollisimman luonnontilaisten metsien hakkuista pidättäytymiseksi katsottiin välttämättömäksi. Näin siitä huolimatta, että yritykset noudattavat metsänhoidossa ja hakkuissa kansainvälisiä kestävän kehityksen periaatteita kunnioittavia menetelmiä ja ovat vahvistaneet omistamansa ja hallinnoimansa metsäalat virallisella FSC (*Forest Stewardship Council*) -sertifikaatilla.

Avoimessa kirjeessään matkailualan toimijat korostavat luonnon arvojen – lajirikkauden ja maisemien kauneuden – kuuluvan tärkeimpiin syihin, joiden takia turistit saapuvat Pohjolaan. Kymmenien tuhansien hehtaarien ikimetsien hakkuut muuttavat maisemakuvaa laajoilla alueilla varsinaisten käsittelyalueiden ulkopuolellakin tavalla, joka pilaa matkailijoiden hakeman luontokokemuksen riippumatta siitä, kuinka kestävästi metsätaloustöitä on kohteissa tehty.

Hakattujen vanhojen metsien luontoarvot kärsivät tai tuhoutuvat kokonaan vuosikymmeniksi tai -sadoiksi, ja pahimmillaan metsätaloustoimet voivat hävittää lajeja tai maisema-arvoja lopullisesti, matkailualan vetoomuksessa korostetaan. Samalla turismielinkeinon toimijat vaativat biologisesti arvokkaiden metsien tarkkoja inventaarioita, jotta parhaat osat pohjoisesta metsäluonnosta onnistutaan säilyttämän tulevaisuudessakin.

- EcoClub, 6.12. 2017. Ecotourism Companies Protest against Forest Destruction in Sweden. https://ecoclub.com/headlines/reports/1127-171206-ecotourism-companies-protest-forest-destruction-in-sweden
- OPEN LETTER: Protect all remaining high conservation value forests; https://drive.google.com/file/d/1LiworUnASbAP0QE52ZaXF3icff-pGYrXu/view

Suomen metsille ja luontomatkailulle reilu lisärahoitus

Metsien merkitys Suomen luonnon biologisen monimuotoisuuden lisääjänä ja säilyttäjänä on keskeisen tärkeä, ja tämä arvo tunnustetaan myös valtion vuotuisissa budjettirahoituksissa.

Vuonna 2017 hyväksyttyyn tulo- ja menoarvioon sisällytettiin metsien monimuotoisuuden ohjelmaan (METSO) kuuluviin hankkeisiin 10 miljoonan euron määrärahat vuodelle 2018. Lisäksi erikseen varattiin luontomatkailun kehittämiseen yhteensä 3.97 miljoonaa euroa vuosille 2018–2019.

Matkailu on yksi hallituksen kärkihankkeista, joihin valtio erityisesti panostaa. *Matkailu 4.0 -kärkihankkeessa* parannetaan luontomatkailukohteiden palvelutasoa, matkailumarkkinointia sekä luontomatkailua tukevia digitaalisia palveluja. Luontomatkailun kehittämistä vauhditetaan lisäksi 650 000 euron määrärahoilla, jotka varattiin kansallispuistojen ja retkeilyalueiden varustetason parantamiseen sekä kunnostustöihin.

Maisemia ja monimuotoisuutta arvostetaan eniten

Turistit valmiita maksamaan lisähintaa luonnon puolesta

Luonnonvarakeskuksen (LUKE) selvityksessä luontomatkailijoiden ympäristömyönteisyys todettiin odotetun vahvaksi. Kyselyissä selvitettiin turistien mieltymyksiä ja odotuksia neljän ominaisuuden suhteen: 1) maisemalliset arvot, joissa tärkeää on metsänhoidon ja hakkuiden näkyminen reiteillä, 2) retkeilyreittien kokonaispituus ja tarjolla olevat palvelut, 3) metsän monimuotoisuus – erityisesti uhanalaisten lajien määrä ja säilyminen ja 4) metsäpuuston hiilensitomiskyky – puuston kyky eliminoida kymmenien tuhansien turistien aiheuttama kuormitus. Henkilökohtaisten arvostusten lisäksi kyselyssä selvitettiin, mistä ja millaisista luontomatkailukohteen arvoista kävijät olisivat valmiita maksamaan ominaisuuksien säilyttämisen tai kehittämisen turvaamiseksi.

Arvokkaimmiksi ominaisuuksiksi, joiden puolesta vieraat olisivat valmiita myös maksamaan, olivat maisema-arvojen parantaminen sekä lajistollisen monimuotoisuuden (*biodiversiteetin*) turvaaminen. Lisämaksuja luontoarvojen ja -palvelujen kehittämiseksi voitaisiin kerätä majoituspalvelujen hinnoittelun kautta. Maksun tulee olla riittävä kattamaan lisäpanostuksista aiheutuneet kustannukset ja samalla riittävän alhainen, jotta mahdollisimman moni vierailija kokee maksun hyväksyttäväksi.

LUKE-tutkijat (Mäntymaa ym., 2018) arvioivat, että yhden euron lisähinta majoitusvuorokaudelta (7 €/viikko) olisi taso, jonka kaikki – myös kriittisimmät vierailijat hyväksyisivät. Jo tällainen suhteellisen vaatimaton hintojen korotus toisi muhkean potin Kuusamo-Ruka -alueen luonto- ja matkailupalvelujen kehittämiseen.

Vuosittain Kuusamon-Rukan alueella kirjataan noin 500 000 yöpymisvuorokautta, eli yhden euron lisämaksulla saataisiin kerätyksi puoli miljoonaa euroa kehittämisrahaa vuodessa. Aikaisemmin on laskettu, että metsänomistajien tulisi saada sitoutumisesta metsien monikäyttömahdollisuuksien ja -palvelujen ylläpitoon keskimäärin 225 euroa hehtaaria kohti vuodessa. Sopimukset tällaiseen yhteistyöhön tehdään yleensä 10-vuotiskausiksi.

Uuden LUKE-tutkimuksen mukaan Ruka-Kuusamon alueen vapaaehtoisuuteen perustuvan, yhden euron vuorokautisen lisämaksun avulla voitaisiin turvata metsien monikäytön ja -matkailupalvelujen sovittaminen metsänomistajien tavoitteisiin 2200 hehtaarin alueella. Tämä takaisi tärkeimpien kohdealueiden säilymisen sekä luonnonsuojelun että virkistys- ja matkailukäytön kannalta optimaalisessa tilassa.

- Mäntymaa E, Ovaskainen V, Juutinen A & Tyrväinen L. 2018. Integrating nature-based tourism and forestry in private lands under heterogeneous visitor preferences for forest attributes. Journal of Environmental Planning and management 61(4): 724–746; https://doi.org/10.1080/09640568.2017.1333408

17

TURVALLISUUSRISKIT

Kuolonuhreja molemmilla puolilla

Luontomatkailun ja villieläimiin liittyvän ekoturismin vakaviin haittapuoliin kuuluva eläinten häiriintyminen ja pahimmillaan eläimen kuolemaan johtava terveyden vaarantuminen mainitaan useissa matkailun ohjeissa. Varsinkin suurten petoeläinten katseluja tarkkailumatkoilla tai haisukelluksissa vaara on aina läsnä, ja varsinkin ohjeiden rikkojat ovat suorassa hengenvaarassa. Ihmisten kuolemantapauksia sattuu vuosittain myös odottamattomissa tilanteissa sekä turisteille että eläinten hoitajille ja valvojille.

Thaimaan matkailuelinkeinon hallinnassa on noin 3000 norsua, joita käytetään sekä turistien kuljettamiseen retkillä että moninaisiin, joskus täysin lajin luonteelle sopimattomiin sirkustemppuihin. Norsujen kohtelu on tässä "hymyn maaksi" kutsutussa valtiossa herättänyt huolta jo pitkään, sillä norsujen kohtelu on usein julmaa. Joskus lempeimmätkin saavat tarpeekseen ja vastaavat samalla mitalla.

Marraskuussa 2017 *Chiang Mai Zoo* -eläintarhassa Thaimaan pohjoisosassa norsu nimeltä *Ekasit* surmasi vakituisen hoitajansa. Tilapäisesti eläintarhaan sijoitettuna ollut norsu vapautettiin kahleistaan, joissa eläin joutui olemaan esitysten välillä, ja vapauduttuaan eläin kääntyi ja kaappasi hoitajansa kärsäänsä. Sitten norsu survoi kärsällään miehen kuoliaaksi. Koko tapahtuma käynnistyi täysin yllättäen ja oli ohi hetkessä. Syytä 32-vuotiaan norsun yllättävään ja hoitajalleen kohtalokkaaseen käytökseen ei tiedetä. Eläintarhan edustajat arvioivat syyksi kuumuutta, joka saa eläimet käyttäytymään odottamattomasti.

Henkensä menettänyt 54-vuotias mies oli hoitanut kyseistä norsua ainakin 10 vuoden ajan, joten miehen ja eläimen piti tuntea toistensa tavat ja tarpeet. Ekasit on Thaimaassa hyvin tunnettu "julkkis", joka on esiintynyt useissa elokuvissa, televisio-ohjelmissa ja mainoksissa.

Chian Mai Zoo -eläintarhassa ei ole muulla Thaimaassa yleisiä norsujen temppuesityksiä, mutta yleisö on päässyt läheltä seuraamaan eläinten ruokkimista. Kuolemantapauksen seurauksena vieraiden osallistuminen norsujen ruokintaan on päätetty lopettaa. Tapaus on vauhdittanut keskustelua thaimaalaisten norsujen viihdekäytöstä, jonka *World Animal Protection* -järjestön laaja raportti osoitti olevan usein julmaa ja eläinten oikeuksia rikkovaa.

- Travel Mole, 29.11.2017; Thai animal welfare under scrutiny again after 'celebrity' elephant kills handler; http://www.travel-mole.com/news_feature.php?news_id=2029957

Kolmården tappaa puiston kaikki neljä sutta
Pedot surmasivat hoitajan vuonna 2012

Ruotsissa, Itä-Götanmaalla Norrköpingin kaupungin lähellä sijaitseva *Kolmårdenin eläinpuisto* on kansainvälisesti suosittu turistikohde, jonne järjestetään paljon matkoja Suomestakin. Puisto on tunnettu laajoista, luonnonmukaisiksi luonnehdituista tiloista ja monipuolisesta villielinvalikoimastaan. Täällä kuten muissakin vastaavissa puistossa suurimpiin vetonauloihin lukeutuvat suurpedot – afrikkalaisista leijonista pohjoismaisiin susiin.

Kotoista suurpetokantaa edustavien susien (*Canis lupus*) tarina Kolmårdenissa päättyy, sillä puisto on päättänyt lopettaa kaikkien neljän yksilön elämän. Syyksi susien lopettamiseen puisto ilmoittaa urossusien korkean iän ja vanhenemisen myötä väistämättömän kunnon heikkenemisen. Ainakin yhdellä sudella on mitä ilmeisimmin sydänsairaus. Puiston urossudet ovat kaikki yli kymmenvuotiaita.

Epäsuorasti susien tappaminen ja susista luopuminen johtuvat kesällä 2012 tapahtuneesta tragediasta. Tuolloin sudet ympäröivät aitaukseen yksin menneen vakituisen hoitajansa, ja kohtaamisen seurauksena 30-vuotias eläintenhoitaja menehtyi. tapahtuman jälkeen susiaitausta vahvistettiin ja muutettiin siten, etteivät pedot ja hoitajat enää koskaan olleet samassa tilassa. Eristysoloissa olisi mahdotonta kasvattaa pentuja, joten Kolmården luopuu susista pysyvästi. Kolmårdenissa on ollut susia 1960-luvulta lähtien.

• Huusko J. 2018. Kaikki Kolmårdenin eläintarhan sudet lopetetaan – Kuusi vuotta sitten eläimet saartoivat ja tappoivat eläintenhoitajan. Helsingin Sanomat, 1.11.2018; https://www.hs.fi/ulkomaat/art-2000005885756.html

Leijona karkasi antilooppijahtiin – tappoi vierailijan

Etelä-Afrikan tasavallassa on useita villieläinpuistoja, joissa turistit pääsevät hyvinkin läheiseen kosketukseen eläinten kanssa – eikä vain tarkkailemaan vaan myös ruokkimaan ja hoitamaan eläimiä. Näiden puistojen valvonta ja toimintakulttuurit vaihtelevat suuresti, ja monessa kohteessa vierailija antautuu vaaralle alttiiksi villieläimiä lähestyessään. Kohtalokasta voi olla jopa virallistetun suojelualueen läheisyydessä oleskelu.

Lähellä pääkaupunki Johannesburgia sijaitsevalla yksityisellä *Kevin Richardson Wildlife Sanctuary* -alueella pääosassa ja suurimpana houkutuksena ovat leijonat. Paikan omistaja ja hoitaja Kevin Richardson on tullut kuuluisaksi "leijonakuiskaajana", miehenä, joka on kesyttänyt paljon eläinten kuninkaita. Helmikuussa 2018 leijonien ja hoitajan yhteys kuitenkin katkesi kohtalokkaalla tavalla.

Ollessaan kuljettamassa kolmea leijonaa riistansuojelualueen poikki yksi leijonista yllättäen karkasi maastossa näkemänsä antiloopin perään. Impalajahti jatkui arviolta 2–2.5 kilometrin verran, ja saalistus päättyi odottamattomaan tragediaan.

Varsinaisen riistansuojelualueen ulkopuolella 22-vuotias nainen, joka oli ollut alueella ystävänsä kanssa tekemässä haastattelua puiston henkilökunnasta, joutui autosta noustuaan, valokuvaus- ja levähdystauon aikana leijonan hyökkäyksen kohteeksi. Nainen kuoli välittömästi tapahtumapaikalla.

Leijonien hoitaja ei osaa selittää tapahtuman syitä, mutta kertoi olevansa hämmästynyt ja "täydestä sydämestään pahoillaan uhrin omaisten puolesta". Poliisi tutkii tapausta.

Richardsonin suojelualueella ei järjestetä "leijonakävelyjä", joissa turisti saavat oppaan johdolla lähestyä vapaana olevia leijonia. Monilla afrikkalaisilla suojelualueilla turisteilla on mahdollisuus maksua vastaan päästä vapaaehtoisina kuljettamaan safariajoneuvoja ja hoitamaan eläimiä ja/tai yöpyä teltoissa villieläinpuistossa.

Tapaus korostaa paitsi afrikkalaisen myös monen muun maan käsitteiden ja tason kirjoa. Englanninkieliset sanat *Sanctuary* =

turvapaikka, rauhoitusalue tai *Reserve* = suojelualue voivat merkitä samaa kuin meillä on totuttu, mutta sanoja käytetään myös kaupallisista, usein vain ihmisen hyötyä keinolla millä hyvänsä tavoittelevista eläinten hyväksikäyttöpaikoista.

Kokenutkin hoitaja on vaarassa leijona-aitauksessa

Monet Etelä-Afrikassa toimivista villieläinpuistoista ja -suojelualueista ovat yksityisiä, ja huolehtiminen niin eläinten kuin ihmisten hyvinvoinnista on omistajien, usein maallikkojen vastuulla. Villieläintarhojen ylläpitäjät tuntevat hoidokkinsa ja voivat olla hyvinkin läheisessä kosketuksessa myös suurten ja vaarallisiksi tiedettävien eläinten kanssa. Vahinkoja ja onnettomuuksia sattuu kuitenkin kokeneimmillekin.

Thabazimbin kaupungin lähellä toimiva *Marakelen eläintensuojelualue* on hanke, jonka brittitaustainen pariskunta Mike ja Chrissy Hodge käynnisti vuonna 2003 leijonien suojelemiseksi. Seudulla ei ollut villieläimiin keskittyvää matkailukohdetta, joten Hodget ovat avanneet puiston turisteille.

Valitettaviin, kansainvälisesti levinneisiin otsikoihin Marakele nousi toukokuussa 2018, kun Mike Hodge meni leijonien aitaukseen havaittuaan jotakin epäilyttävää hajua. Odottamatta yksi leijonista hyökkäsi miehen kimppuun ja raahasi Hodgea pensaikkoon. Kovakouraisessa pedon käsittelyssä mies sai vakavia vammoja kaulaansa ja joutui sairaalahoitoon.

Mies pelastui, kun paikalla olijat ampuivat ensin varoituslaukauksia ilmaan, mutta leijona ei perääntynyt vaikka irtautuikin Hodgesta. Lopulta *Shamba*-niminen leijona ammuttiin kuoliaaksi.

"Voiko leijonaa syyttää siitä, että se on leijona?"

Vaikka tässä valitettavassa onnettomuudessa ei ollut kyse leijonakävelylle osallistujasta, kävelyt ja suorat kosketukset suurten kissapetojen kanssa ovat kiisteltyjä, ja monet asiantuntijat pitävät toimintaa edesvastuuttomana sekä turistien että villieläinten kannalta.

Ainutkertaista luontokokemusta hakevat turistit tuskin tietävät tai tahtovat tiedostaa, että kävelyjä valvovat vartijat ampuvat leijonan kuoliaaksi heti, jos eläin käyttäytyy odottamattomasti tai ihmistä uhkaavasti.

Syyllistä leijonan aiheuttamassa vieraan väkivaltaisessa kuolemassa on turha kaukaa etsiä: "Voiko leijonaa syyttä siitä, että se käyttäytyy kuten leijona käyttäytyy?"

- Howard BC. 2018. Fatal lion mauling highlights controversy of private reserves. National Geographic, 2.3.2018: National Geographic; https://news.nationalgeographic.com/2018/03/woman-mauled-death-lion-kevin-richardson-lion-whisperer-south-africa-private-reserves-lion-walks-spd/#close
- The Guardian. 1.5.2018. British wildlife park owner mauled by lion in South Africa. https://www.theguardian.com/world/2018/may/01/british-wildlife-park-owner-mauled-by-lion-in-south-africa
- TravelMole, 28.2.2018. Woman mauled to death in South Africa game reserve; www.travelmole.com/news_feature.php?news_id=2031277&c=setreg&region=2

Järjestöiltä avoin kirje matkailuministerille

Luontomatkailu on noussut Etelä-Afrikan kansantaloudessa niin merkittäväksi elinkeinoksi, että alan yritysten lukumäärä kasvaa jatkuvasti. Virallisten suojelualueiden kuten maailmankuulun *Krugerin kansallispuiston* ohella maassa on paljon yksityisiä eläintiloja, joissa alun perin luonnonvaraiset villieläimet ovat turistien tavoitettavissa aidatuilla alueilla. Monessa kohteessa vieraat pääsevät suoraan kosketukseen villieläinten – tosin useimmiten ihmisiin totutettujen ja kesytettyjen – kanssa.

Etenkin suurten petoeläinten, johtotähtenään leijonan – kanssa itsensä kuvauttaminen tai kissapedon poikasen sylissä pitäminen vetävät puoleensa ainutkertaisia matkakokemuksia hakevia vieraita. Eläinten kanssa kaveeraaminen on kuitenkin vaarallista, olivat pedot ja muut villieläimet kuinka kesytettyjä tahansa. Viimeksi kuluneiden parin vuosikymmenen aikana Etelä-Afrikasta on raportoitu 37 tapausta, joissa villieläimiä valvotuissa puistoissa kohdanneita ihmisiä on kuollut petojen raatelemina tai tallaamina.

Etelä-Afrikan yksityiset eläinpuistot ovat paljolti viranomaisvalvonnan ulkopuolella, eikä sitovia ohjeita tai määräyksiä eläintenpidosta tai turisteille tarjotuista eläinkontakteista ole. Ongelma kyllä tunnetaan, ja toukokuussa 2018 kuusi eläinsuojeluun keskittyvää järjestöä lähettivät yhteisen avoimen kirjeen Etelä-Afrikan ympäristöministerille Edna Molewalle. Kirjeessä vaaditaan valtiovallalta tiukkoja toimia villieläinpuistojen ja -tarhojen tarkastuksiin ja toiminnan saattamista luvanvaraiseksi ja ainoastaan koulutettujen asiantuntijoiden hoitamaksi.

Julkistetun kirjeen mukaan vuoden 1996 jälkeen Etelä-Afrikan villieläinpuistoista raportoiduissa petoeläinvahingoissa 12 ihmistä on kuollut ja 28 henkilöä on loukkaantunut vakavasti. Onnettomuuksista leijona on aiheuttanut 22 tapausta, 14 haveria on tapahtunut gepardien ja ihmisten kohtaamisissa ja yhdessä tapauksessa ihmistä raadellut peto oli tiikeri. Leijonakohtaamiset ovat vaarallisimpia, sillä 46 prosenttia raportoiduista kuolemantapauksista oli leijonan aiheuttamia. Lähes joka toinen leijonan raatelun kohteeksi joutuneista ihmisistä on kuollut kohtaamisen seurauksena.

Yli puolet ihmisen kuolemaan tai vakavaan haavoittumiseen johtaneista tapauksista on sattunut oloissa, joissa turistit ovat olleet petoeläinaitauksen sisällä. Neljässä tapauksessa peto murtautui aitausten läpi raatelemaan ulkopuolella olevia ihmisiä.

Järjestöjen mukaan turismin tarpeisiin ylläpidettävien petoeläintarhojen tarpeellisuus ja oikeutus ovat kyseenalaisia. Tällaisissa aidatuissa tarhoissa, joissa vangittuja petoeläimiä pidetään rajatuissa oloissa ja joissa petoja totutetaan ihmisiin, ovat eläinsuojelun kannalta tarpeettomia. Monen tarhan petoeläimiä kasvatetaan ja ylläpidetään myös kaupallisen – tosin Etelä-Afrikan lain mukaan sallitun – metsästyksen saaliiksi. Rajatun aitauksen sisälle vangitun leijonan tai muun suurpedon ampuminen on kaukana todellisesta safarista.

- Endangered Wildlife Trust, 11.5.2018. Open letter to government regarding captive carnivore interactions; https://endangeredwildlifetrust.wordpress.com/2018/05/11/open-letter-to-government-regarding-captive-carnivore-interactions/

Virtahepo – Maailman vaarallisin maanisäkäs

Villieläinten vaarallisuudesta puhuttaessa kohteena ovat useimmiten suuret pedot, mutta myös kasvinsyöjät surmaavat paljon ihmisiä – niin paikallista väestöä kuin turistejakin. Suurista kasvinsyöjäeläimistä norsu on turistien suosikkilistan kärjessä, vaikka tuhansien kilojen painoisten jättiläisten jalkoihin silloin tällöin ihmisiä tallautuukin. Ihmisille vaarallisimmaksi maanisäkkääksi luonnehditaan kuitenkin virtahepoa, jonka uhreina kuolee vuosittain Afrikassa joka vuosi satoja ihmisiä.

Virtahevon vaarallisuus ilmeni myös elokuussa 2018 Keniassa, *Naivasha*-järvellä, kun kiinalainen turisti lähestyi eläimiä ottaakseen niistä valokuvan. Suurikokoinen ja terävähampainen nisäkäs puri liian lähelle tunkeutunutta miestä rintaan. Hyökkäyksen kohteeksi joutunut mies kuoli vammoihinsa matkalla sairaalaan, ja samassa kahakassa haavoittui myös toinen turisti.

Kesällä 2018 vesi oli Naivasha-järvessä tavallista korkeammalla, mikä pakotti virtahevot ruokailemaan normaalista poikkeaville paikoille, myös asutuksen ja hotellien läheisyyteen. Dramaattiseksi kääntynyt kohtaaminen ei sinänsä ollut mitenkään poikkeuksellinen, sillä elokuuhun mennessä virtahevot olivat tappaneet Afrikassa jo kuusi ihmistä. Vuosittain virtahepojen uhreiksi joutuu Afrikassa keskimäärin noin 500 ihmistä.

- Salmela J. 2018. Virtahepo tappoi turistin Keniassa – Maailman vaarallisin maanisäkäs surmaa Afrikassa vuosittain arviolta 500 ihmistä. Helsingin Sanomat, 12.8.2018; https://www.hs.fi/ulkomaat/art-2000005789017.html
- Reuters. 2018. Hippo kills Taiwan tourist visiting Kenyan lake; https://www.reuters.com/article/us-kenya-wildlife/chinese-tourist-dies-in-hippo-attack-on-kenyan-lake-idUSKBN1KX0FI

Yhtenäiset ohjeet ihmisten ja eläinten suojaksi

Luontomatkailun suosituimpiin kohteisiin lukeutuvat luonnosta kiinni otettujen ja luonnonmukaisissa oloissa mutta rajatuille alueilleen vangittujen villieläinten tarkkailumatkat. Tällaisia vangittuihin villieläimiin keskittyviä turistikohteita on yksin eteläisessä Afrikassa tätä nykyä jo satoja. Valtaosa näistä tarhoista tai puistosta on yksityisomistuksessa, eikä alalle ole vahvistettu toimintaa ohjaavia sääntöjä.

Vapaasti rehottava villieläinten turistikäyttö on pahimmillaan hengenvaarallista sekä matkailijoille, puistojen työntekijöille että vangituille eläimille. Alan toimijatkin ovat alkaneet oivaltaa vajavaisen ohjeistuksen ja puuttuvan valvonnan riskit, ja villieläintarhoille ja -puistoille ollaan vahvistamassa yhtenäisiä toimintaohjeita.

Afrikkalaisten matkanjärjestäjien yhteenliittymä *Fair Trade Tourism* on hakenut ja pyytänyt sekä alan toimijoilta että ulkopuolisilta asiantuntijoilta taustatietoa luodakseen villieläinten tarhaukseen ja turistikäyttöön yhtenäiset pelisäännöt. *Captive Wildlife Guidelines* -ohjeiston kivijalkana on turvata neljä tärkeää kohtaa: 1) eläinten hyvinvointi, 2) luonnonsuojelu, 3) vierailijoiden turvallisuus ja 4) toiminnan läpinäkyvyys.

• Tourism Update, 1.6.2018. Fair Trade Tourism to launch Captive Wildlife Guidelines. http://www.tourismupdate.co.za/article/180768/Fair-Trade-Tourism-to-launch-Captive-Wildlife-Guidelines

Leijonat jahtasivat turistien autoa Englannissa

Vapaasti luonnossa – vaikka kaukana omilta luontaisilta asuinalueiltaan – elävät villieläimet voivat käyttäytyä villisti myös tarkoin valvotuissa eläinpuistoissa. Englantilaisessa *West Midland Safari Park* -puistossa matkailijat kokivat kauhun hetkiä helmikuussa 2018, kun joukko leijonia piiritti turistien pysäköityä autoa 50 minuutin ajan.

Vieraiden kertomuksen mukaan leijonat olivat käyttäytyneet äänekkäästi ja "painineet" keskenään joukon tullessa paikalle. Ilmeisesti alkujaan urosjoukon kilvoittelusta naaraan suosiosta alkanut tapahtuma muuttui täysin, kun ensin yksi ja sitten koko joukko leijonia ryntäsi auton luokse, hyppeli autoa vastaan, ja yksi leijona kiipesi auton konepellille, toinen ajoneuvon katolle. Sisällä olijat eivät voineet tehdä muuta kuin odottaa lauman häipyvän, sillä heidän autonsa oli puiston rajamailla, lähellä suljettua porttia.

Tapahtumaa todistivat puiston vartijat omasta autostaan, ja lopulta vartijoiden lähestyminen sai leijonat poistumaan. Mitään vahinkoa, pelästymistä lukuun ottamatta, leijonien hyökkäys ei turisteille aiheuttanut. Puistoissa ja safareilla turistit ovat vieraita, joiden on kunnioitettava eläimiä ja annettava niiden toimia omien tarpeidensa mukaan. Sääntöjen rikkominen kuten ajoneuvoista poistuminen tai yritys karkottaa eläimiä voimakeinoin voivat olla vieraille hengenvaarallisia.

- Travel Weekly, 23.2.2018; Tourists at a British safari park were faced with a terrifying turn of events as a pride of lions charged at their vehicle; Travel Weekly, 23.2. 2018; www.travelweekly.com.au/article/watch-terrifying-moment-lions-charge-at-tourists-in-safari-park/

Gorillaretket Kongossa erittäin vaarallisia
Kansallispuisto aseistettujen rosvojoukkojen piilopaikka

Äärimmäisen uhanalaiseksi luokiteltu, erittäin harvinainen vuorigorilla (*Gorilla beringei beringei*) on yksi villieläinten tarkkailuun keskittyvän ekoturismin houkuttelevimmista – ja samalla kalleimmista ja valitettavasti myös vaarallisimmista – kohteista. Maailmanlaajuiseen maineeseen gorillat nousivat Diana Fosseyn kirjojen ja elokuvien myötä, ja tätä nykyä näitä suurikokoisia ihmisapinoita elää Afrikassa kolmen valtion alueilla.

Eniten gorillamatkoja järjestetään Ruandassa, mutta näitä sympaattisia ihmisapinoita tavataan – ja käydään ihailemassa – myös naapurimaissa Ugandassa ja Kongon demokraattisessa tasavallassa. Vuorigorillaretket eivät ole mitään jokamiehen luontohetkiä, sillä syvällä trooppisissa viidakoissa elävien apinoiden luokse päästäkseen on vaellettava jalkaisin pitkiä ja usein vaikeakulkuisia polkuja.

Mahdollisuudesta vuorigorillan näkemiseen joutuu maksamaan paljon, ja retkille osallistuvien turistien määriä rajoitetaan. Esimerkiksi Ruandassa gorillaretken hinta on satoja dollareita/euroja. Vuorigorillat ovat suuria ja voimakkaita mutta käytökseltään rauhallisia ja ohjeita noudattavalle ja riittävän loitolla pysyvälle vieraalle vaarattomia. Gorillaretkelle osallistuminen sen sijaan voi olla hyvinkin vaarallista, varsinkin Kongossa.

Kongon demokraattisen tasavallan itäosissa, Ugandan ja Ruandan vastaisten rajojen tuntumassa sijaitseva, laaja *Virungan kansallispuisto* on yksi vuorigorillan ydinalueista, jolla elää ainakin neljäsosa, ehkä jopa kolmasosa maailman vuorigorilloista. Kaikkiaan vuorigorilloja on koko maailmassa noin 900 yksilöä. Gorillaturismi on Kongossa vähäisempää kuin esimerkiksi Ruandassa. Vaikka köyhä Kongo kaipaisi turistien tuomia tuloja, gorillasafarien järjestäminen on vaikeaa ja vähäistä, koska viidakkoseikkailut ovat erittäin vaarallisia. Virunga on noin 4500 kilometrin pituiselle kolmen valtion rajamaille ulottuva savannien ja sademetsän luonnehtima kansallispuisto.

Virungan kansallispuistossa oleskelee kymmeniä aseistettuja ja julmiin tekoihin kykeneviä rikollisjoukkoja, joiden jäsenissä on paljon Ruandan verisen sisällissodan jälkeen piiloutuneita entisiä sotilaita. Rosvojoukot rahoittavat toimintansa laittomilla sademetsäpuiden hakkuilla ja salametsästyksellä. Yksi keino tulojen hankintaan on myös panttivankien ottaminen. Läntisiä turisteja

Virungassa vierailee suhteellisen vähän, mutta rikkaat vieraat ovat rikollisille houkutteleva kohde.

Toukokuussa 2018 aseistettu rikollisjoukko hyökkäsi Virungassa gorillaturistien saattueen kimppuun. Turisteja suojelemassa on hyvin koulutettua ja aseistettua puiston henkilökuntaa, joka vastasi hyökkääjien tulitukseen. Sieppauksessa rosvot kuitenkin ottivat panttivangeiksi kaksi brittimiestä haavoitettuaan saattueen jeepin kuljettajaa ja ammuttuaan kuoliaaksi yhden saattueen suojelijoista. Kidnappaajat vaativat briteistä 200 000 dollarin lunnaita.

Roistot pääsivät vankeineen pakenemaan viidakkoon, ja Kongon demokraattisen tasavallan armeija lähetettiin joukkion perään. Gorillasafarit ovat todella vaarallisia rosvojoukkojen takia. Viimeisten 20 vuoden aikana ainakin 170 Virungan kansallispuiston vartijaa on surmattu.

Läntisten turistien sieppaukset gorillasafareilta ovat onneksi harvinaisia, mutta vastaava hyökkäys tapahtui Ugandassa vuonna 1999. Tuolloin *Bwindin kansallispuistossa* kahdeksan länsimaalaista siepattiin, ja rosvojoukko teloitti kaikki kidnapatut turistit.

• Blomfield A. 2018. Congo operation launched to rescue two British tourists kidnapped at Virunga wildlife park. The Telegraph, 11.5.2018; https://www.telegraph.co.uk/news/2018/05/11/two-british-tourists-kidnapped-virunga-wildlife-park-democratic/

Huono kohtelu muutti miekkavalaan tappajaksi

Yksi tunnetuimmista turismin palvelukseen valjastetuista villieläimistä on *Floridan Sea World* -vesieläinpuiston suurimpana vetonaulana vuosikausia toiminut miekkavalas *Tilikum*. Poikkeuksellisen suurikokoinen miekkavalas (*Orcinus orca*) vangittiin emonsa ja ryhmänsä joukosta Atlantilla, ja aluksi eläintä pidettiin, koulutettiin ja käytettiin näytöksissä Kanadan British Columbiassa. Uudessa kodissaan Tilikum aiheutti ongelmia aggressiivisuudellaan, ja epäilyttävissä oloissa tapahtuneen eläintenhoitajan kuolemantapauksen jälkeen miekkavalas siirrettiin Floridan Sea Worldiin, maailman luultavasti tunnetuimpaan vesieläinpuistoon.

Floridassa Tilikum saavutti suurta suosiota, ja myös eläimen hoitajat kiintyivät jättikokoiseen urokseen. Puistossa, vaikka eläimistä riippuvainen onkin, miekkavalaita kohdeltiin kaltoin. Jokapäiväisten esitysten ulkopuolisen ajan miekkavalaat pidettiin ahtaissa, pimeissä altaissa, joissa suuret ja luonnossa laajalla alueella elävät nisäkkäät eivät päässeet edes kunnolla liikkumaan. Lisäksi miekkavalaita pidettiin nälässä. Tilikumin ongelmallisen, hoitajilleen hengenvaarallisen ja oikullisen käyttäytymisen on tulkittu johtuneen eläimen huonosta, lajille luonnottomasta kohtelusta vankeudessa.

Koulutuksen ja jopa yleisön edessä esitysten aikaan Tilikum poikkesi harjoitellusta ohjelmasta, ja oikullisella käytöksellään eläin on aiheuttanut ainakin kolmen hoitajansa kuoleman. Aluksi kanadalaisen puiston ja sittemmin SeaWordin omistajat ja hoitajat pimittivät kuolemantapausten yksityiskohdat, ja julkisuuteen tragediat selitettiin onnettomuuksina.

Maailmanlaajuisesti paljon julkisuutta saavuttanut, Gabriela Cowperthwaiten vuonna 2013 ohjaama ja käsikirjoittama *Blackfish*-elokuva kertoo järkyttävän tarinan Tilikumin ja muiden vesipuistojen miekkavalaiden kohtaloista ja luonnostaan sosiaalisten merinisäkkäiden julmasta kohtelusta. Blackfish on alkuperäiskansojen antama nimi miekkavalaalle.

Ongelmista huolimatta Sea World jatkoi Tilikumin esityksiä, mutta lyhyiden näytösten ulkopuolisen ajan uros eli eristettynä muista eläimistä. Vaikka vesipuiston omistajien on täytynyt tietää ja tunnistaa ongelmat, Tilikumia pidettiin Sea Worldissa erityisen arvokkaana siitoseläimenä. Lopulta jopa yli puolet Sea Wordin miekkavalaista kantoi Tilikumin geenejä, mikä on jälkikäteen aiheuttanut oikeutettua ihmetystä. "Miksi tappajaksi todetun eläimen geenien voitiin antaa levitä koko populaatiota hallitseviksi?"

Yleisön rakastama ja ihailema Tilikum kuoli tammikuussa 2017 ilmeisesti 36-vuotiaana. Samaan aikaan *San Diegon Sea World* ilmoitti lopettavansa miekkavalaiden näytökset. Eläinten julma kohtelu, luonnottomien käyttäytymistapojen opettaminen ja lopullisena niittinä eläintenhoitajien kuolemantapaukset ovat saaneet kansainväliset matkanjärjestäjät vaatimaan miekkavalas- ja delfiininäytösten kieltämistä. Tunnetuimpien organisaatioiden lopetettua matkojen välittämisen ja markkinoinnin Sea Wordiin vesipuistojen suosio ja kävijämäärät ovat pudonneet.

• *Blackfish*. 2013. Dokumenttielokuva. 83 minuuttia. Ohjaus Garbriela Cowperthwaite. Magnolia Pictures.

Poikasten kuolemia itsekkäiden selfiekuvia takia

Täydellistä tiedon puutetta ja piittaamattomuutta luontomatkailijat osoittivat Argentiinassa, jossa ainakin kahdessa tapauksessa lähellä pääkaupunki Buenos Airesia matkailijat ovat kiskoneet nuoria delfiinin poikasia rannalle ottaakseen selfie-kuvia hellyttävien merisäkkäiden kanssa. Kuvien ottamisen jälkeen itsekkäät vieraat ovat lähteneet jättäen delfiinit kuiville, minkä seurauksena poikaset kuolivat.

Vastaava tragedia tapahtui elokuussa 2017 Espanjan etelärannikolla Almeriassa. Rantaan ajautunut delfiininpoikanen keräsi nopeasti "satoja" turisteja katsomaan, koskettelemaan ja valokuvauttamaan itsensä nuoren merinisäkkään kanssa. Innokkaat ihailijat vetivät delfiinin kuivalle maalle ja ottivat eläimen syliin selfiekuvia varten.

Jo ihmisen läsnäolo ja fyysinen kosketus aiheuttavat luonnonvaraiselle nisäkkäälle stressiä, mutta epäonnisen poikasen kohtaloksi koitui nopea tukehtuminen. Liian innokkaat ihailijat, jotka eivät lainkaan tunteneet merinisäkkään rakennetta tai fysiologiaa, tukkivat delfiinin selkäpuolella olevan hengitysaukon, minkä seurauksena eläin menehtyi, ennen kuin paikalle hälytetyt eläinsuojelijat ja asiantuntijat ehtivät apuun.

- Bale R. 2017. Another baby dolphin killed by selfie-seeking tourists. National Geographic, 26.1.2017; https://news.nationalgeographic.com/2017/01/wildlife-watch-baby-dolphin-killed-tourists-argentina/
- Mann T. 2017. Baby dolphin dies on beach because tourists wanted to take selfies with it. Metro.co.uk, 28.1.2017; http://metro.co.uk/2017/01/28/baby-dolphin-dies-on-beach-because-tourists-wanted-to-take-selfies-with-it-6411717/
- Worden T. 2018. Killed for a selfie: Baby dolphin dies after being passed around by tourists as they posed for photos with in on a Spanish beach. MailOnline, 16.8.2018; http://www.dailymail.co.uk/news/article-4795028/Baby-dolphin-dies-tourists-selfies-Spain.html

Vastuuttomat turist tappaneet Bahaman uivia possuja

Luontomatkailun kummallisimpia elämyksiä lienee Atlantin valtamerellä, Floridan ja Kuuban välillä sijaitseviin *Bahamasaariin* kuuluvilla *Exhumas*-saarilla elävien uivien sikojen katselu ja eläinten kanssa uiminen. Yhteisuinti ja liian läheinen seurustelu voivat kuitenkin koitua turismin vetonauloille kohtalokkaiksi. Jo pitkään ryhmämatkojen ja elämysretkien järjestäjiä on varoiteltu delfiinien kanssa järjestettävien, hyvin suosituiksi kymmenissä kohteissa muodostuneiden uintien vaaroista, jos merinisäkkäät tottuvat ihmiseen liiaksi. Bahaman uiville possuille turismi on näyttänyt uudenlaisen varjopuolen – "liian kostean juhlimisen".

Uivat possut ovat olleet suosittuja nähtävyyksiä *Big Major Cayn* saarella jo reilun 30 vuoden ajan, mutta viime aikoina turismista on koitunut ongelmia. Hälytyskellot soivat lopulta, kun seitsemän possua kuoli ilman näkyvää syytä. Eläinlääkärin tarkastuksessa sioista ei todettu mitään sairautta tai muuta lääketieteellistä kuolinsyytä, vaan possujen todettiin "saaneen vääränlaista ravintoa". Ilmeiseksi kuolinsyyksi on osoittautunut alkoholi, jota turistit ovat uiville possuille juottaneet.

Bahaman saarivaltion maatalous- ja meriasioista vastaava ministeri Wayde Nixon totesi turistien käytöksen riistäytyneen hallitsemattomaksi, kun kuka tahansa voi tulla ja mennä ja käyttäytyä eläinten parissa miten tahansa. Turistit tuovat erilaisia eväitä ja juottavat possuille olutta ja rommia, ja monet ratsastavatkin uivien sikojen selässä.

Erikoisen sikapopulaation suojelemiseksi tarvitaan rajoituksia, ja ministeri Nixonin mukaan uivien possujen asuinalue on ilmeisesti aidattava ja turistien pääsyä eläinten lähelle on rajoitettava.

- Rantapallo, 23.2.2017. Matkailijoiden rakastamat Bahaman uivat possut hengenvaarassa – jäljellä enää muutama yksilö; http://www.rantapallo.fi/matkailu/matkailijoiden-rakastamat-bahaman-uivat-possut-hengenvaarassa-jaljella-enaa-muutama-yksilo/
- Travel Mole, 1.3.2017. Bahamas' famous swimming pigs died after tourists fed them booze;

http://www.travelmole.com/news_feature.php?news_id=2026141&c=setreg&region=2

Eläinten ihailu voi olla hengenvaarallista

Luontomatkailun aiheuttamista haitoista villieläimille on puhuttu ja kirjoitettu paljon – ja syystäkin, sillä pahimmillaan ekoturismi voi johtaa suoraan tai epäsuorasti eläinten ja jopa kokonaisten eläinlajien kuolemaan. Toisaalta luonnon ihailijat ja harrastajat asettavat usein omankin henkensä alttiiksi päästäkseen mahdollisimman läheiseen kosketukseen villin luonnon edustajien kanssa.

Joka vuosi uutisoidaan sadoista tapauksista, joissa villieläin on tappanut ihmisen tai ihmisiä. Kohtalokkaita yhteentörmäyksiä tapahtuu niin villissä luonnossa yksittäisille kulkijoille kuin valvotuissa kansallispuistoissa ohjatun turistiryhmän jäsenille.

Periaatteessa tarkoin valvotuissa oloissakin tapahtuu ihmisten kuolemaan johtavia yhteenottoja tai onnettomuuksia. Safareistaan ja kansallispuistoistaan kuuluisassa Afrikassa raportoidaan vuosittain satoja ihmisen ja villieläinten kohtaamisia, jotka johtavat ihmisen kuolemaan.

Usein kohtaamisissa on kysymys ohjeiden tai määräysten rikkomuksista, joissa ihminen – yleensä paikallisia oloja tuntematon vieras – lähestyy vapaana olevaa villieläintä. Esimerkiksi zambialaisessa *Maramba River Lodge* -turistikohteessa belgialainen nainen lähestyi irrallaan ollutta norsua ottaakseen suurnisäkkäästä lähikuvan, mahdollisesti selfien. Norsun mielestä nainen tuli liian lähelle, jolloin eläin hermostui ja ärtyi, kääntyi tulijaa kohti ja talloi naisen kuoliaaksi. Tapausta läheltä todistanut hollantilainen mies kiiruhti uhrin avuksi, mutta norsu tallasi myös hänet kuoliaaksi.

Tapaus ei ole mitenkään ainutlaatuinen tai edes harvinainen. Zambian viranomaiset vahvistavat, että maassa tapahtuu vuosittain satoja eläinten ja ihmisten välisiä kohtaamisia, jotka päättyvät ihmisen kuolemaan. Naapurimaassa Keniassa on raportoitu yli 200 eläinten aiheuttamaa ihmisen kuolemaa seitsemän vuoden aikana.

Eläinten kanssa alakynteen jääneissä ja henkensä menettäneissä ihmisissä on sekä paikallisen väestön edustajia että turisteja. Jokainen tapaus tutkitaan ja turvallisuusmääräyksiä ja -ohjeita pyritään paitsi noudattamaan myös tiukentamaan, mutta onnettomuuksia ei voi kokonaan välttää.

Afrikkalaiset luonto- ja turismiviranomaiset ja asiantuntijat kuitenkin vakuuttavat, että tällaiset valitettavat ja surulliset tapahtumat ovat harvinaisia, ja että osallistuminen safarille Afrikassa on varmasti turvallisempaa kuin kadun ylittäminen New Yorkissa tai taksilla ajo Berliinissä.

- Granat K. 2018. Tourists to heed the dangers of wildlife. Tourism Update, 13.11.2018; http://www.tourismupdate.co.za/article/128439/Tourists-to-heed-the-dangers-of-wildlife

Rauhallistakaan eläintä ei kannata koskettaa

Merieläinten kanssa sukeltamaan tai uimaan lähtevät turistit voivat olla odottamattoman suuressa vaarassa myös sellaisten lajien kanssa, jotka tunnetaan rauhallisina ja sosiaalisina kumppaneina. Etelä-Amerikassa, Argentiinan Patagoniassa paikallisen yliopiston sekä merentutkimusaseman tutkijat selvittävät merileijonien ja sukeltajien käyttäytymistä yhteisillä uinti- ja sukellustuokioilla.

Suuren osan ajasta merileijonat uivat rauhallisina tarkkaillen lähellä olevia uimareita, mutta varsinkin nuorten poikasten kanssa olevat yksilöt voivat muuttua aggressiivisiksi. Useimmat merileijonat antavat sukeltajan tai uimarin tulla lähelle ja koskettaa itseään. Mutta ajoittain merinisäkkäiden käyttäytyminen muuttuu, ja merileijona puree koskettavaa uimaria. Merileijonan käyttäytyminen on niin arvaamatonta, että patagonialaistutkijat varoittavat turisteja menemästä lähelle tai pyrkimästä aktiivisesti koskettamaan merileijonia.

Varoitus on aiheellinen, osoitti argentiinalaistutkimuksen jälkeen uutisoitu tapahtuma Yhdysvalloista. San Franciscon edustalla merileijona hyökkäsi odottamatta uimassa olleen miehen kimppuun ja puri uimaria vaarallisesti. Uimari ei ollut mitenkään tavoitellut merileijonan läheisyyttä tai muuten provosoinut eläintä.

- Haskell PJ, McGowan A, Westling A & Méndez-Jiménez. 2015. Monitoring the effects of tourism on whale shark Rhincodon typus behaviour in Mozambique. Oryx 49(3): 492–499; https://doi.org/10.1017/S0030605313001257
- Hammerschlag N, Gallagher AJ, Wester J, Luo J & Ault JS. 2012. Don't bite the hand that feeds: assessing ecological impacts of provisioning ecotourism on an apex marine predator. Functional Ecology 26(3): 567-576; DOI: 10.1111/j.1365-2435.2012.01973.x
- CBS. 14.12.2017. Sea lion bites bay swimmer near San Francisco Aquatic Park; sanfrancisco.cbslocal.com/2017/12/14/sea-lion-bites-san-francisco-bay-swimmer/
- Dans SL, Crespo EA & Coscarella MA. 2017. Wildlife tourism: Underwater behavioural responses of South American sea lions to swimmers. Applied Animal Behaviour Science 188: 91–96; https://doi.org/10.1016/j.applanim.2016.12.010

18

RIKOLLISUUS VAKAVA UHKA

Eläinten salakuljetus rikos luonnolle ja ihmisille
Salametsästys sekä villieläinten ja niiden osien kansainvälinen kauppa ovat osa maailman suurimpiin kuuluvaa rikollista toimintaa, yhdessä huumeiden, aseiden ja ihmisten salakaupan kanssa. Salametsästys ja esimerkiksi norsunluun kauppa on helppo mieltää luontoa vahingoittavaksi toiminnaksi, ja samalla villieläinten väheneminen heikentää luontomatkailun mahdollisuuksia ja vetovoimaa. Kansainvälisen matkailun tärkeisiin etujärjestöihin lukeutuva *World Travel & Tourism Council* (WTTC) on hyväksynyt julistuksen luontoa kohtaan tehtyjä laittomuuksia vastaan.

Buenos Aires Declaration on Travel and Tourism and Illegal Wildlife Trade -toimintaohjelma koostuu neljästä osasta: 1) Laittoman villieläinkaupan tunnistaminen, julkistaminen ja tällaisen toiminnan estäminen mahdollisuuksien mukaan, 2) Luontoa kunnioittavan matkailun edistäminen, 3) Asiakkaiden – matkailijoiden – luontotiedon ja tietoisuuden lisääminen, 4) Paikallisen väestön, matkanjärjestäjien ja paikallisten toimijoiden huomiointi ja mukaan ottaminen myös taloudellisen hyödyn saajina matkailun järjestelyssä ja kehittämisessä.

Käytännön toimina julistuksen voimaan saattamisessa ovat keskeisinä matkojen mainonnan ja välityksen keskittäminen vain kohteisiin, jotka on todistettu laillisiksi sekä asiantuntijavoimin todettu kestävästi luontoa kunnioittaviksi sekä paikallisia oloja ja väestöä kunnioittaviksi. Luontoarvojen – mukaan lukien salametsästyksen ja salakaupan estämisen – säännöt ja käytännöt tulee mitoittaa YK:n vahvistaman uhanalaisten lajien kansainvälistä kauppaa säätelevän CITES-yleissopimuksen (*Convention of International Trade of Endangered Species of Wild Flora and Fauna*) mukaan.

Ekoturismin menestys riippuu paljolti villieläinten kohtalosta, ja matkailun tuoma hyvinvointi puolestaan on keskeistä etenkin kehittyvien maiden syrjäseutujen asukkaiden hyvinvoinnille. Salametsästys ja salakauppa eivät rokota ainoastaan luontoarvoja vaan köyhdyttävät myös väestön hyvinvointia, julistuksessa muistutetaan.

• World Travel & Tourism Council, 24.4.2018. WTTC Members Fight Against Illegal Wildlife Trade; https://traveltradedaily.com/europe-travel-channels/item/4361-wttc-members-fight-against-illegal-wildlife-trade

Rikolliset uhkaavat Maailmanperintöä

Salametsästäjät, uhanalaisten lajien laittomat kauppiaat ja muut luontoarvoja riistävät rikolliset vaarantavat paitsi alkuperäisen luonnon korvaamattomia itseisarvoja myös valtioiden mainetta ja taloutta. Arvioiden mukaan yksin salametsästys aiheuttaa valtioille ja matkailuelinkeinolle vuosittain ainakin 25 miljoonan dollarin menetykset kuluina, joita tarvittaisiin villieläinten laittoman hyödyntämisen kitkemiseen.

Laittomuudet rehottavat maailman arvokkaimmissa, suojelluissa luontokohteissa hätkähdyttävän laajoina. Ympäristöjärjestö WWF (*World Wide Fund for Nature*), on osoittanut, että jopa puolet YK:n vahvistaman Maailmanperintöohjelman luontokohteista kärsii salametsästyksestä, laittomista hakkuista ja muusta luontoarvojen riistosta.

Maailman arvokkaimmat luontokohteet on pyritty saamaan YK:n vahvistamaan Maailmanperintöohjelmaan (*Natural World Heritage* programme). Näiden luonnon aarreaittojen keskeisin suojelutavoite on turvata harvinaisten ja usein uhanalaisten eläin- ja kasvilajien tulevaisuus. Arvokkaimmat ja harvinaisimmat lajit on suojeltu kansainväliseltä kaupalta YK:n valvonnassa toimivalla CITES-sopimuksella. Sopimus on kattava, ja tätä nykyä lähes 200 valtiota on liittynyt sopimukseen.

Pelkkä YK-asiakirja ei kuitenkaan turvaa harvinaisuuksia. Laillisesti vahvistetusta sopimuksesta ja tiukaksi luonnehditusta kansainvälisestä valvonnasta huolimatta salametsästys on jatkuvasti hyvin laajaa, usein kansainvälisten järjestäytyneiden rikollisliigojen harjoittamaa miljardiluokan toimintaa. Ja mikä huolestuttavinta, salametsästys ja uhanalaisten lajien salakauppa rehottavat ja kasvavat jatkuvasti.

WWF-raportin mukaan nykyisistä Maailmanperintökohteista 93 prosentilla on merkitystä turismielinkeinon ja vapaa-ajanvieton kohteina. Ihmisen toiminnoilla on suuri taloudellinen merkitys luontokohteissa ja niiden läheisyydessä asuville – usein kehittyvien maiden kansalaisille.

Tätä nykyä 91 prosenttia Maailmanperintökohteista tarjoaa paikallisille pysyviä työpaikkoja, ja 66 prosenttia suojelukohteista auttaa sekä luontoa että paikallisväestöä turvaamalla kehittyvissä maissa usein vajavaisesti hoidettua mutta elämälle välttämätöntä vesihuoltoa. Tärkeiden luonnonsuojelualueiden säilyminen ja asianmukainen hoito edellyttävät paikallisen väestön hyväksyntää ja mukaan ottamista alueiden kaikissa toiminnoissa. Vain sitouttamalla asukkaat villieläinten ja muun luonnon hyvinvoinnin takaajiksi voidaan turvata kestävällä tavalla niin luonnonsuojelu, luontoturismi kuin väestön jokapäiväinen toimeentulo.

Salametsästyksestä korvaamattomia tappioita

Matkailuelinkeinon miljardiluokan toiminnoissa ekoturismi on nopeimmin nousevia ja kehittyviä haaroja. Mahdollisuus nähdä ja kuvata villieläimiä on luultavasti tärkein motiivi lähteä usein vaikeakulkuisille ja hinnoiltaan kalliille matkoille "koskemattoman luonnon" kohteisiin. Luontokohteissa matkailijaa kiinnostavat useat faunan ja flooran piirteet.

Turismin perusteoksiin lukeutuvassa oppi- ja käsikirjassa australialainen Kevin Markwell kirjoittaa: *"Eläimet ovat monin tavoin mukana turismissa: ihailun kohteina ja houkuttimina omana itsenään – elävänä tai kuolleena, vapaina luonnossa tai vangittuina, välineinä ihmisten ja tavaroiden kuljetuksissa, kohdealueen symboleina, ihmisen matkakumppaneina ja monesti myös osana matkakohteessa vieraalle tarjottavaa paikallista ruokavaliota".* Metsästys- ja kalastusmatkoilla eläimillä on konkreettisin osuus, ja turismielinkeinoa kiinnostavasti näille matkoille osallistuvat ovat usein maksukykyisimpiä asiakkaita.

Järjestetyt metsästyssafarit ja kalastusmatkat ovat hyväksyttävä osa luontomatkailua, vaikka tavoitteena on kohteiden suora hyväksikäyttö. Luonnontutkijatkin hyväksyvät asianmukaisesti suunnitellun ja toteutetun metsästyksen tapauksissa, joissa saaliseläinten – ovat ne petoja tai petojen luontaisia saaliseläimiä – tappamisella säädellään luonnonvaraisia kantoja pysymään ympäristön kantokyvyn sallimissa rajoissa.

Metsästykseen liittyy kuitenkin valitettavasti piirre, jota luontotai matkaoppaat eivät suoraan mainosta. Villieläinten laiton tappaminen, salametsästys, on yleistä useissa luontoturismin suosimissa paikoissa. Ja valitettavasti matkailun tarpeisiin rakennettu ja ylläpidettävä infrastruktuuri – tiestö, venereitit, kartat ja opasmateriaalit – voivat edistää rikollista pyyntiä ja villieläinten salakauppaa.

Salametsästyksen laajuutta sekä ekologisia, luonnonsuojelullisia, taloudellisia ja yhteiskunnallisia vaikutuksia on kuvattu kattavasti esimerkiksi Higginbottomin (2004) ja Markwellin (2015) käsikirjoissa. Luontomatkailun osuutta laittoman metsästyksen ja villieläinkaupan edistäjinä on tutkittu useissa kohteissa etenkin Afrikassa, ja esimerkiksi UNWTO:n (2015) julkaisussa esitetään tapauksia, joissa järjestäytyneen luontomatkailun tulisi tiedostaa salametsästyksen riskit.

- Higginbottom K (toim.). 2004. *Wildlife Tourism. Impacts, Management and Planning.* 301 ss. Common Ground Publishing.
- Markwell K (toim.). 2015. *Aspects of Tourism: Animals and Tourism: Understanding Diverse Relationships.* 328 ss. Channell View Publications
- Naidoo R, Fisher B, Manica A and Balmford A. 2016. Estimating economic losses to tourism in Africa from the illegal killing of elephants. Nature Communications 7 (13379); http://www.nature.com/articles/ncomms13379
- Scanlon J. 2017. The world needs wildlife tourism. But that won't work without wildlife. The Guardian, 22.6.2017; https://www.theguardian.com/environment/2017/jun/22/the-world-needs-wildlife-tourism-but-that-wont-work-without-wildlife
- UNWTO, 2015b. Towards Measuring the Economic Value of Wildlife Watching Tourism in Africa. 46 ss; http://cf.cdn.unwto.org/sites/all/files/docpdf/unwtowildlifepaper.pdf

- WWF Global, 2017. Not for Sale. Halting the Illegal Trade of CITES Species from World Heritage Sites. 52 pp; http://d2ouvy59p0dg6k.cloudfront.net/downloads/cites_final_eng.pdf

www.ingramcontent.com/pod-product-compliance
Lightning Source LLC
Chambersburg PA
CBHW020629220526
45464CB00001B/74